感性

커트는 자르는 것이 아니라 아름답게 남기는 것!

지구문화
JIGU CULTURE

Art Director 권오혁

2012년

현) 아카데미 막스 대표
현) 강남대학교 미래인재학부 교수
현) 한국보건산업진흥원 컨설턴트
현) 한양대학교 경상대학 초빙강사
현) 한국미용학회 이사
현) 한국미용보건학회 정회원
현) 중국 화천 문화발전 중심(HCC) 한국대표 강사
한국미용학회 국제학술대회 우수논문상
KBS1 러브 인 아시아 헤어담당
현) 미스 월드 유니버시티 자문위원
현) 헤어바이혁 대표
현) T.V hair 강사
현) Be TV 강사
현) 코리아 뷰티디자인학회 상임이사
현) 대한미용학회 홍보위원장
포커스 신문 인터뷰 및 트렌드 제시
독일슈바츠코프 헤어쇼 및 트렌드 발표
KBS2 생방송 생생정보통 출연

2011년

슈바츠코프 코리아 디렉터
일본 트렌드 참가
장안대학교 피부미용과 교수
한국미용학회 우수 논문상
보건복지위원장 표창장
Toni & Guy 스페셜코스 수료
대한민국 국회 사회봉사 최우수상

2010년

월간지 Queen선정 우수기업상 수상
중국화천 문화발전 중심(Hcc)주최 헤어쇼
방송인 매튜 헤어 담당
미용인 최초 월간지 CEO 인터뷰

2009년

원광대학교 대학원 미용학 박사
스포츠서울 선정 기업 & 브랜드 헤어부분 수상
개그맨 서경석 헤어담당

2008년

(L.G)옵시 디앙 Trend 총괄 제작
중국 북경 아시아미용협회 초청 Seminar & Hair Show
KBS 경제포커스 인터뷰
시세이도 Trend & Hair Show
일본 시세이도 Trend 수료
폴미첼 Work Shop

2007년

일본 야마노 미용대학 커트 수료
원희룡 국회의원 헤어담당
Be tv 강사
일본 Toni & Guy Trend 수료
성우 안지환 헤어담당
개그맨 이수근 헤어담당

2006년

중국 북경 FATV 개국 Hair Show
스포츠월드 신문 연재
일본 모즈헤어 Trend 참가
뮤지컬배우 윤영석 헤어담당

2005년

일본 Zone & Section Cut 수료
락커 김경호, SBS 아나운서 헤어담당
한성대학교 예술대학원 주임교수
뮤겐스 Trend 제작 발표
SBS 생방송 투데이 출연
모즈헤어 Trend Full Course 수료
헤어그라피 연재

2004년

안산1대학 뷰티아트과 겸임교수
메리어트호텔 한 · 중 · 불 Hair Show (그리에이트 주최)
MBC 생방송 화재집중 출연
권오혁 헤어 금촌점 open

2003년

경복대학, 신흥대학 겸임 외래교수
Vidal Sasson Work show Cut 수료
뷰티클럽 연재
중국미발협회장 초청 Seminar & Hair Show
한성대학교 예술대학원 학술제 Hair Show
T.V hair 로드포커스 리포터

2002년

올림픽 역도 경기장 한 · 중 · 불 Hair Show (일진주최)
영국 런던 Vidal Sasson T.T.C 수료
(주)리컴 여성사업부 총괄부장
미용 회보 연재
일본 모즈 미용학교 Stroke Cut 수료
유타니 준메이 선생 Stroke Cut 수료
중국 대련 T.V 중계 Trend & Hair Show

2001년

헤어월드 교육 담당
동강대학 피부미용과 겸임교수
T.V hair 강사
헤어월드 주최 한 · 일 헤어쇼
광주방송 생방송 출발 새아침 고정 출연
권오혁헤어 압구정점 open

2000년

한 · 일 칼라협회 합동 세미나
뷰티투데이 신문 창간 헤어쇼
뷰티투데이 신문 연재
한국 헤어케어칼라협회 수석강사

1999년

미용산업교육원 교육팀장
중국 대련 주최 불로미 open 헤어쇼
뷰티라이프 연재

Cut Process

권 오 혁

커트와 관련된 책을 두 번째 집필하면서 '미용인에게 진정 무엇이 필요할까?'
그것은 나의 knowhow 를 가장 빠르고 정확하게 피교육자에게 전달하는 것이라고 생각되어 感性Ⅱ를 집필하게 되었습니다.
여러 해 동안 교육을 하며 가장 어려운 부분 중의 하나가 교육자와 피교육자 간의 정확한 커뮤니케이션에 문제가 있음을 알게 되었습니다.
예를 들면, 단발 길이로 시술할 때 교육자와 피교육자, 고객과 디자이너가 생각하는 단발 길이는 분명히 차이가 있습니다.
이러한 문제점을 보완할 수 있는 것이 "아라비아 숫자"입니다.
사람은 어릴 때부터 아라비아 숫자를 듣고, 읽고, 말하면서 성장합니다. 그리고 우리 일상에는 아라비아 숫자를 표현하는 '자' 라는 도구가 있습니다.
이 도구는 세계 공통으로 사용한다는 것이 가장 매력적이며 가장 쉽고 빠르게 전달이 가능하다는 것입니다.
미용을 하면서 누구나 슬럼프에 한 번쯤은 빠졌을 것입니다.
필자 또한 무수히 슬럼프에 빠졌지만 이럴 때마다 생각하는 것이
"기본(Cut Process)에 충실하자"는 것입니다.
여러분들도 이제부터 기본(Cut Process)에 빠져보는 것은 어떨까요?
"百聞不如一見"이 아니라 "百見不如一感"

물에 감사!
하늘에 감사!
공기에 감사!
구름에 감사!
나무에 감사!
대지에 감사!
살아있다는 것에 감사!
나는 오늘도 미용인이라 감사합니다!
미용인 여러분! 이 책이 여러분의 初心이 되기를 기원합니다.

A Theory

PART Ⅰ. 미용학 개론 Basic of Hair

A Practical

PART Ⅱ. 미용 실습 Cut process

A Practical

PART I

미용학 개론

Basic of Hair

A Theory

1 미용의 역사

미용(美容)은 대중문화예술의 한 분야로, 특히 헤어디자인은 인간을 아름답게 표현하는 조형예술로 그 비중이 매우 크다.

얼굴 형태에 어울리는 헤어스타일은 자신의 이미지를 향상시키는데 필수적 요건이 된다. 그러나 다양한 이미지를 추구하는 현대인들은 한 가지 스타일에 만족하지 않고 여러 감각의 헤어스타일로 자신을 변화시키고자 한다.
현대사회가 복잡하고 다양화되면서 최근에는 자기 연출이 가능한 헤어스타일에 대한 관심이 매우 높다.

1. 한국 이 · 미용의 역사

조선시대에는 유교사상이 강했던 시기여서 궁녀와 기녀를 제외하고는 진한 화장을 하지 않았다. 시집을 갈 때에만 분 화장을 하였고 밑화장은 참기름을 이용했으며 연지와 곤지를 찍었다.
헤어스타일은 퐁파두루 얹은머리, 쪽진머리, 큰머리, 댕기머리, 조짐머리 등 여러 가지가 있었는데 이러한 헤어스타일들은 대부분 풀어헤친 스타일이 아니라 비녀를 이용해서 머리를 얹는 스타일이었으며 장식품으로는 비녀가 가장 많았고 비녀에도 그 소재에 따라 종류가 다양하였다.

1800년대 남자들은 총각들은 머리를 땋아 내렸고 결혼한 사람은 상투를 올렸다. 그러나 개화의 물결이 거세지면서 드디어 1895년 11월 17일 모든 국민에게 단발령이 내려졌다.
이때 김홍집 내각은 을미사변 이후 내정개혁에 주력하였는데 조선개국 504년 11월 17일을 건양 원년으로 개정하는 동시에 전국에 단발령을 내렸다.
고종은 단발령에 솔선수범하여 가위를 든 안종호에게 세자와 함께 머리를 깎았으며 내부대신 유길준 등 관리들도 우선적으로 머리를 깎게 했다. 당시 세자의 머리를 깎았던 안종호는 일찍 등과하여 18세에 전라도 완주군수를 역임했고 왕족 자제들을 가르치는 정삼품의 강사로 국정을 보필했다.
안종호는 봉건정책을 타파하는 순회공연도 했고 방역회를 조직했으며 서울 종로에 우리나라 최초의 이용원을 개설했다.

경술국치 이후 외국문물이 들어오게 되었고 외국에서 유학하고 돌아온 신여성들에 의해서 미용이 발전하게 되었으며, 우리나라의 실질적 미용역사는 이때부터 시작되었다고 볼 수 있다.

1920년대에 김활란의 단발머리, 이숙종의 높은머리가 유행했고 1933년에는 오엽주가 화신백화점 내에 화신미용실을 개업하였다.

1940년대부터 펌에 대한 유행은 보다 다양해지고 활발해졌다. 헤어커트에 대한 선호도도 젊고 활기차 보이는 단발이 주류였으며 1950년대부터 외국영화를 통해서 신문화가 급속히 전파되어 우리나라 여성들도 화장과 복식 및 헤어스타일의 많은 변화가 있었으며 오드리 햅번의 짧은머리와 이브스타일은 당시에 획기적인 스타일이었다.

1960년대에 들어서 현대미용은 헤어스타일에 있어서 양감을 강조하는 스타일이 유행하기 시작했으며 이 때의 대표적인 스타일이 그레쥬에이션의 보브스타일이다.
1970년대는 각도개념을 가지고 기하학적으로 커트하는 서구의 비달사순의 영향을 받아 옷을 재단하듯이 헤어커트에도 선을 강조하기 시작했다.
1980년대 이후 컬러 텔레비전의 보급으로 한국미용의 새로운 바람이 불기 시작했는데, 이 시기가 헤어염색의 시작이라 할 수 있다.

1990년대는 88올림픽을 성공리에 개최한 후 모든 산업이 발전하기 시작했으며, 특히 미용시장은 질적 · 양적으로 커지면서 전문대학과 대학교에 미용학과가 개설되었다.
현재는 미용에 대한 관심과 미용 산업이 폭발적으로 증가하는 추세로 2011년 현재 미용실은 81,781개, 이용원은 24,308개로 수도권에 40%가 밀집되어 있으며, 미용종사자는 213,500명인 것으로 조사되고 있다.(보건복지부 통계자료실)

한국 미용교육의 역사

한국 미용교육 분야의 역사는 60여년으로 우리나라 최초의 미용관련 교육기관은 1952년에 설립된 정화학원이다. 현재는 78개의 미용고등학교와 고등기술학교 5개, 전문대학 120개, 종합대학교 27개, 대학원 석사과정 28개, 석 · 박사과정 9개가 있으며, 사설 미용학원은 433개가 운영되고 있다.(한국보건산업진흥원, 2010)

이러한 교육기관 중 대학의 헤어관련 교육프로그램을 보면 기초 퍼머 이론 및 실습, 미용개론, 커트이론 및 실습, 세트 및 드라이, 염색과 탈색, 헤어 창작, 응용 퍼머이론 및 실습, 헤어 디자인, 모발 관리학, 헤어 셋팅, 헤어 디자인 포토 등의 과목이 개설되어 있다.

표 1 고전머리 용어

번호	명칭	의　　미
1	얹은머리	고구려 고분벽화에서 조선말 사진자료에 이르기까지 등장하는 서민여성의 머리모양. 뒷머리에서 양갈래로 엇갈리게 해 이마 위에 고를 만들어 고정시킨 형태.
2	둘레머리	얹은머리에서 파생된 용어로 얹은머리와는 달리 한 가닥으로 만들어 두르듯이 시술한 머리형태. 후기의 형태이다.
3	쪽머리	가장 역사가 오래된 머리형으로 여러 모양의 기본형을 제공한다. 가체금지령은 가체를 금지시키는 대신 이 머리를 권장한 것이다. 이후 여염의 대표적 머리형이 되었다.
4	댕기머리	미혼녀 머리모양. 끝을 붉은 갑사로 된 댕기로 마무리.
5	땋은머리	댕기머리와 같으나 양쪽 귀밑에서부터 땋아 내린다.
6	사양머리	처녀의 머리모양. 양갈래로 머리를 땋고 아래로부터 서너겹으로 접어올려 뒷머리에 비녀로 고정시킨 후 그 사이에 붉은 댕기를 늘어뜨린 머리형. 궁중의 나인들 머리와 유사하며 새앙머리라는 명칭도 유사하다.
7	쌍계	소녀의 머리모양. 양쪽 이마 위에 똑같은 형태로 솟구친 형태. 역사가 대단히 오래되었으며 당나라 고분에서도 많이 출토되었다.
8	낭자쌍계	미혼녀의 머리형으로 양쪽 귀 아래로 똑같은 형태의 쪽 모양을 내려 놓듯이 시술한 모양.
9	첩지머리	쪽을 크게 하고 신분표시용 첩지를 쪽에 연결하여 고정시켜 놓은 상류계급 머리모양.
10	가체머리	가체를 덧대 높게 하거나 풍성하게 한 머리모양. 주로 상류층이 했으나 조선 영·정조 시대에는 서민층도 시술했다.
11	트레머리	기생들의 전형적인 머리모양. 실타래처럼 가체를 굵게 해서 머리 위에 두르듯이 얹어 놓은 머리형.
12	대수	궁중 대례 때 당사자 여인이 착용하던 큰 관. 원래는 중국에서 사여한 주취칠적관이었으나 임진왜란 이후 국속인이 형식으로 바뀌었다.
13	거두미	대례 때 대수와 함께 수식이라 불린 관. 말기로 가면서 명부들의 보편적인 관이 되었다. 정조 3년 이후부터는 명부들도 진모로 하지 않고 목재로 바꾸었다. 궁중의례에는 진모를 사용하였다.
14	어유미	어여머리가 의례에 사용되면서 불린 명칭. 명부의 평상복에 맞추어 사용했던 머리모양으로 어염족두리를 이마 위에 올리고 그 위에 씌워 사용한다.
15	밑머리	가체신금사목에서 한글로 표기해 놓은 특별한 명칭으로 본머리로 시술한 머리 형태를 말한다.
16	딴머리	가체신금사목에서 한글로 표기해 놓은 특별한 명칭으로 가체머리의 별칭이다. 단 이 때에는 가체의 양이 눈에 띄게 줄어 들었다.

2. 세계의 이 · 미용역사

외국의 이 · 미용의 역사는 바빌로니아의 함무라비왕(Hammurabi) 재위(BC 1792~1750)에 제정했던 함무라비법에 이용을 업으로 하는 사람에 관한 이야기가 기록된 것으로 보아 이보다 좀더 오래되었으리라 추측되고 있다.

이 법전에는 의사의 보조자로서 외과수술이나 이(치아)의 치료 따위도 직접했다는 내용이 실려 있으며, 중세에서는 치료(治療)나 피(血)를 뽑는 일 등 일반적인 외과업무도 겸하였다. 이를 이발의사(理髮醫師)라고 하였다.

이용업무와 의사업무가 별도의 전문직으로 확실히 구분되기 시작한 것은 루이 14세(재위 1643~1715) 시대부터다.

현재 이발업소의 표시등에서 볼 수 있는 빨강, 파랑, 흰색의 줄무늬 표지 (사인볼)는 동맥, 정맥, 붕대를 상징한다.

셰프(shape)커트 형태

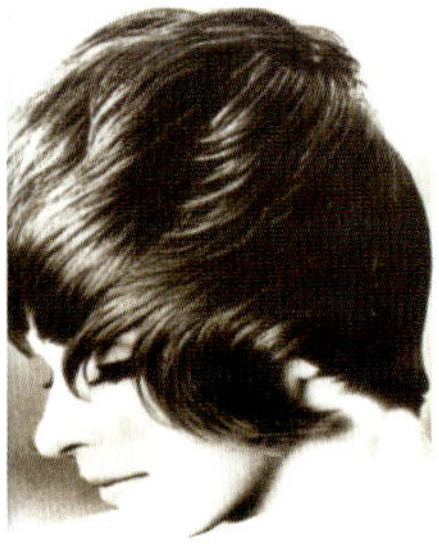

✂ 1959년에 만들어진 이 커트는 그의 기술 원칙을 정착시켰다.
✂ 제1의 커트라고 할 수 있을 정도로 모발의 움직임이 자연스러운 스타일
✂ 얼굴은 목덜미에서 시작해 볼 위로 오는 모발의 움직임으로 인하여 돋보였다.

클래식 보브(Classic Bob)

✂ 1963년 이 커트는 균형의 변화를 주어 최상으로 우아함을 나타낸 것이다.
✂ 영화배우 낸시 콴(Nancy Kwan)의 헤어담당이었던 비달사순은 이 스타일로 인하여 세계적인 주목을 받았다.

세계 미용교육의 역사

서양 미용교육에서 대표적인 사람은 Vidal Sassoon으로 1928년 런던 지역의 셰퍼드 부쉬(Sheperd Bush)에서 태어났다. 11살이 되던 해에 고아원에서 나와 아돌프 코헨(Adolph Cohen)에게 미용을 배우게 되었다.
1959년이 되던 해에 그의 테크닉의 결정체인 세이프(Shape) 커트를 선보였는데 바로 새로운 커트의 시작이었다.
1962년 그로스 모보르 하우스에 헤어살롱을 오픈하였고, 1963년 그를 유명하게 했던 보브(Bob) 커트를 선 보였으며, 1969년 영국에서 비달사순 미용학교를 설립하였다. 또 1971년에는 뉴욕에서 남성들을 위한 헤어살롱을 오픈하였다. Vidal Sassoon의 뒤를 이어 Toni & Guy는 1970년대부터 헤어스타일이 무거움을 표현하는 기하학적 커트가 아니라 가벼움을 강조하는 스타일 디스커넥션(Disconnection)을 선 보였으며, 1980년대 이후부터 본격적인 미용교육을 시작하였다. 현재는 영국을 비롯하여 미국, 호주, 일본, 싱가포르, 중국에 이어 한국에서도 미용아카데미를 운영하고 있다.

미국에서는 피봇 포인트가 1962년 시카고에 미용교육기관을 설립하였으며 바우하우스이론을 미용에 접목시켜 과학적인 접근이라는 독특한 교육시스템을 개발하여 현재 전 세계 미용교육에 표준을 제공함은 물론, 미용교육에 있어서 최고의 리더로 인정받고 있다.
피봇 포인트의 교육은 디자인 개념, 사고과정, 미용 용어로 예술세계를 발견하는 작업이라 하였다. 미용인들에게 디자인하는 방법에 대한 교육기관으로 4개의 미용학연구소와 멤버 스쿨체인, 그리고 전 세계 70개국에 인터네셔널 체인이 설립되어 있으며, 미용학교 이상의 가치를 지니고 있다. 또한 유럽연합에서는 피봇 포인트를 미용교육시스템의 기준으로 활용하고 있다.

일본 미용교육의 역사는 1934년 야마노 여사가 미용강습소를 시작하면서 1948년에는 국제 야마노 미용고등학교를 설립하였다. 1949년 국제 야마노 미용고등학교 및 미용사 양성시설을 지정받았고 1991년 야마노 미용예술 단기대학 미용예술학과를 개설하고 1996년 미용보건학과를 신설하였다.

일본에서 또 하나 빼놓을 수 없는 미용교육기관은 헐리우드 미용학교로 1925년에 우시야마시가 설립한 미용, 네일아트, 메이크업 등을 교육하는 전문 교육기관이다. 20년 전에 고졸 이상의 학력자를 대상으로 미용교육을 실시하는 전문학교로 발전하여 현재에 이르고 있다.

일본 국가자격 미용사 면허취득을 목표로 공부하는 많은 사람들이 헤어뿐 아니라 메이크업, 네일, 에스테틱까지 미용의 모든 것을 헐리우드에서 습득하고 있다. 따라서 일본에서의 미용사 자격취득을 목적으로 하는 유학생들에게는 최적의 학교로 인식되고 있다.

한편 전직 해군의 수석약사였던 후쿠하라 아리노부라는 사람이 1872년 시세이도제약을 설립한 이후 화장품 제조회사가 미용전문학교를 개설하여 운영하는 미용교육기관도 있는데, 현재는 일본 미용의 새로운 페러다임을 일으키고 있다.

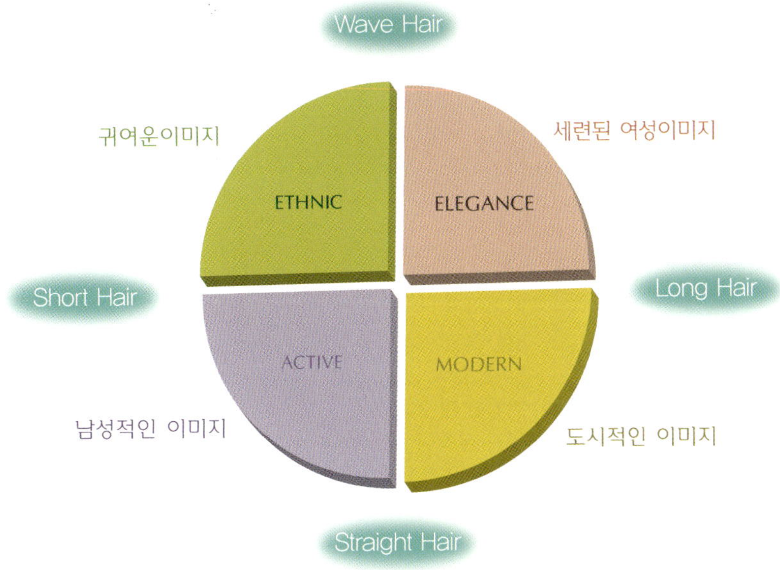

그림 1 Image Zone

2 Design is?

디자인이란 의장, 도장, 밑그림, 의도적 계획 및 설계, 구상 등의 넓은 뜻으로서 조형계획을 의미하며, 인위적이며 합목적성을 지닌 창작행위를 포괄적으로 지칭하는 말로서 디자인의 의미는 어원적 의미와 어의론적 의미로 나눌 수 있다.

어원적 의미인 명사로서의 디자인은 이탈리아와 프랑스어로 '같은', '지시하다', '계획하다', '스케치하다' 등의 뜻이 있으며, 어의론적 의미로는 '계획', '설계' 라는 뜻이라 한다.

1. Fashion Design

패션 디자인의 미는 디자인의 요소인 선, 실루엣, 공간, 재질, 색상 등이 어울려 이루어지는 것이지만, 이러한 요소들을 혼합하는 원리는 통일, 반복, 리듬, 대조, 조화, 균형, 비율 등이다. 이처럼 다양한 요소들을 이용함으로써 보는 사람이나 착용하는 사람 모두에게 때로는 강하고 때로는 잠재된 반응을 이끌어 낼 수 있다. 패션디자인에 있어서 이러한 반응을 이해하고 조절하는 것은 좋은 디자인을 하기 위한 필수조건이다.

복식은 제아무리 단순한 형태라 할지라도 거기에는 그 무엇인가의 조형이 이루어져 있다. 다시 말해서 패션디자인에는 명백히 소재를 초월한 창조된 가상이 실제한다는 것이다.
즉, 인체를 포함한 복식은 이미 물질 이상의 예술적 창조에 의한 형태이며, 인체와 직물은 그것을 표현하기 위한 소재에 불과한 것이기 때문에 우리가 보고 느끼는 것은 육체 그 자체가 아니라, 빛과 색채의 형식에 의해 표시된 하나의 통일체로서의 복식이며, 그것은 이미 자연적 육체와는 별개의 조형적인 창조물인 것이다.
조형 예술의 사고는 총체적인 것으로 복합적인 정신의 과정이며 개성적인 상상력의 활동이다.

디자인은 디자이너의 사고를 구체화한 최종의 결과물이므로 디자이너에게 가장 중요한 기술의 하나인 창조적 응용으로서의 그 결과물은 항상 합리적인 사고와 창조적인 사고의 통제와 배합이 적절히 조화를 이룰 때 더욱 가능해지는 것이며, 예술적 상상은 반드시 작품으로 객관화되어야 할 필연성을 갖고 있다.

복식은 인체와 그 움직임, 그리고 2차원적인 평면, 즉 직물을 도구로 하여 인간의 무한한 상상력과 감정을 질서있게 표현하는 입체적 조형 작업이며, 특수한 형식을 바탕으로 창조된 특수한 의복의 형태(선, 형, 공간, 재질, 색채)는 그 시대의 집합적 사고와 미적 가치에 대한 내적 형식을 보여줄 뿐만 아니라 보는 이로 하여금 그 복식의 심미적 표현기능을 전달받는 것이다.
이는 외적 형체를 빌어 예술가의 내적인 목적 감정 내지는 사상을 표출하고자 하는 예술의 심미적 표현기능과 일맥상통하는 것이다.

복식은 인간의 마음을 표현하려는 특질이 있으며, 복식 디자인도 표현의식이 중심이 된다. 이러한 맥락에서 의복은 하나의 시각적 조형물로 예술의 범주에 속하는 것이다.
복식에서 미를 느낄 수 있는 것은 시각기능에 의해서이며 복식의 조형적 특성 또한 일종의 시각적인 추상성이 있기 때문이다.
패션에 있어서 선은 주제를 묘사하고 모양을 나타낸다. 동시에 선은 설명하는 것 이상으로 어떤 점을 암시해 주며, 선의 자율적인 율동으로 시각적인 착시현상을 나타낼 수도 있다.

즉, 패션 디자인을 통해 우리는 선과 색채의 미묘한 변화에 동화될 수 있으며, 또한 이것은 다른 예술 형태에서 비슷한 요소들에 대한 인식을 높이는 데 도움을 준다.

앞에서 언급한 선, 형, 공간 , 재질, 색채 등의 5개 디자인 요소는 모든 시각디자인의 기본이 되며, 이러한 디자인 요소들은 창작자가 지각자에게 전달할 수 있는 시각적 이미지를 물체의 실제적인 면이다. 그리고 디자인은 논리적으로 통합된 양식을 위해 이러한 요소들을 조직하는 원리에 의해 구성되는 만큼, 이 요소들이 지니고 있는 각각의 성질을 이해하는 것은 전체 디자인의 전반적인 효과에 도움을 준다.

최근에는 패션보다 변화가 쉬우며 다양한 연출이 가능한 헤어스타일과 메이크업에 대한 관심이 높아지면서 현대의 헤어스타일은 여러 형태의 연출로 개인의 개성미를 잘 나타내고 있다. 또한 헤어디자인은 패션을 연출함에 있어서 중요한 부분을 차지하며 연출방식에 따라 변화와 변형이 가능하다.

2. Hair Design

(1) Hair Design의 정의

'계획' 과 '조형' 의 두 요소를 통해 디자인을 정의할 수 있다면, 헤어 디자인 개념 또한 이 두 요소에 의존해 규정할 수 있으리라 생각된다. 이를 통해 헤어디자인의 세계는 보다 정교한 미학적 규준을 확립할 수 있고, 트렌드를 예측하고 구현할 수 있다.
헤어스타일은 모발이라는 소재로 각기 다른 개성을 갖고 있는 고객의 신체와 체형, 그리고 얼굴형과 얼굴의 구성요소(눈, 코, 입)로 계획된 조형화로 가장 이상적으로 표현하는 것이다.
즉, 헤어 디자인은 고객의 희망(성향, 요구)을 파악해 개성(외모, 이미지)을 찾아내고 분석하여 계획에 의한 아름다운 형태나 색채와 질감을 구성하고 만드는 것이다.

(2) 헤어 디자인의 요소

헤어 디자인 요소는 디자인 요소와 같은 맥락으로 형태, 색채, 질감 등이 있는데 형태에는 구상적 형태와 추상적 형태가 있다.

① 형태

구상적 형태는 구체적인 형태의 의미를 내포하며 자연에서 얻을 수 있는 사물이나 꽃, 식물, 나무모양 등의 객관적인 실물에서 적용한 형태를 말한다. 순수한 헤어 커트로 본다면 본질적 형태 그대로의 모질, 모류, 두상의 조건, 모량의 특성을 살리는 스타일을 들 수 있다.

추상적 형태는 기하학적인 것과 비기하학적인 것으로 나눌 수 있으며, 기하학적인 헤어스타일은 커트의 기본형태 선을 강조하며, 비기하학적인 것은 커트스타일의 기본형태를 무시하고 모발 끝처리를 가볍게 하는 질감 표현을 의미한다.

헤어스타일과 관련한 비기하학적인 요소로 형태는 회화적으로 데생의 정밀묘사를 의미할 수 있는데 헤어스타일에서는 커트 디자인과 비교할 수 있다.
변형된 형태는 정물화, 유화 등을 의미하고, 물체에 작가의 의도에 의해 색채의 느낌을 표현하는 것은 디자인 요소에 의한 커트와 염색의 조화라고 할 수 있다. 창조적인 형태는 비구상이나 추상화와 비유할 수 있고 커트라인의 형태를 무시한 개념의 디스커넥션과 비유할 수 있다.
헤어커트의 구상 단계에서는 입체적 형태, 즉 모델의 두상조건, 모질, 모류, 모량의 특성을 파악한 뒤 평면적인 얼굴을 더욱 입체적으로 보이게 연출하기 위한 방안을 모색하여야 하는데 이를 위하여 선의 이동에 따라 다르게 나타나는 각도를 고려하여야 한다.
추상적 형태는 수학적인 법칙과 함께 뚜렷한 질서를 가지고 있다고 볼 수 있으므로 스타일 중심의 기하학적인 헤어스타일을 연출하려면 변형된 형태와 창조적 형태가 부각되어야 할 것이다.
또한 다른 조형디자인에서와 같이 헤어커트 디자인에서도 점. 선. 면 등의 역할은 전체 형태를 이루는 기본요소이다.

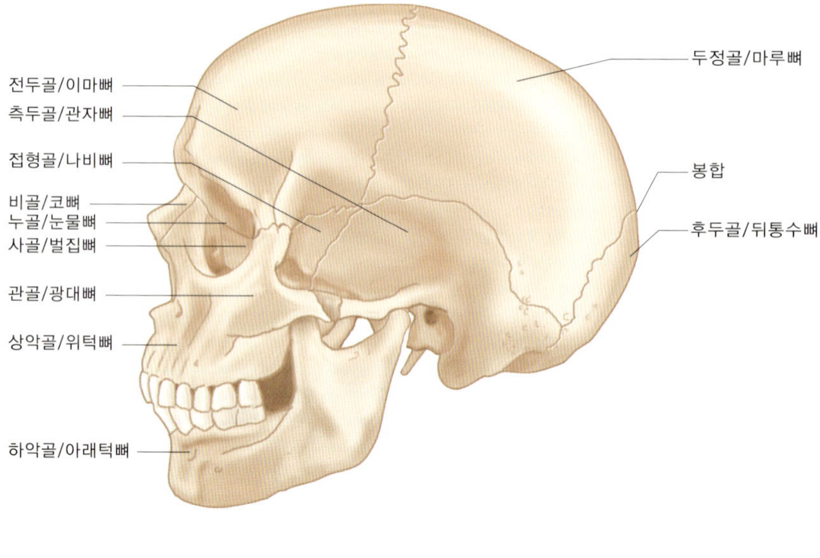

● 점

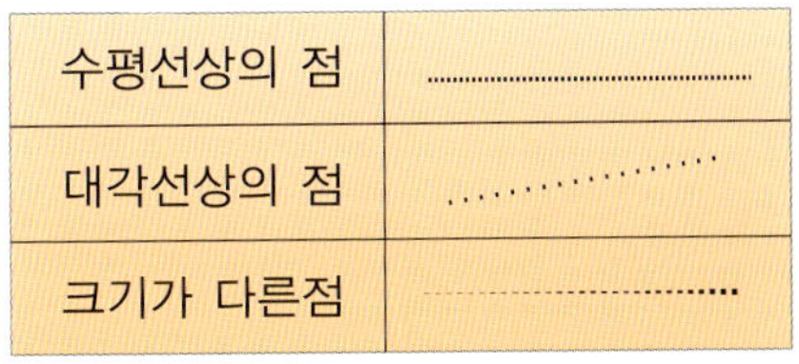

점은 기하학적으로는 크기도 없이 위치만을 가지고 있지만 주위의 대응에 따라 행동하는 점은 공간 내의 조형활동에서 시동, 교차, 정지 등 여러 가지 표정을 지닌다.
기하학적인 점은 '우리의 상상 속에서 최고로, 그리고 가장 개별적으로 침묵과 언어의 연결'이라고 생각된다.
헤어 디자인에서 점은 그 스타일의 포인트를 뜻하는 것이다.
전체적인 형태의 크기와 길이의 끝 부분에 시선을 집중시키는 시각적 효과의 원리를 활용하는 것이라 할 수 있다.
수평선상의 두 개의 점은 안정감을 주게 되고 대각선상의 두 개의 점은 동적인 시각적 효과를 주어 율동감이 생기게 한다.
크기가 다른 두 개의 점은 큰 점이 헤어스타일의 포인트 역할을 하며 큰 점과 작은 점의 강과 약이 어떻게 위치하느냐에 따라 전체적 형태가 달라질 수 있다.

● 선

선은 '점의 모여짐' 이라고 하는 기하학적 공리에 따르면 점의 크기가 없기 때문에 그 집합인 선 역시 굵기가 없다. 헤어 디자인에서는 '헤어스타일의 단면은 점이고, 점의 연장이 헤어스타일의 길이' 라고 이해할 수 있다.
이동방향이 일정한 것을 직선, 그와 반대로 선의 방향이 변화하는 것을 곡선이라 할 수 있다.
선은 방향성에 따라 운동감을 가지고 있는데, 선의 방향에 따라 수직선, 수평선, 사선으로 나눌 수 있다. 입체감은 평면의 표면적인 선의 윤곽에 의해서 규정된다.
정확한 선의 사용을 위해서는 선의 형태적, 정서적, 기능적 특성을 이해하여야 한다.
형태적으로는 선이 직선, 곡선, 사선에 따라 나뉘어지고 정서적으로는 어떤 선을 주제로 전체를 지배할 것인가를 잘 생각해 보아야 할 것이다.
선의 구성은 하나의 형태가 이루어지는 역할을 하기 때문에 선을 잘 다루는가 못하는가에 의해서 얼굴 형태와 두상의 흐름에 따라 아름다움을 더욱 돋보이게 하거나 그렇지 못하기도 한다.

또한 전체 스타일 연출을 위하여 사용되는 하나하나의 선은 입체적인 두상 흐름은 물론이고, 사람의 움직임에 따라 어떻게 나타나는가를 알기 전에 선 그 자체의 성격부터 고려해야 한다.
이처럼 선 각각의 성격을 파악하고 이를 커트 디자인의 기법에 활용시켰을 때 비로소 다양한 커트디자인의 특성이 나타날 수 있다. 직선은 일반적으로 차가움과 강력함, 그리고 딱딱함을 느끼게 하고 긴장감을 주기도 하며 거칠고 단조로움을 나타내는 특징이 있다.
직선은 수직선과 수평선으로 나눌 수 있다.

수직선은 상ㆍ하로 그을 수 있는 선으로 높이를 강조한 단정함을 가지고 있으며, 길어지는 듯하며 고상함, 교만함, 숭고함, 엄중하고 엄격한 권위 등을 나타낸다. 수평선은 평화, 정숙, 안정의 느낌을 가지는 것이 특징이며 폭을 나타낸다.

● 면

헤어 디자인에서의 면은 선과 선이 만나서 이루어지는 것으로 하나의 형태를 이루는 근본요소이다. 면은 면적을 의미하며 두께의 유무에 따라 입체적으로 보이게 하려면 평면적인 면과 입체적인 면의 형태를 잘 배치하여 조화시켜야 한다.

② 색채

색채는 헤어스타일의 구성에 있어서 매우 중요한 표현수단이며, 인간이 다양한 색채의 구별능력을 통해 자신의 내면세계를 표현했듯 색채를 이용한 표현법은 형태와 일치하거나 변화되면서 발전되어 왔다. 스타일 이전에 눈에 들어오는 것은 색이며, 동양인과 서양인의 모발의 차이는 모질보다 그 색의 차이가 크다.

동양인의 경우에는 검은 모발이 주로 많기 때문에 여성의 특징을 전할 때 형태라든가 길이를 표시하지만 서양인의 경우는 색을 나타내는 경우가 많다. 또 색은 그 스타일이 놓이는 환경에도 작용한다. 특히 커트를 중심으로 한 헤어 디자인에 있어서 스타일에 색의 영향이 강하게 작용하고 질감도 색의 영향을 많이 받는다.
염색된 머리를 바라볼 때 사람들은 색을 헤어 속에 고착된 것으로 생각하며 그러한 색은 헤어에 속한 상태에 있다. 따라서 색채는 항상 의식하지 않으면 안 되는 중요한 요소이다.

③ 질감

헤어 디자인 요소로서의 질감은 '시각적인 느낌' 에 중점을 두므로 착시효과, 즉 시각을 통해 촉각적 감각을 만들어 내는 방법의 하나인 질감이 중요하게 다루어진다.
디자인 요소에서 질감을 별도로 취급하는 것은 전체 디자인에 미치는 영향을 분석하는 데 도움이 되며, 질감의 특성은 도구의 선택이나 사용방법에 따라 다를 수 있다.
질감의 특성은 미용도구의 형태나 크기, 위치에 따라 달라지는 질감 패턴의 모양을 일컬으며, 질감의 속도에서 활동성은 질감 패턴의 깊이를 더해 주며 느리고 약한 것에서 활동적이고 강하게 보이게 한다.
그러므로 질감은 다른 디자인 요소들보다 미적 질서를 구성하는 중요한 요소가 되며. 어떤 질감을 만들고 싶은가에 대한 선택에 있어서는 모발의 종류인 직모와 곱슬 등의 모질에 따른 상황을 고려하여 변화시킬 수 있다.

(3) Hair Design의 4가지 원칙

이 세상의 아름다운 조형물은 4가지 원칙인 조화, 통일, 균형, 율동을 기본으로 그 아름다움을 표현하고 있다고 해도 과언이 아닐 것이다.
여기에 우리도 보다 아름다운 헤어스타일을 디자인하기 위한 여러 가지 감성적인 디자인 방법을 연구하고, 반복적인 훈련을 통해 다양한 헤어 디자인을 숙지하고 추구하는데 있어 끈임없이 연구하는 자세를 가져야 할 것이다.
감동이 있는 아름다운 스타일은 조화, 통일, 균형, 율동을 고찰하는 것에 의해 완성된다.

① 조화

조화(harmony)란 두 개 이상의 요소 또는 부분의 상호관계에 대한 내적 가치 판단으로서 그들이 서로 분리되어 배척하지 않고 통일된 전체로서 높은 감각적 효과를 발휘할 때 일어나는 현상으로 부분과 부분 또는 부분과 전체 사이에 안정된 관련성을 주면서도 공감을 일으킬 때 조화로운 이미지를 형성할 수 있다.
또한 조화는 유사조화(harmony of analogous)와 대비조화(harmony of contrast)로 구분하기도 하는데, 유사조화란 둘 이상의 요소가 서로 같거나 아주 비슷할 때 그 공통된 성격으로부터 일어난다.

② 통일

헤어커트 스타일에서의 통일감은 주제에 의한 통일. 선의 방향에 의한 통일. 색상, 명도, 채도 등에 의한 통일로 구분할 수 있다. 통일의 원리가 강조되면 단정해 보이기는 하지만 타인의 시선을 끄는 효과는 줄어든다.
변화는 서로 다른 성질에서 얻어지는 것으로 악센트(accent)라고도 하는데, 통일에서 느끼

출처: 옵시디앙 2008년 트렌드

는 단조로움을 깰 수 있기 때문에 나이보다 젊고 활동적으로 보일 수 있게 한다.
통일이란 부분과 부분, 부분과 전체 사이에 질서를 유기적으로 조화되는 것을 의미하며, 형태의 디자인 원리 중 가장 핵심이 되는 요소이다. 조화적 형태, 선, 그리고 질감에 공통점이 있을 때 통일성을 가진다.

통일성은 어떤 디자인에 있어서 한 요소를 반복함으로써 얻을 수 있으며, 이러한 노력은 모든 요소를 똑같게 만들어 정형화하기 위한 것이 아니라 디자인에서 전하고자 하는 이미지를 명확하고 효과적으로 전달하기 위한 것이다.

통일이란 전체적인 결합이나 질서를 말하는 것인데, 너무 통일에만 치우치면 단조로울 수 있기 때문에 적절한 조화가 필요하다.

③ 균형

균형(均衡)이란 전, 후, 상, 하, 좌, 우로부터 동등한 평형감각을 유지하기 위해 형태와 색을 조합함으로써 이루어지며 안정감을 주는 효과를 갖는 것이다.

균형은 질서와 안정, 통일감을 느낄 수 있게 하는 요소로서 대칭과 비대칭의 원리로 이루어지며, 대칭의 원리는 수평이나 수직 축에 의한 좌우 대칭을 의미하며 시각적으로 편안함을 느끼게 하는 중요한 요소이다.
헤어커트 디자인에서 대칭의 원리는 얼굴을 이마 중심에서 턱 중심까지 수직으로 이등분하였을 때 나타나는 선이 그 대표적인 예이다.

이에 반하여 비대칭의 원리는 선이나 색 등에서 좌우 어느 한 쪽에 그 무게를 둠으로써 전체 스타일에 영향을 주게 된다.

④ 율동

율동은 물체가 연속적인 동작을 취하는 형태의 흐름을 내포하고 있다.
헤어커트 디자인에서의 리듬은 머릿결 움직임 상태가 규칙적이고, 강약에 의한 동적인 연속감을 리드미컬하게 표현할 때 나타난다.

어떠한 형태의 디자인이라도 리듬감을 살려주면 아름다움의 효과를 더욱 배가시켜 주는 결과를 가져올 수 있다.

출처: 뷰티클럽

율동은 디자인의 각 요소의 관계에 의해서 생기는 시각적인 움직임인 하나의 형식이다. 또 공통요소가 연속적으로 반복되는 억양의 조절, 즉 시각적인 움직임의 관념에 있다고 할 수 있다.
헤어 디자인에서의 리듬을 없앤 스타일이나 리듬이 흐트러진 스타일은 높은 평가를 얻을 수 없다. 커트웨이브 등은 이 리듬에 의해서 감정 표현이 행하여지는 것이다.
율동에서의 점증법은 남성 커트디자인에서 많이 응용되고 있는데, 예를 들면 사이드와 네이프(nape) 부분을 처리할 때 생기는 굴곡을 자연스럽게 연결하기에 좋은 기법이다.
즉, 목과 얼굴 연결 부분의 형태적 차이를 명암으로 처리함으로써 자연스러운 모발 흐름과 두상 실루엣을 나타내는데 매우 효과적이다.

(4) 얼굴형에 의한 헤어디자인

얼굴의 형태와 용모는 밀접한 관련을 갖고 있다. 달걀형의 갸름한 얼굴에는 어떤 스타일도 다 잘 어울리지만 얼굴이 갸름하지 않더라도 걱정할 필요는 없다.
가장 중요한 것은 각자에게 알맞은 커트를 찾는 일인데, 이는 자신의 용모에 잘 어울리는 커트를 의미하는 것이다.
어울리는 헤어스타일은 용모에 있어서 장점을 살려주고 단점을 최소화 할 수 있어야 하고, 어떠한 헤어스타일이 어울릴 것인가를 찾기 위해서는 먼저 얼굴형태를 파악해 보는 것이 첫번째 과제다.
만약 이마와 볼 부분이 넓고 턱 부분이 좁다면 이는 하트형이다. 또 이마와 턱 부분이 다 넓은 경우에는 정사각형, 중앙부분이 제일 넓은 얼굴은 다이아몬드형, 상안부위가 좁고 하안부위가 넓은 얼굴은 삼각형, 동그스름하고 통통한 볼을 가진 얼굴은 원형, 이마가 넓고 각진 얼굴은 장방형의 얼굴로 볼 수 있다.

한국인 얼굴에 관한 계측은 1992년도 국민표준체형에서 얼굴길이는 여자의 경우 18.6cm, 남자의 경우 19.6cm이고 귀 구슬사이 너비는 여자는 14.0cm, 남자는 14.7cm로 조사되었으며 한국 성인여성의 얼굴 너비와 길이의 비율은 1:1.35라 하였고, 한국 미인형의 얼굴은 길이가 더 길어져 1:1.44라고 한다.(대한성형외과학회)

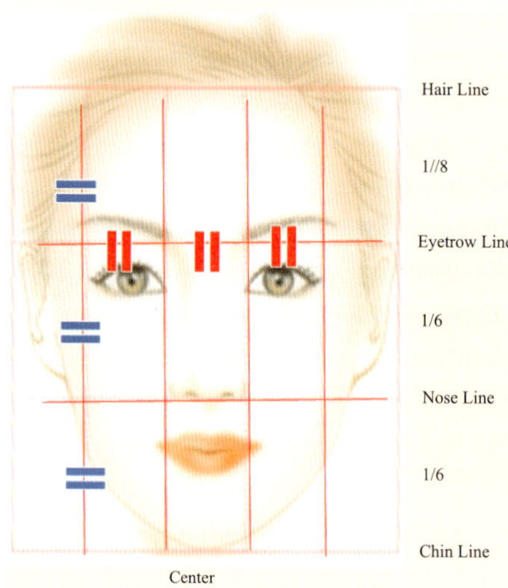

	얼굴넓이	얼굴길이
크기	12.9cm	18.6cm
비율	1	1.44

① 계란형

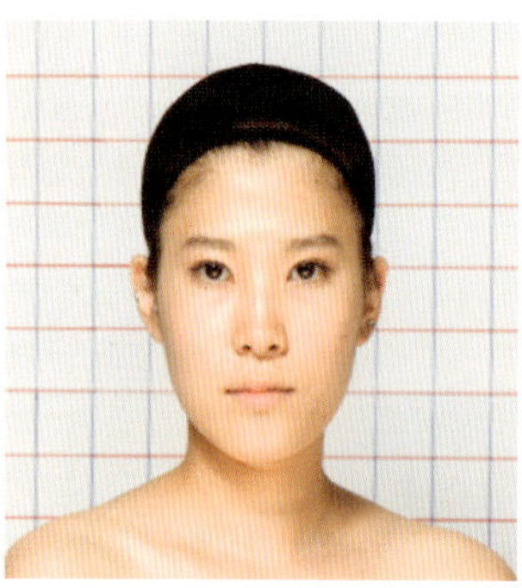

두상의 둘레	52.8cm
얼굴 길이	18.7cm
상안부 길이	6.1cm
중안부 길이	6.0cm
하안부 길이	6.6cm
얼굴 너비	12.9cm

어떤 스타일이든지 소화해 낼 수 있는 달걀형은 모든 얼굴형의 기본이 된다.
평범하고 개성이 없는 스타일이 되기 쉬우므로 대담한 디자인으로 개성을 나타내는 것이 중요하다.
헤어라인에서 눈썹, 눈썹에서 코끝, 코끝에서 턱끝까지의 비율이 1:1:1인 얼굴형이며 5:5 가르마로 무난히 소화를 할 수 있지만 3:7 가르마가 가장 잘 어울린다.

② 둥근형

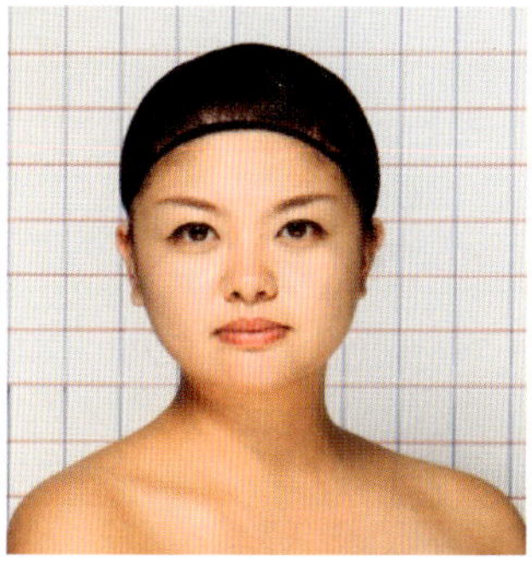

두상의 둘레	53.0cm
얼굴 길이	18.4cm
상안부 길이	5.7cm
중안부 길이	5.7cm
하안부 길이	7.0cm
얼굴 너비	13.8cm

동양인에게 가장 많은 둥근형 얼굴은 가늘고 모나게 보이도록 하는 것이 중요하다.
정수리 부분을 풍성하게 하고 양쪽 옆모발이 턱쯤에서 구부러지는 헤어스타일이 얼굴을 길고 갸름하게 보이도록 해준다.
무거운 뱅 스타일은 얼굴을 더 짧아 보이게 하므로 이마를 다 가리지 않도록 사선으로 흐르는 뱅스타일이 가장 적합하다.

③ 각진형

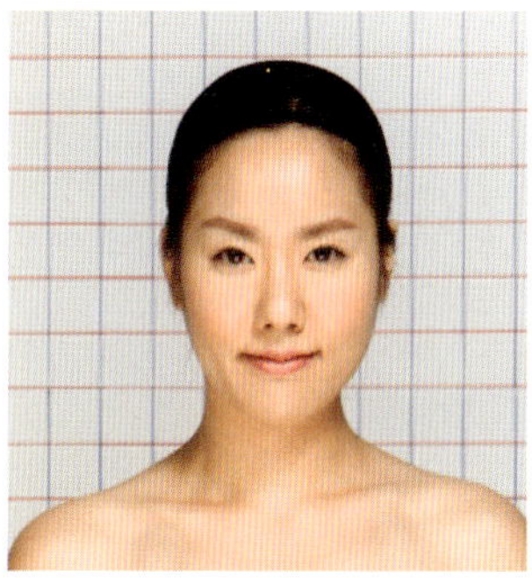

두상의 둘레	52.9cm
얼굴 길이	19.7cm
상안부 길이	6.8cm
중안부 길이	5.7cm
하안부 길이	7.2cm
얼굴 너비	13.4cm

탑 부분의 모발을 풍성하게 하고 옆 모발은 그냥 안쪽으로 흘러내리게 하며 뒷부분의 모발은 조금 길게 하는 헤어스타일이 넓은 이마와 넓은 턱을 가진 사람에게 잘 어울린다.
앞 모발은 옆 가르마로 나누며 매끈하게 얼굴을 감싸는 커트가 이런 유형의 사람들에게 아주 좋은 헤어스타일이다.
옆 모발을 앞이나 뒤쪽으로 깃털같이 가볍게 컬을 해주는 것도 얼굴의 윤곽을 부드럽게 만든다.
그러나 탑 부분의 모발이 평범한 스타일은 피하도록 해야 한다.
각진 얼굴형은 섹시하고 매력적이지만 때론 강해보이는 인상을 줄 수 있고 얼굴이 커 보일 수 있다. 스트레이트 헤어 스타일의 경우 강한 느낌을 줄 수 있으므로 부드러운 웨이브를 줌으로서 부드러운 인상을 만들 수 있다.

④ 긴 얼굴형

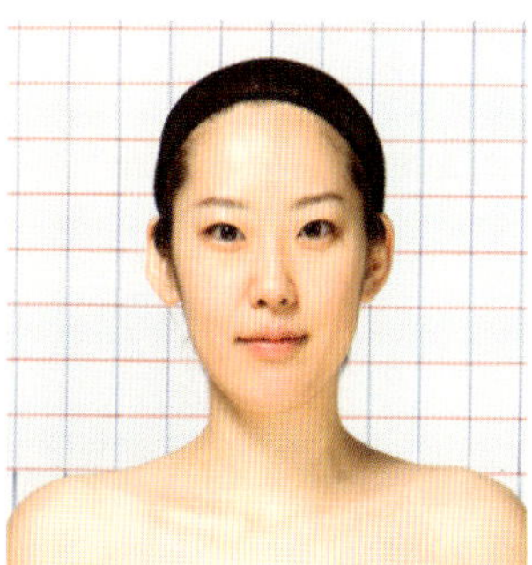

두상의 둘레	52.5cm
얼굴 길이	20.9cm
상안부 길이	6.9cm
중안부 길이	6.1cm
하안부 길이	7.9cm
얼굴 너비	13.2cm

긴모발이나 탑을 살린 컬, 그리고 길고 넓게 자른 앞모발은 얼굴을 더 길게 보이게 한다.
모발이 긴 경우에는 여기저기에 부드러운 컬을 해주는 것도 아주 좋으며 이것은 센세이셔널한

분위기를 연출해 준다. 긴 얼굴형은 사이드 부분에 너무 많은 볼륨감을 줄 경우 얼굴이 커 보일 수 있으므로 주의한다.

긴 얼굴형은 이지적이고 세련된 느낌을 주지만 자칫 나이가 들어 보인다. 중간 길이의 헤어스타일 보다는 턱 라인의 단발스타일 또는 긴 웨이브가 적합하다.

⑤ 역삼각형

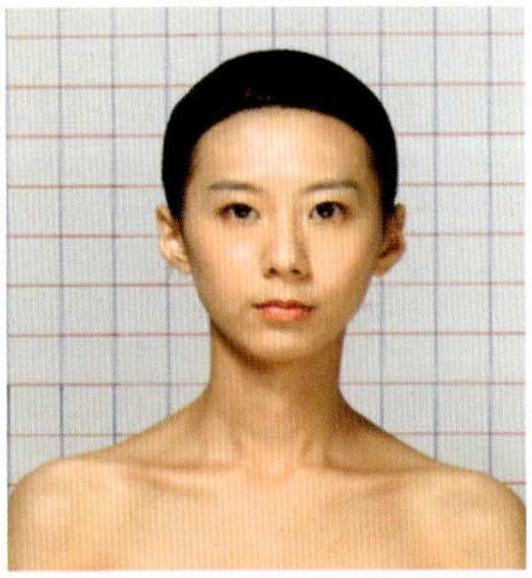

두상의 둘레	52.5cm
얼굴 길이	19.2cm
상안부 길이	6.0cm
중안부 길이	5.6cm
하안부 길이	7.6cm
얼굴 너비	12.2cm

이마가 넓고 턱선이 갸름한 역삼각형 얼굴은 요즘 말하는 V라인의 여성스러운 얼굴형이라고 할 수 있다. 하지만 역삼각형의 얼굴은 자칫 강한 인상을 줄 수 있으며, 얼굴이 다소 말라 보일 수 있다.

역삼각형 얼굴에는 좁은 턱을 보완하기 위해 옆 모발을 풍성하게 해주는 것이 좋다.

관자놀이 부분에서부터 조금씩 층지게 커트해 주거나 중앙에서 약간 비켜난 곳에 가르마를 타고 측면을 부풀려 주도록 하는데 앞모발은 이마를 완전히 가리지 않도록 주의한다.

(5) 체형과 얼굴형의 특징에 따른 헤어디자인

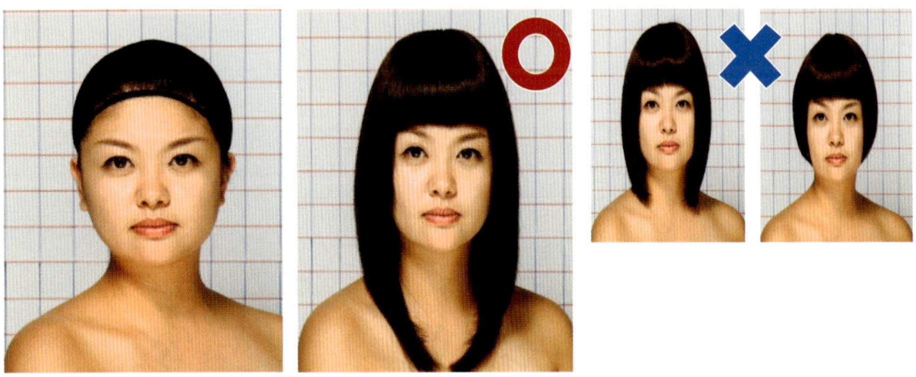

① 넓은 이마, 짧은 목을 가진 뚱뚱한 형

앞모발에 약간의 컬을 넣거나 가볍게 부풀리거나 브러싱을 해서 한쪽으로 몰아주도록 하고 관자놀이 부근의 옆모발을 가볍게 말아주면 이마가 좁게 보이게 된다.

긴 모발, 짧은 모발, 스트레이트나 레이어나 관계없이 위의 모발에 볼륨을 주는 것은 삼가도록 해야 한다.

② 좁은 이마, 길고 가는 목

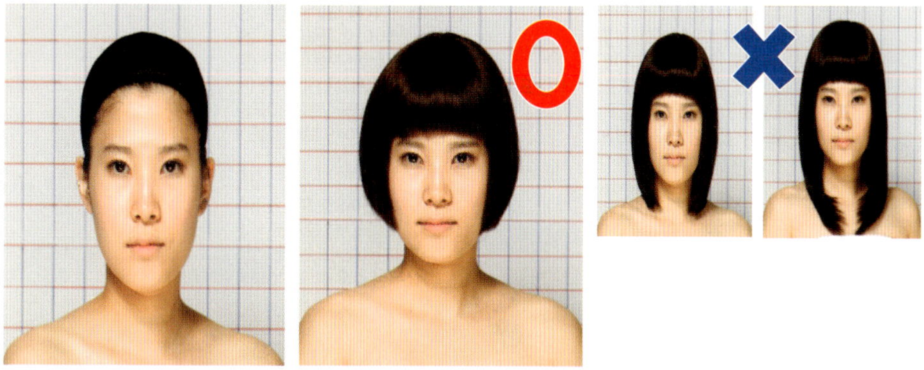

관자놀이 부근을 풍성하게 해준다. 앞의 모발을 짧게 하면 이마가 조금 길어 보이고 다른 방법으로는 모발을 뒤로 넘기게 되면 이마가 자연히 넓어 보이게 된다.

긴 모발이나 짧은 모발, 어느 것이든지 다 어울리지만 절대 센터파트(가운데 가르마)를 삼가도록 한다.

③ 목이 길고 야윈 모습

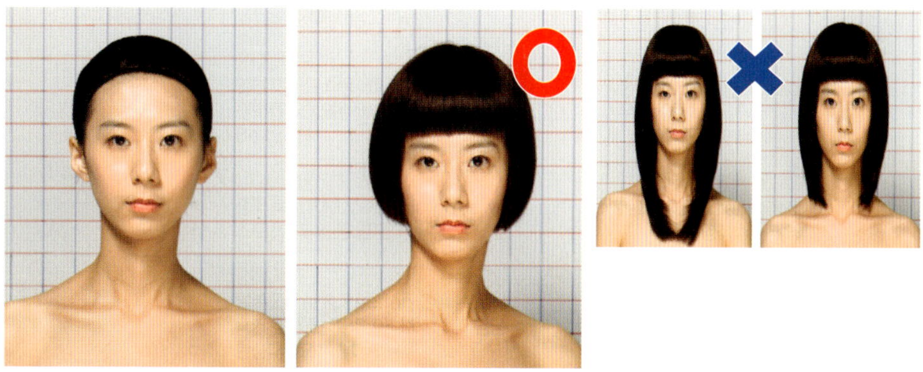

얼굴의 야윈 모습과 긴 목을 최소한 감추도록 한다. 얼굴 전체가 크게 보이도록 하기 위해 크라운부분을 한껏 높고 부드럽게 살려주고 사이드를 헤어라인에서 바깥 위쪽으로 올려준다.

볼쪽의 전방으로 느긋한 브러싱을 하면 얼굴은 살이 쪄서 부드럽게 보이며 이마는 더욱 부드럽게 보인다.

또한 목은 머리카락을 길고 풍성하게 해서 야위고 긴 목을 보충시켜 준다.

④ 양쪽얼굴이 불규칙한 얼굴형

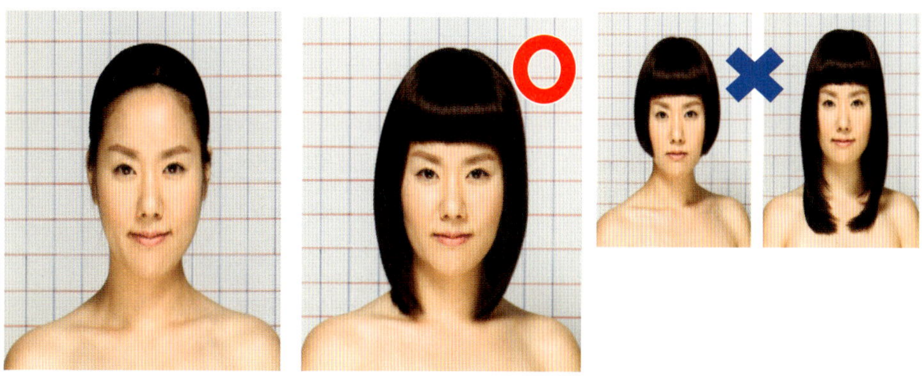

눈에 띄는 단점(불완전한 모습)들은 최소한으로 줄여주는데 적당한 헤어스타일을 선택하면 단점을 보완시킬 수 있다.

이러한 모델을 위해 필요한 헤어스타일은 튀어나온 곳을 감추어 줄 수 있도록, 부드러운 효과를 내주도록 하는데 그러려면 얼굴의 양쪽 사이드는 고르게 보이도록 한다.

⑤ 키가 크고 마른 사람

어깨까지 내려오는 긴 모발이 잘 어울리는데, 이것은 좁은 어깨를 커버해 준다.
웨이브나 컬을 하는 것이 적합하며, 스트레이트 헤어는 마른체형을 더 마른 느낌이 들게하고 짧은 스타일은 피하는 것이 좋다.

⑥ 키가 작고 조그만 사람

이러한 경우에 헤어스타일은 신체와 균형을 잘 이루어야 한다. 훌륭한 헤어디자이너는 모발을 자르기 전에 어느 정도의 길이로 모발을 잘라야 잘 어울릴 것인지를 검토한다.
이런 유형의 사람에게는 목이 드러나는 짧은 스타일이 적합하다. 긴 모발이나 자유분방한 스타일은 적합하지 않다.

3 Hair Cutting의 특징

1. Hair Cutting의 목적

헤어스타일을 만들기 위한 기초가 되는 기본적인 기술이다. 퍼머넨트 웨이빙이나 헤어세팅의 완성된 헤어스타일은 모두 커트기술에 의해서 미리 형태가 만들어진 것이다.
헤어커팅을 헤어 셰이핑(Hair Shaping)이라고도 하는데 '모발형을 만든다' 라는 의미이다.

이와 같이 헤어커팅은 모발을 원하는 스타일에 맞는 정확한 길이로 정리하고, 모발 숱이 많고 적음을 정돈하여 헤어스타일을 완성할 수 있도록 만드는 데에 그 목적이 있다.
헤어커팅은 헤어 스타일링 및 헤어컬러링과 같은 몇몇 다른 시술에 영향을 미친다.
헤어커팅은 모발의 형태를 정리, 정돈함으로써 헤어스타일과 얼굴형태의 장단점을 보완시켜 준다.

2. Hair Stylist의 자세

Hair Stylist의 작업은 언제나 창조적이다.
어느 때 어느 상황에서도 항상 전향될 수 있다. 그러므로 언제나 미래를 응시하지 않으면 안된다. 이러한 목표와 배려가 있는 곳에만 창조적인 작업이 존재된다.
Hair Stylist는 언제 어떻게 될지라도 미용의 원점, 기초(Cut Process)로 되돌아 갈 자세가 필요하다. 모든 상념을 떨쳐버리고 배움의 시작점인 초심의 순수함으로 되돌아 갈 수가 있어야 한다. 이러한 여유가 진정 새로운 창작 미용으로 나타나며 아이디어의 보고는 기초에서부터 만들어진다.
침착하게 충분한 시간을 가지고 자신의 pace로 착실하게 매진해야 한다.
이와 같이 세계의 흐름에 따른 다양한 요소는 fashion과 hair style의 변화에 영향을 주고 있다. 좋은 hair style을 창조하는 것만이 훌륭한 hair stylist라고 생각하지는 않는다.

본질적으로 design의 기초 지식을 이해함과 동시에 참다운 美의 조건을 알아야 한다. 즉, 기술뿐만 아니라 자신의 인간성을 높힘으로써, 자기계발에 노력하고 스스로 '사는 방법' 인 '일' 을 발견하여야 한다. 일을 시작하기 전에 여유를 가지고 준비를 하며 보다 훌륭한 수준을 지향하고 연습을 열심히 해야 한다.
hair stylist는 자기 자신 안에 있는 무한한 가능성에 도전해야 한다. 적극적으로 행동하고, 그 가능성을 계발하기 위해 노력해야 한다.

모든 일에 관심을 가지고 주위의 모든 움직임으로부터 무엇인가를 배워야 한다. 예를 들자면 음악과 예술을 감상하거나 세계의 흐름과 사람들의 생활방식에서 여러 가지를 흡수해야 한다.

이러한 행동방식을 통해 잠재되어 있는 능력과 감각을 불러일으킬 때 진정한 의미에서의 hair stylist라고 할 수 있을 것이다.

3. Hair Cut is?

헤어커트란? 자르는 것이 아니라 가장 아름답게 남기는 작업이다.
커트는 하나의 스타일, 즉 형태를 만드는 것이다. 고객의 얼굴형을 보고 어떤 형태로 커트할 것인지 생각하고, 마무리 후에는 헤어스타일이 어떻게 나올 것인지 미리 예상할 수 있어야 한다. 고객과 충분한 의사소통이 있어야 한다.

고객이 미용사보다 감각이 더 높을 수도 있지만, 스타일에 대한 설명에 있어서는 미용사만큼 자세히 말할 수 없기 때문에 충분히 대화하여야 한다.
얼굴형이나 체형에 대해서도 깊이 있게 생각하자. 얼굴형이나 체형, 그리고 고객의 요구 중에서 어디에 우선순위를 두어야 할지를 정해야 한다. 커트하기 전에 롱 또는 미디엄, 쇼트 스타일 중 어떤 것으로 할지 정하자.

그라쥬에이션(graduation)인지 스파니엘형인지 레이어형인지도 처음부터 정하고 커트하여야 한다. 샴푸나 분무를 하기 전에 모발의 방향과 성질, 카우릭의 방향, 모발의 결 등을 파악하여야 한다. 샴푸나 분무를 먼저 하면 모발의 무게 때문에 이들을 파악하기가 어렵다.

쇼트의 경우, 네이프에서의 모발의 결과 방향성이 아주 중요하므로 꼭 체크하고 커트에 임하여야 한다.
고객의 두상에 대한 파악도 중요하다. 탑이나 옥시피탈 본(Occipital Bone) 의 형태를 파악하고 두상의 좌우 밸런스가 맞는지도 살펴야 한다. 밸런스가 맞지 않을 경우에 좌우를 똑같은 길이로 커트하면 스타일은 비대칭이 되고 형태가 맞지 않으므로 손님은 미용사의 실력에 대하여 불만을 갖는다.
시술하기 전에 확실한 스타일을 정하자. 원하는 길이보다 0.5Cm 정도 길게 시작하자. 커트는 모발이 젖은 상태에서 실시하므로 마르면 길이가 올라가기도 하지만 커트하면서 짧아지는 경우도 많다.
커트하는 두상의 위치에 따라서 시술자가 옮겨가면서 시술하자. 시술하다가 자기도 모르게 실수하는 때가 있다. 형태를 변화시키지 않는 한도 내에서 응용할 수 있어야 한다.
바른 자세가 좋다. 손님은 가만히 두고 미용사의 자세만 무리하게 취하면 좋은 작품이 나오기 어렵다. 손님도 조금은 움직여서 고개를 숙인다거나 조절한다거나 하여 좋은 자세가 되도록 한다.
1차 커트와 2차 커트로 구분하여 해 보자. 1차 커트에서는 전체적인 아우트라인, 즉 형태가 정해지고 2차 커트에서는 그냥 지나쳤던 부분이 체크되기도 한다.
시저스로 커트할 것인지 레이저로 커트할 것인지도 생각하여야 한다. 이 때에도 손님의 모발 상태나 스타일에 따라서 적합한 기구를 정하고 커트하자. 틴닝 가위나 클리퍼의 사용에 빗질, 텐션, 각도, 섹션이 중요하다.

체크 커트를 하면서 시술하자. 시술과정을 손님이 거울 속에서 지켜보고 있으므로 커트 선을 볼 수 있도록 빗으로 코밍하면서 커트하자. 같은 각도로 커트하여도 슬라이스의 양과 섹션에 따라서 커트라인이 변화한다. 섹션을 나누지 않고 커트하거나 섹션을 무시하고 커트하는 것은 설계도 없이 집을 짓는 것과 같다.

헤어케어 제품을 바르고 드라이할 것인지, 드라이 후에 제품을 도포할 것인지를 생각하자. 이에 앞서 헤어 제품에 대한 사전 지식이 있어야 한다.

볼륨을 줄 것인지 볼륨감이 없도록 할 것인지에 따라서 커트 기법이나 제품 사용이 달라진다. 그 밖에도 많은 정보를 알고 있어야 한다.

신문, 잡지, 광고, TV, 연극, 영화 등을 통하여 다양한 정보를 접하자. 고객은, 커트의 형태는 몰라도 유행하는 스타일이 어떤 스타의 스타일인지는 잘 알고 있다.
상호간의 원활한 커뮤니케이션을 위해서도 다양한 정보를 알고 있어야 한다. 업소 내에 롱, 미디움, 쇼트 등 모든 스타일의 모델이 존재하도록 해보자. 손님의 요구를 수용하기가 더 쉬워진다. 원하는 헤어스타일을 얻기 위해서는 이미 자른 모발 부분을 끊임없이 점검하여야 한다.
모발 길이가 달라지지 않도록 머리칼을 항상 촉촉하게 젖은 상태로 유지하자. 헤어디자이너에 있어서 기술의 질은 짧은 목덜미의 헤어스타일에서 찾아 볼 수 있다. 목덜미의 움직임대로 두는 것이 훨씬 쉽다는 점을 명심하자.
고객의 목이 올바른 자세로 있는지를 확인하라.
정수리나 모발에서 문제가 되는 부위는 그 자연스러운 움직임에 따라야 한다. 정수리가 있는 자리에 중앙 가르마를 만들려고 한다면, 그것을 만들 수는 있을지 모르겠지만 그 효과는 일시적일 뿐이며 이튿날 한쪽 모발이 앞 쪽 또는 뒤쪽으로 넘어가려고 하면서 들리게 될 것이다.
훌륭한 전문가는 가르마 하기 좋은 위치를 고를 줄 알아야 하며 고객에게 고객이 원하는 방향에 가르마를 타지 않은 이유를 설명해 주어야 한다. 자연스러운 움직임으로 스타일을 내려면 정수리에 맞서 무리하게 방향을 바꾸어서는 안 된다.
앞 모발이 일정치 않을 때 중앙에 가르마를 타서는 안 된다. 앞쪽 모발의 분할은 모발이 자연스럽게 내려오는 방향대로 가야 한다. 모발을 자르지 않는 손은 커팅 과정에 있어 중요한 역할을 한다.
목덜미 모발을 자를 때 목덜미에 모발을 붙여 눌러서 커트하는 방법을 잊지 말자.(내추럴 폼) 그렇지 않으면 일단 모발이 마른 다음에 위의 모발은 더 짧아질 것이다. 얼굴형에 대한 전체적인 생각을 갖자.
키와 모발길이 사이의 전체적인 균형은 헤어스타일에서 항상 중요하다. 얼굴형과 옆 얼굴선은 비례해야 한다.
기술과 감성, 그리고 커뮤니케이션, 이 모든 것들이 마무리의 기쁨을 증가시킬 것이다.

4 커트 기본자세

1. 손의 구조 및 관절

■ 손의 구조

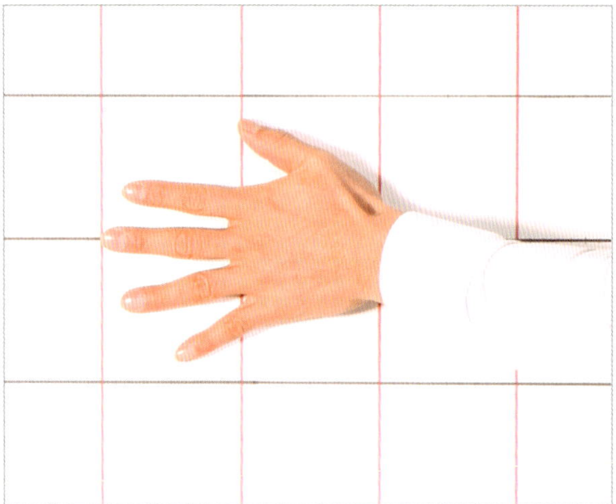

손은 19개의 마디로 구성되어 있으며, 우리 몸에서 가장 섬세하게 구성된 관절의 집합이라고 할 수 있다.

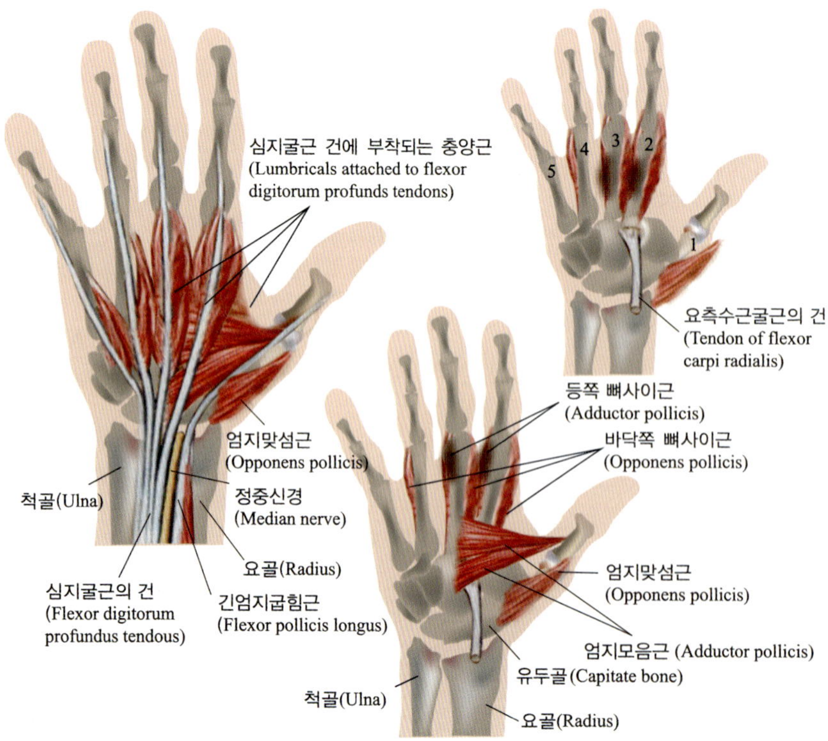

2. 두상의 각도

위그의 기본형태

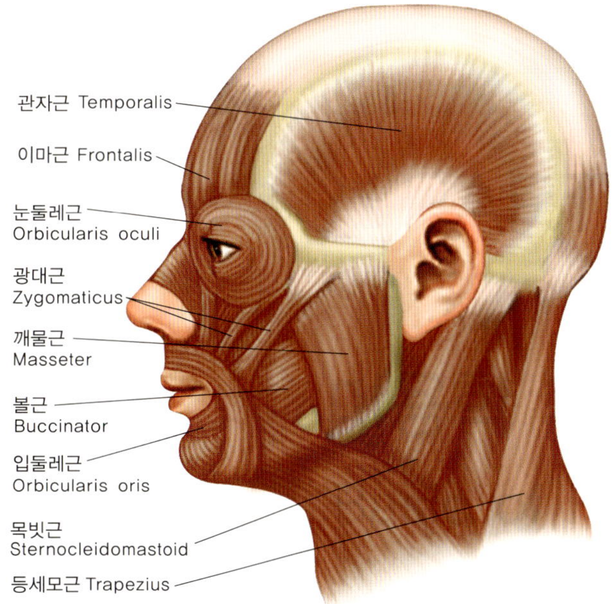

우상의 근육은 헤어 스타일에 영향을 주므로 얼굴근육을 숙지함으로써 원활한 스타일 구성이 가능하다.

■ 두상의 각도

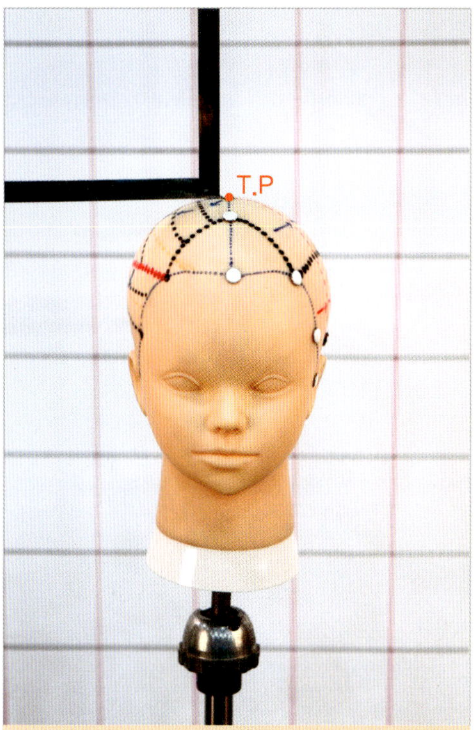

90˚

Top에서 90˚는 천체축에서는 0˚의 각도가 될 수 있다.

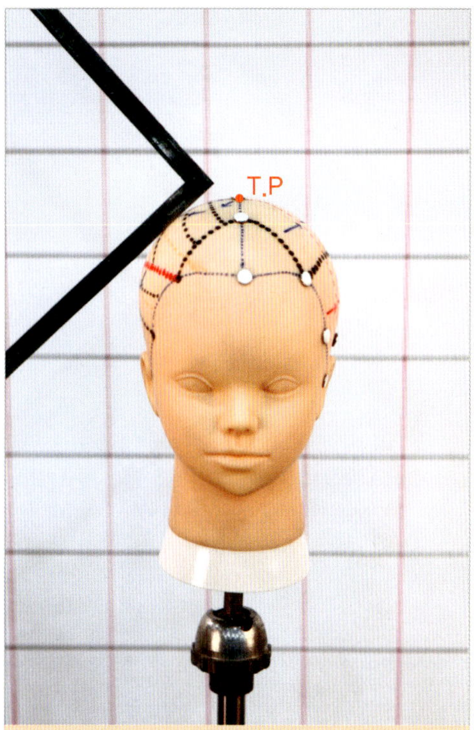

45˚

Top에서 45˚는 천체축의 각도로 볼 때도 아래쪽으로 45˚가 될 수 있다.

Top Point

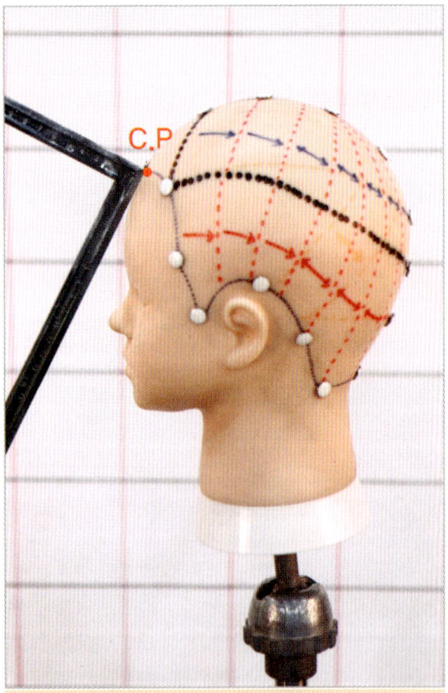

90˚

Center Point

center에서 90˚는 두상의 형태를 숙지하는 것이 매우 중요하다.

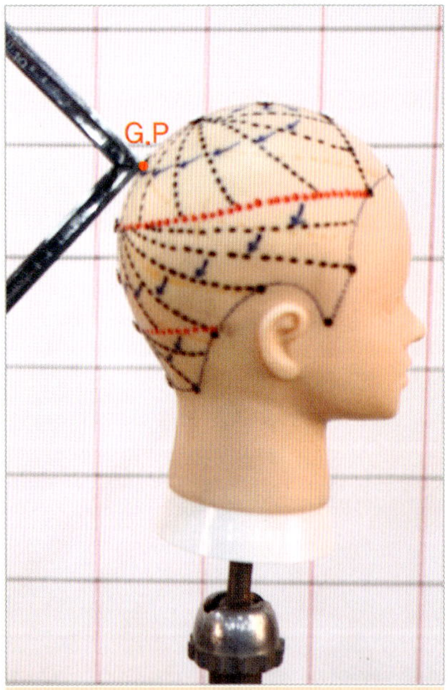

90˚

Golden Point

Golden은 Top의 각도와 혼돈 될 수 있으므로 주의한다. 이 부분의 각도에 의해서 Back 부분의 Volume에 변화를 준다.

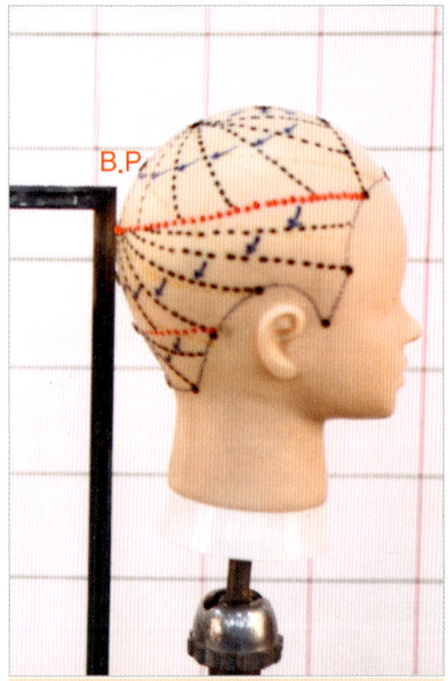

90˚

Back Point

Back부분은 Out Line의 무게감에 영향을 주므로 주의를 요하며 천체축으로 볼때 동일한 90˚가 된다.

■ 민두의 구분

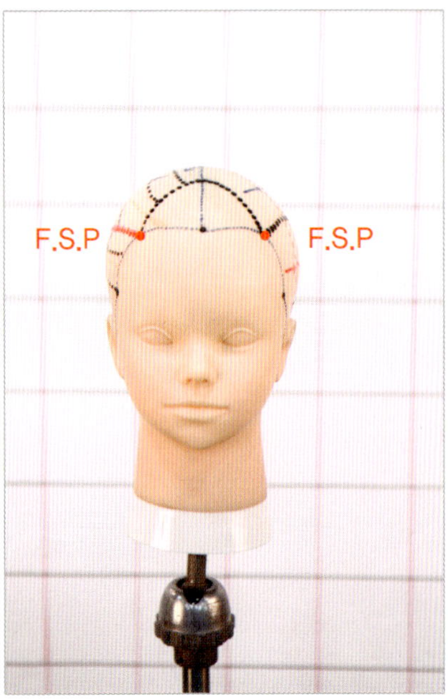

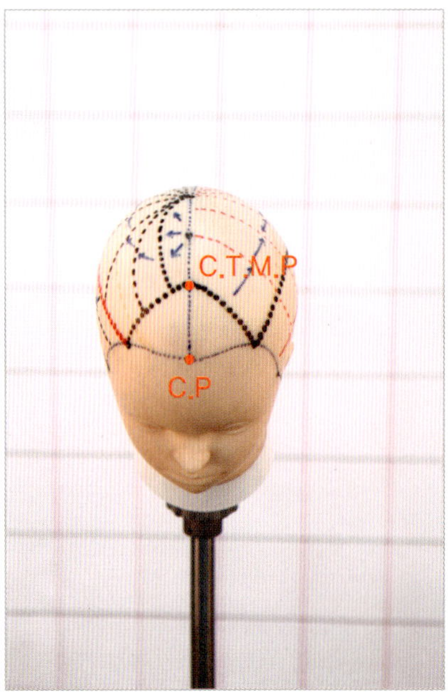

Front Section

Front Section에서 폭의 기본은 관자놀이(F.S.P)에서 관자놀이까지이며, 높이는 C.P에서 C.T.M.P까지(5cm)를 기본으로 한다.

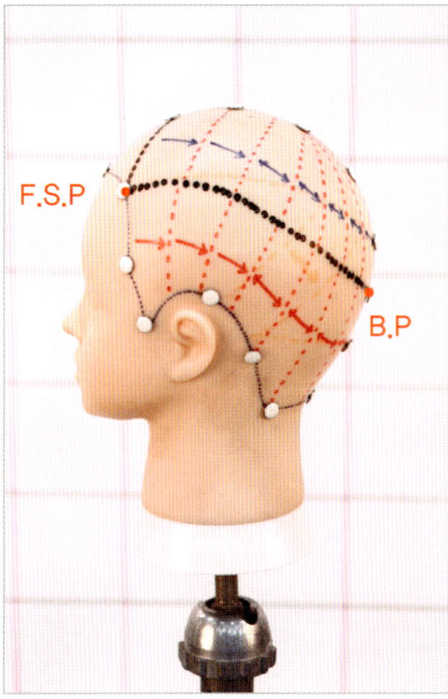

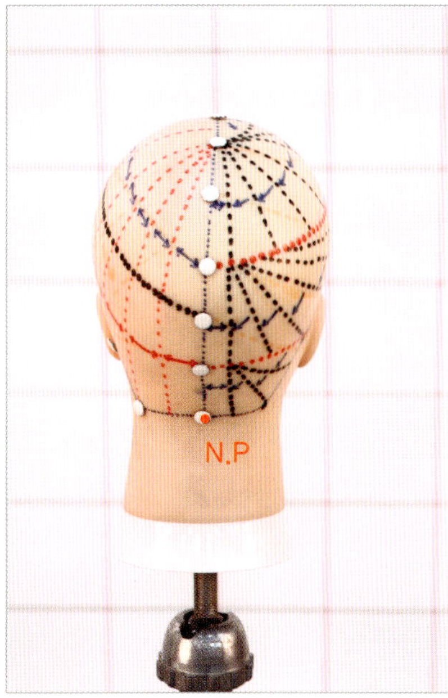

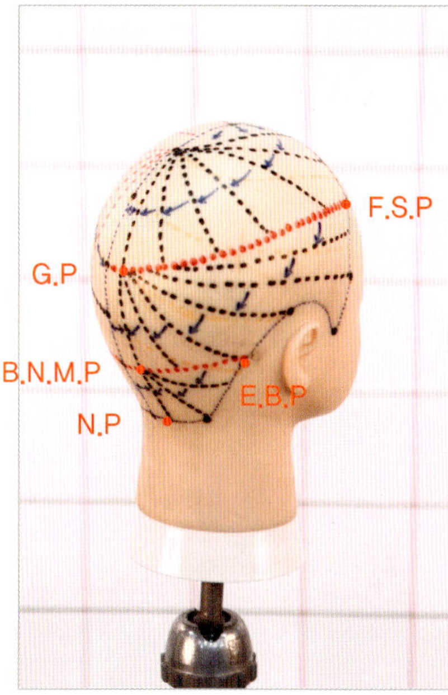

Two Section

Design Cut에서 가장 기본이 되는 Section으로 F.S.P에서 B.P까지 나눈다.

Multi Section

모량은 최대한 유지하고 가벼움을 필요로 하는 Style에 적합하며, Bob Style Cut에도 용이하도록 한다.

3. Comb의 구조 및 사용법

❶ Comb의 구조

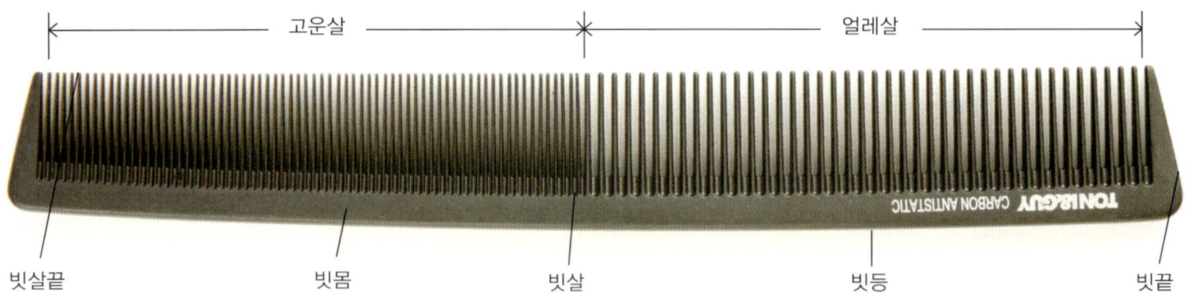

- **고운 살(Combing할 때)**
  얼레 살로 빗질한 후 고른 Tension을 유지하여 Cut할 때 사용한다.

- **얼레 살(Sectioning할 때)**
  Comb의 간격이 넓은 부분으로 모발의 엉킴을 풀거나 처음 빗질을 용이하게 할 때 사용한다.

- **빗살 끝**
  두피에 직접 닿는 부분이며 모발을 두피로부터 끌어당겨 세우는 부분으로 끝이 너무 날카로우면 좋지 않다.

- **빗살**
  Comb의 가장 중요한 부분으로 고르고 균일한 것이어야 한다.

❷ Comb을 잡는 방법

- Comb의 중심에 엄지와 끝에 새끼손가락을 Comb 등 밑으로 내려 놓고 검지, 중지, 약지는 comb 등 위로 올려 놓아 잡는다.
- Slice를 나눌 때는 얼레 살(굵은 살) 끝으로 나누고, Shape를 할 때는 고운 살(가는 살)로 빗질한다. 이때 comb은 회전시킨다.

❸ Comb 회전하는 방법(기본)

Comb 중앙을 엄지, 검지, 중지로 잡는다.

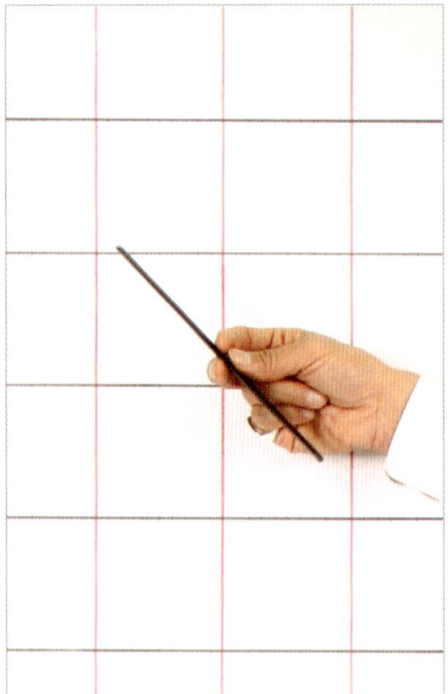

중지를 앞쪽에서 뒤로 이동한다.

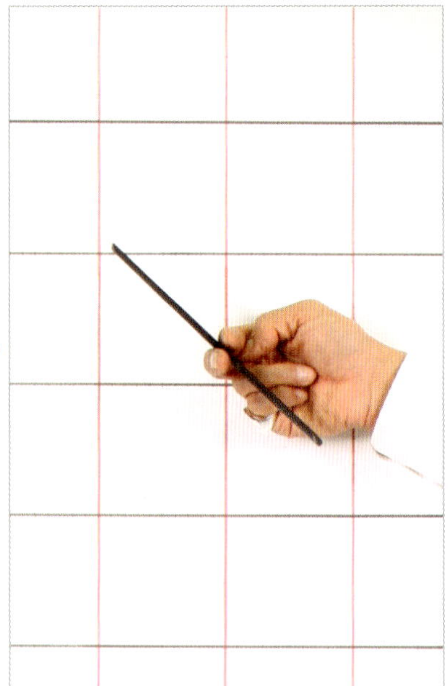

엄지를 Comb에서 떼고, 검지와 중지로 잡는다.(위쪽 검지, 아래쪽 중지)
이때 Comb이 회전한다.

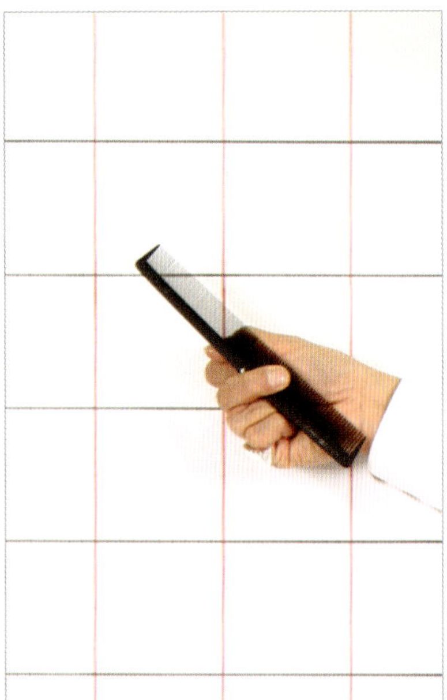

약지와 소지를 안 쪽으로 집어넣고 중지를 이용해 Comb을 안쪽으로 당긴다.

검지를 앞으로 빼 준다.

❹ Comb 회전하는 방법(가위기본응용)

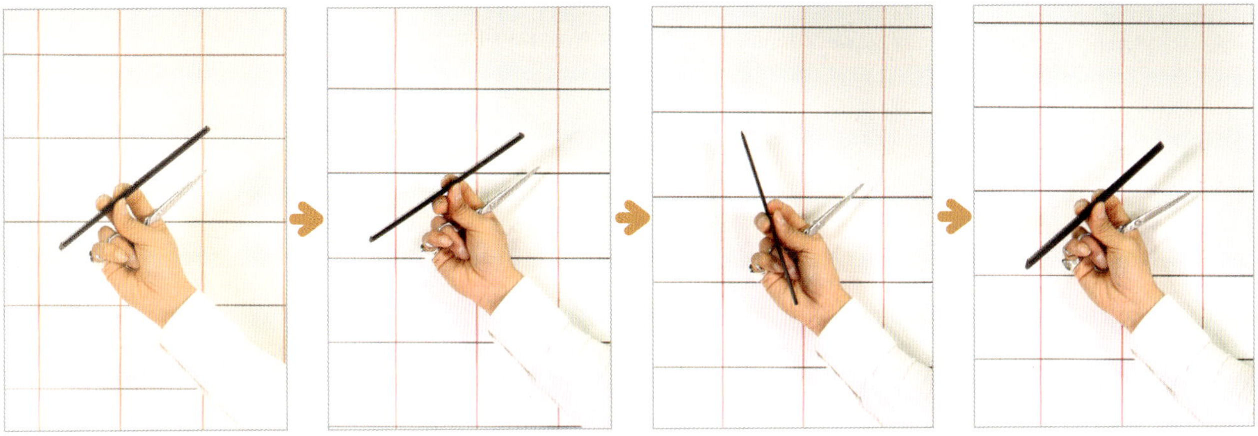

원할한 커트 시술과 프로로서의 자세가 필요하므로 comb을 회전하는 테크닉이 필요하다.

❺ Comb Technique 방법(Horizontal)

측면

손가락을 약간 구부려 수평을 이룬다.

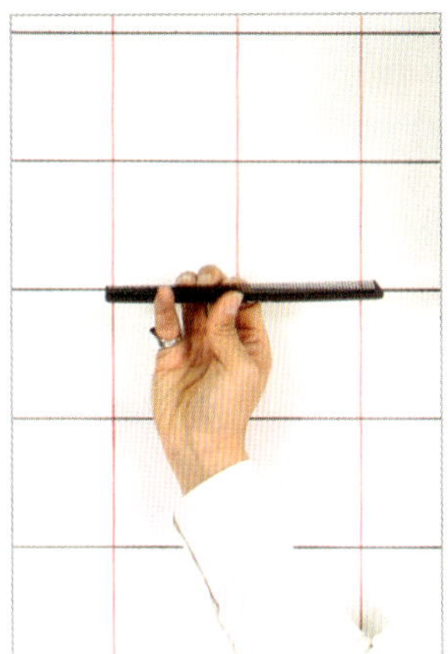

정면

손가락을 구부려 빗살 아래로 향하게 한다.

❻ Comb Technique 방법(Vertical)

손목의 움직임 없이 빗질이 가능하다. 중지의 두 번째 마디 안에서 굴리는 것을 기본으로 하고 있다.
흔들림 없이 Comb을 돌려준다. Comb의 빗살부분에 엄지로 잡아주고 빗등 부분은 검지로 가볍게 고정시킨다.

❼ Comb Technique(실기)

a. Top

겉 빗질

속 빗질

Top부분에서 Horizontal로 시술시 양쪽 팔은 수평에 가깝게 자세를 잡는 것이 매우 중요하다.

b. Vertical

Comb를 잡고 있는 팔과 Comb의 각도는 90°를 유지한다.

c. Diagonal(right)

양쪽팔은 대각선의 평행을 유지한다.

d. Diagonal(left)

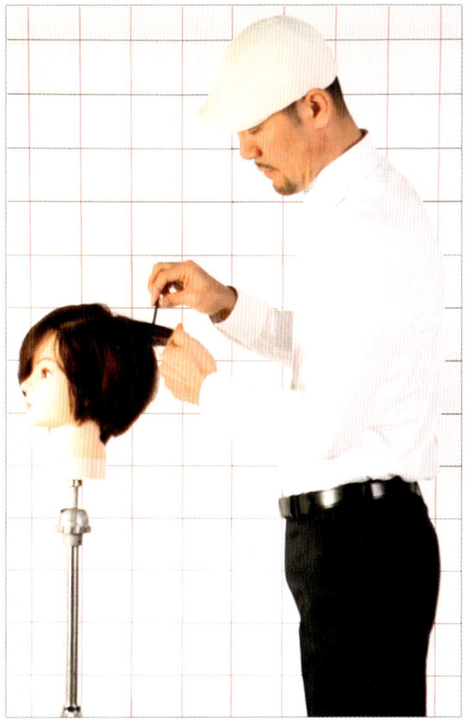

겉 빗질과 속 빗질을 병행하는 것이 매우 중요하다.

e. Side(right)

양쪽팔은 평행을 유지한다. comb을 잡고 있는 팔이 밑으로 내려가면 모발을 잡고 있는 팔은 위로 올라간다.

f. Side(left)

양쪽 팔은 평행을 유지한다. comb을 잡고 있는 팔이 위로 올라가면 모발을 잡고 있는 팔은 아래로 내려온다.

4. 가위 잡는 방법

❶ Scissors의 종류

어떠한 행위를 하기 위해서는 매개체, 즉 도구가 필요하다. 군인에겐 정확한 총, 골프선수에겐 몸에 맞는 골프채, 축구선수에겐 과학적으로 만들어진 공. 그렇다면 헤어디자이너에게 가장 중요한 도구는 무엇인가?

그것은 가위일 것이다. 헤어디자이너가 가위마다 정확한 사용 용도를 알고 올바르게 사용한다면 가장 좋은 결과를 얻을 수 있다. (예 : 주방에서 요리시 식도가 필요하며 과일을 깍을 때 과도가 필요하듯이)

a. Basic Scissors (4~6.5 inch)

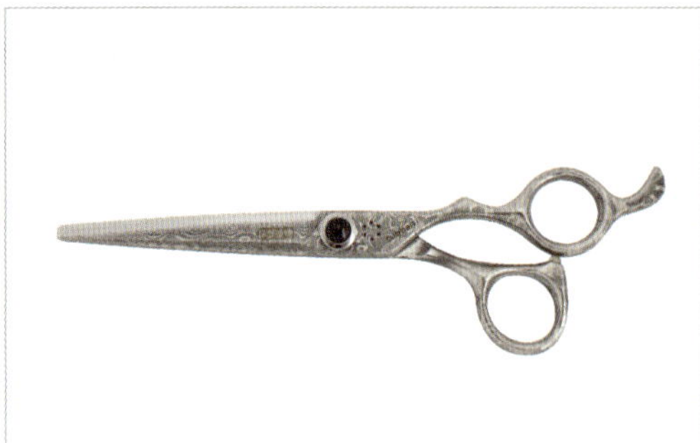

b. Bic Scissors (7~8 inch)

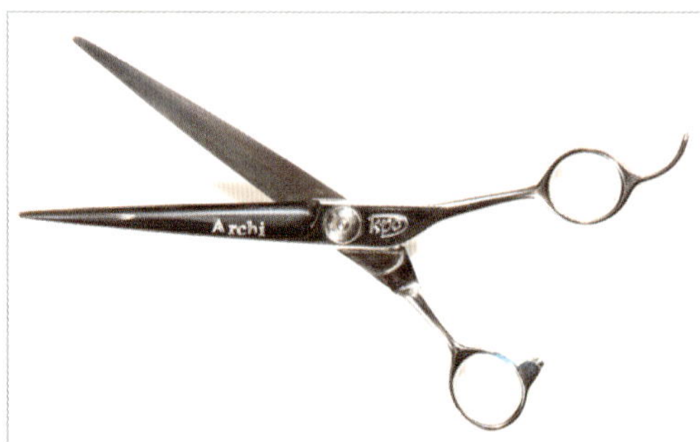

c. Dry Scissors (5~6.5 inch)

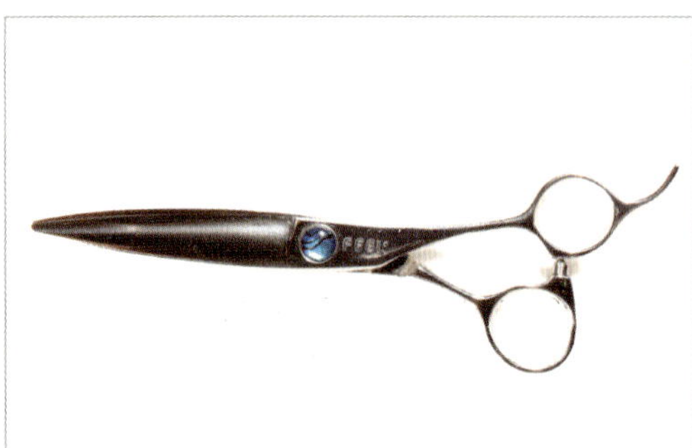
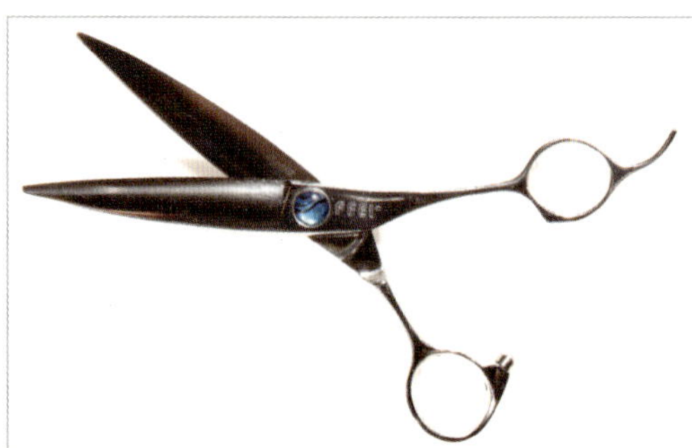

d. Curved Scissors (5~6 inch)

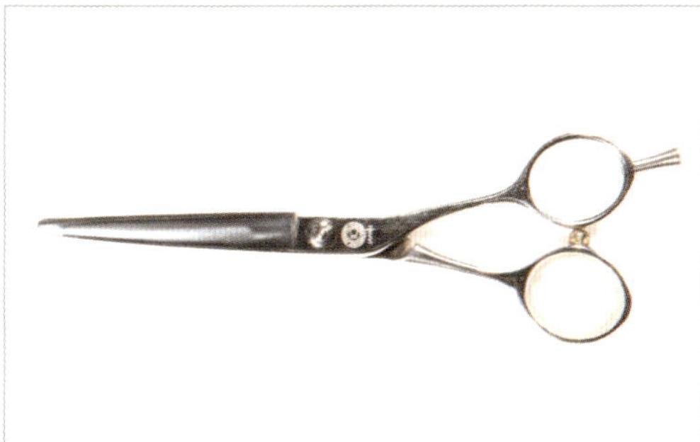

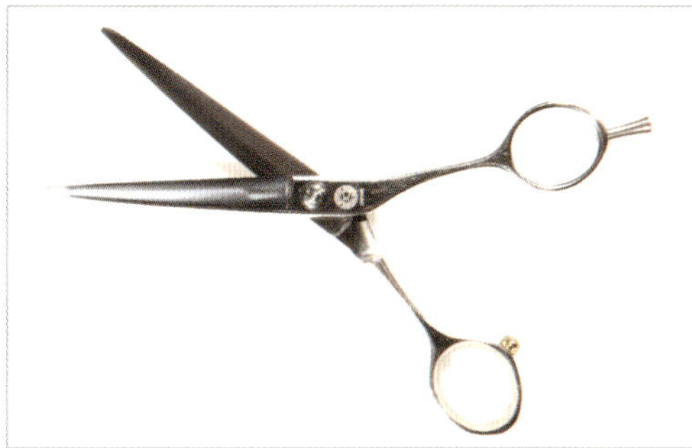

e. Thinning scissors (5~6 inch 10%~50%)

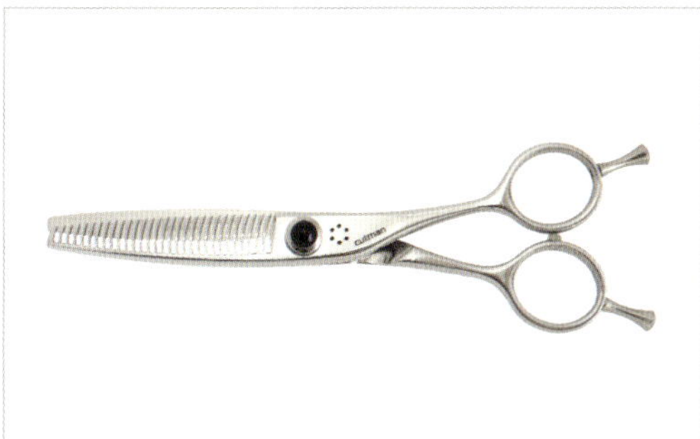

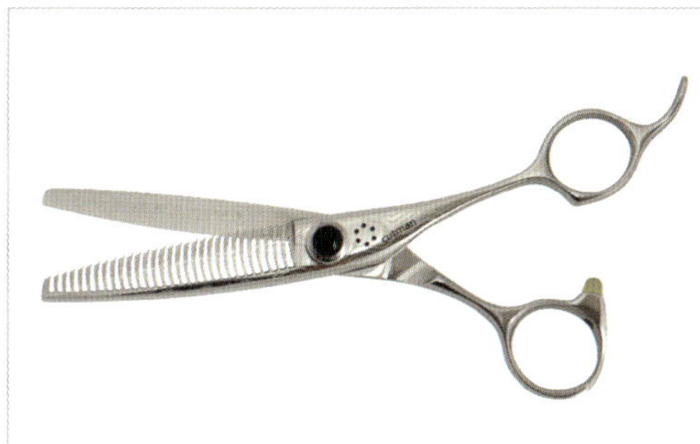

f. Scissors Story

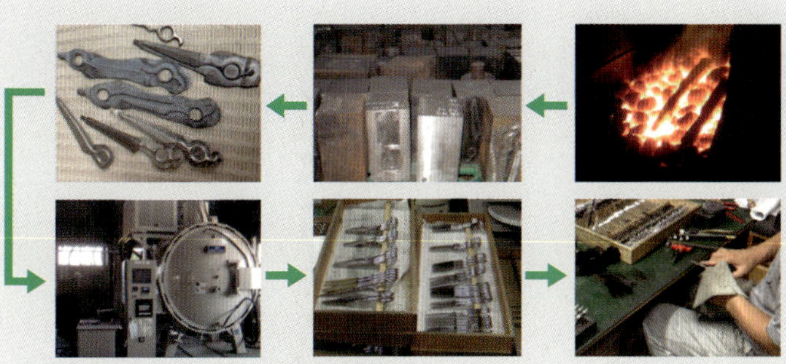

장인정신의 열정으로
하나 하나 만들어 집니다.

최고의 소재를 최고의 이미용(理美容)가위로 제품화하기 위한 모든 과정은 최신의 시스템장비를 비롯해 최첨단의 각종 가공기계를 구사하고 후반에는 숙련된 장인의 기술과 열정으로 하나 하나 핸드메이드로 완성시킵니다. 일본의 재료,가공 기술력과 대한민국 최고의 장인이 날을 세워 만들어낸 시저스는 디자이너 분들의 최고의 파트너가 될 것입니다.

SPECIALISED SHEARS TERMS

1. Points
2. Outside Blade
3. Back Side
4. Screw Hole
5. Ride or Half moon
6. Shank
7. Neck
8. Outside Ring
9. Inside Ring
10. Joint
11. Ring Flat
12. Finger Rest
13. Branding
14. Fore Side
15. Teardrop (Convex)
16. Hollow(Concave)
17. Edge
18. Silencer or Stopper

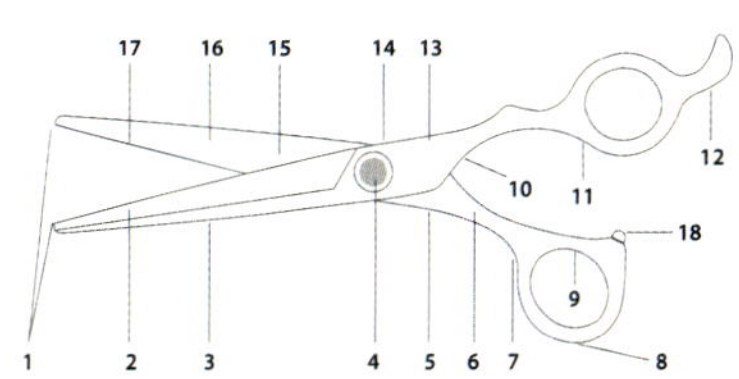

EROGONOMIC DESIGN

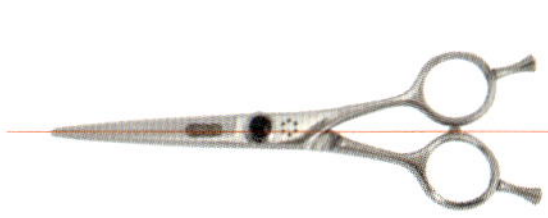

- straigt handle -

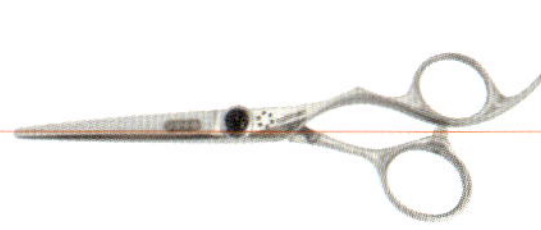

- semi-offset handle -

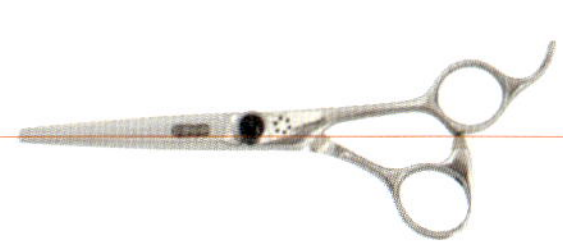

- offset handle -

❷ Scissors의 사용방법(가위 잡는 법)

기본

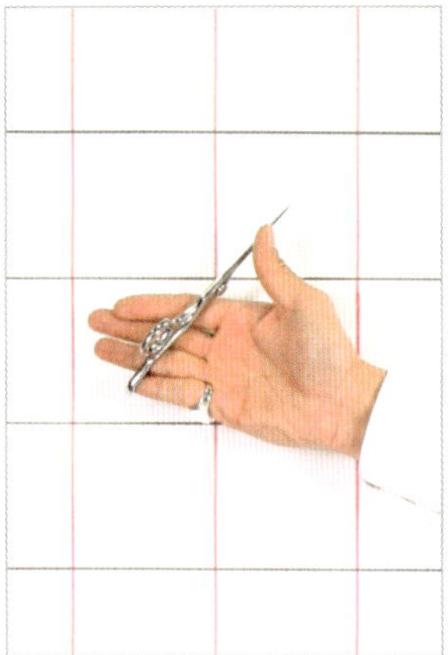
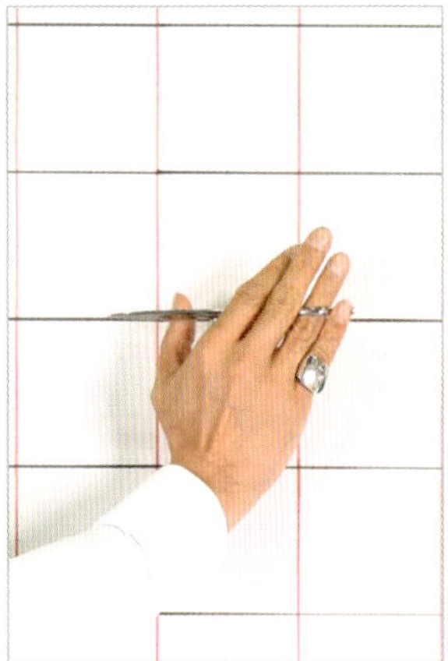
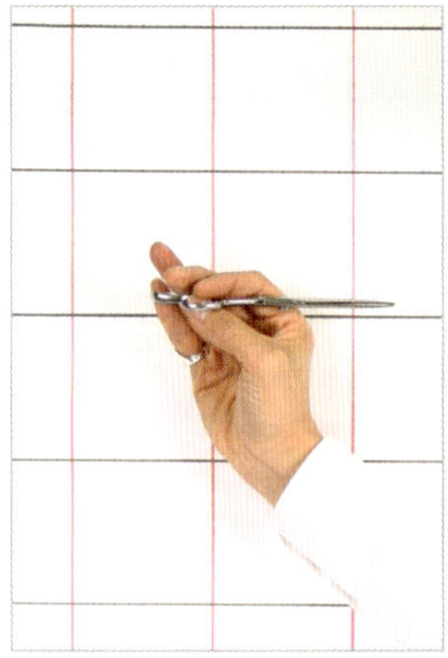
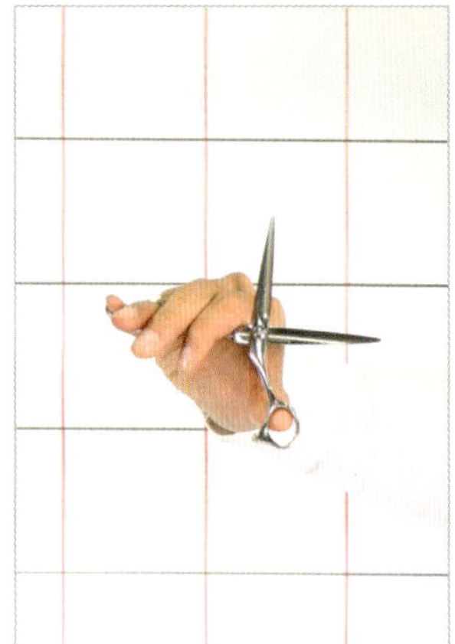

- 동도(銅刀) : 엄지(움직이는 손가락)를 넣는다.
- 정도(靜刀) : 약지(고정하는 손가락)를 넣는다.
- 정도에 약지의 제2 관절까지 넣는다.
- 가위의 Pibot 포인트(조이는 부분)를 검지의 안쪽 관절에 놓는다.
- 가위의 각도는 손바닥에서 45° 각도로 잡은 후 정도의 링은 약지의 제1관절과 제2 관절 사이에 여유있게 놓아도 된다.
- 이것은 손가락의 굵기와 가위의 링 사이즈에 따라 변한다.

응용

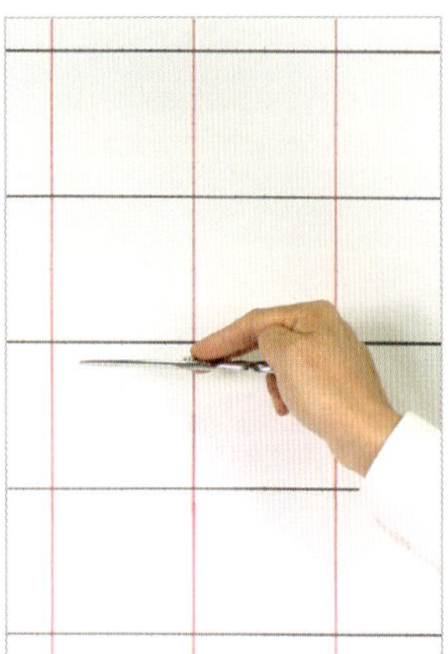
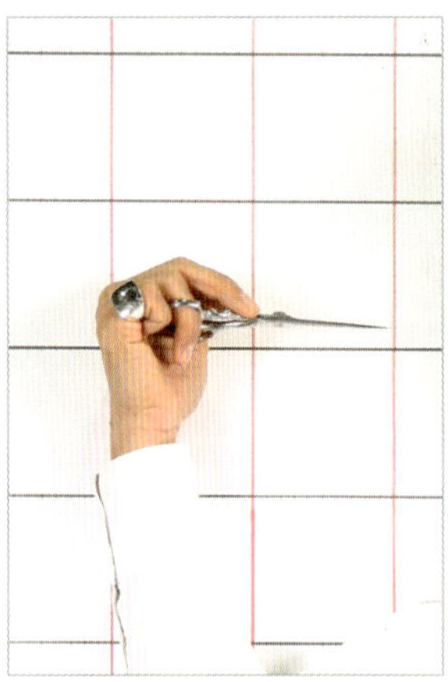

가위의 개폐

- 약지와 새끼손가락은 구부리지 않고, 특히 새끼 손가락이 옆이나 위로 벌어지지 않게 해야 하며, 검지와 중지는 약간 구부려서 가위를 고정시킨다.
- 엄지는 충분히 벌릴 수 있도록 개폐를 반복 트레이닝한다.
- 벌린 상태에서 날의 각도는 90° 정도로 한다.

a. Scissors의 사용방법(회전)

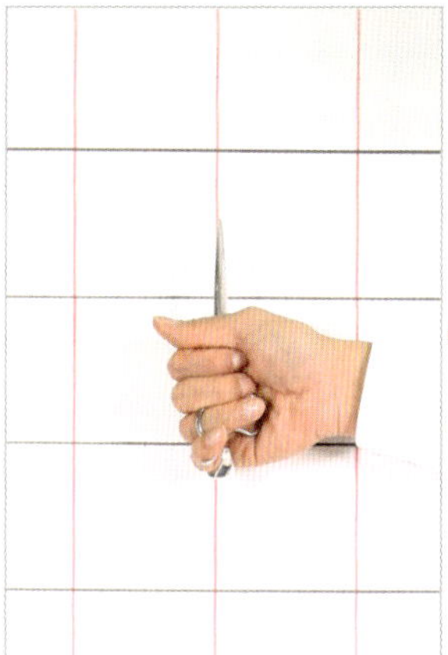
기본으로 잡고 있는 상태

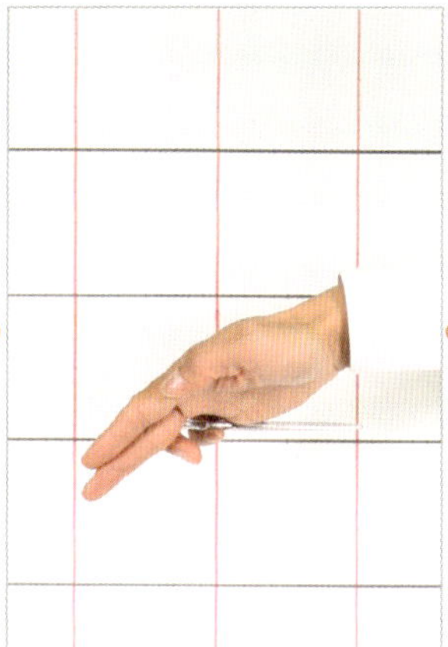
엄지, 검지, 중지를 펴준다.

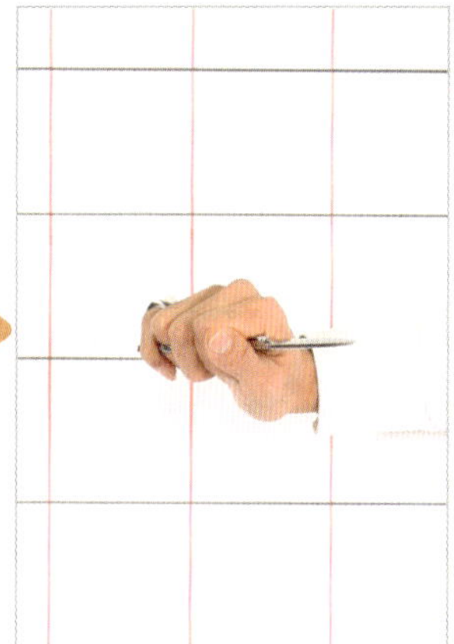
손목의 스냅을 이용한다.

b. Scissors의 사용방법(가위 돌리기)

응용기법으로 잡고 있는 상태

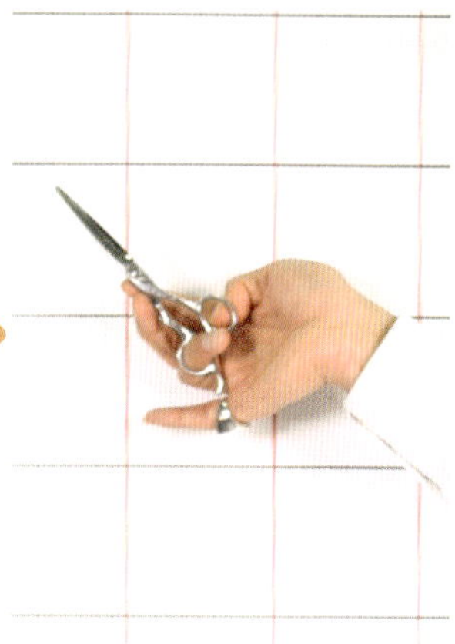
소지를 소지걸이에서 띠어준다.

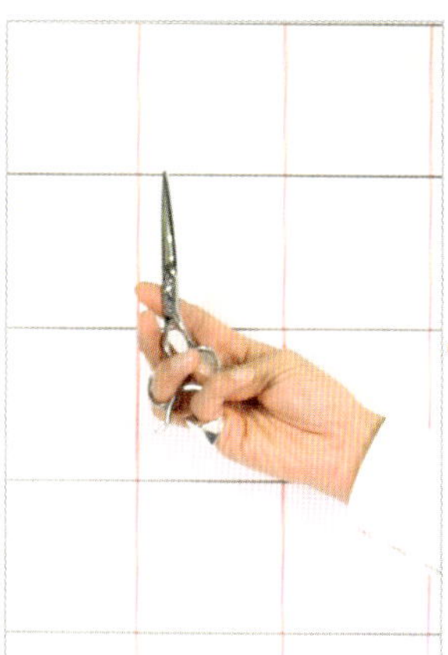
엄지와 중지의 반동을 이용해 서 튕겨준다.

소지에 가위의 나사부분이 걸 리도록 한다.

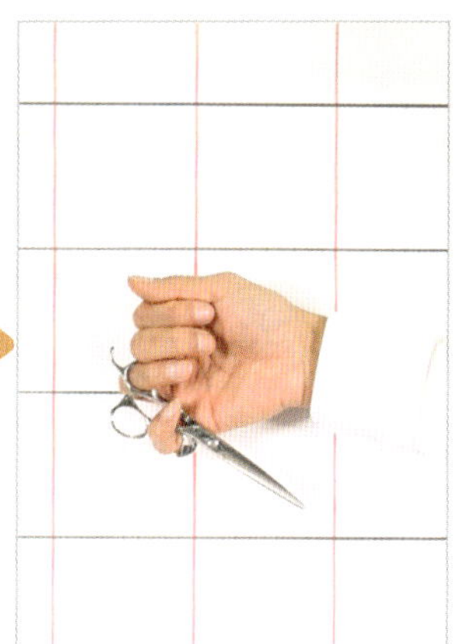
주먹을 가볍게 쥐는 느낌

❸ Panel 잡는 법

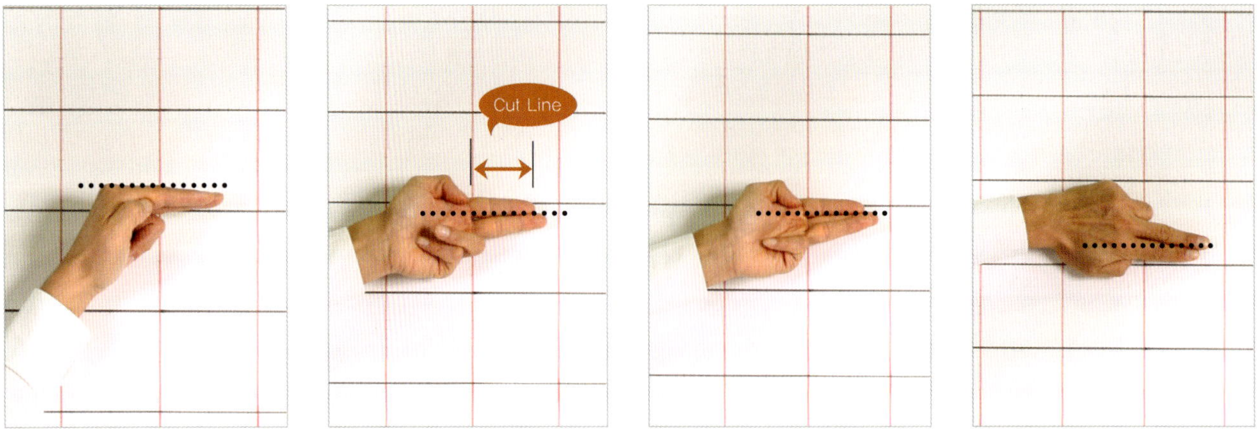

- Cut할 때 가위도 중요하지만, Panel을 잡는 방법도 중요하다. 손가락 위에서 직선으로 잘라야 하기 때문에 그림과 같이 중지 위에 검지를 조금 올려 놓아 틈새를 없게 하면 직선으로 자르기 쉽게 된다.
- 보통의 방법으로 Panel을 잡을 경우 손가락 사이가 벌어져서 직선으로 자르기가 힘들다.

a. Panel 잡는 법(Cut Technique)

blunt cut

기본

Scissors를 잡고 있는 손가락 중 약지와 소지는 펴진 상태를 유지한다.

응용

Scissors를 잡고 있는 모든 손가락이 꺾인 상태를 유지한다.

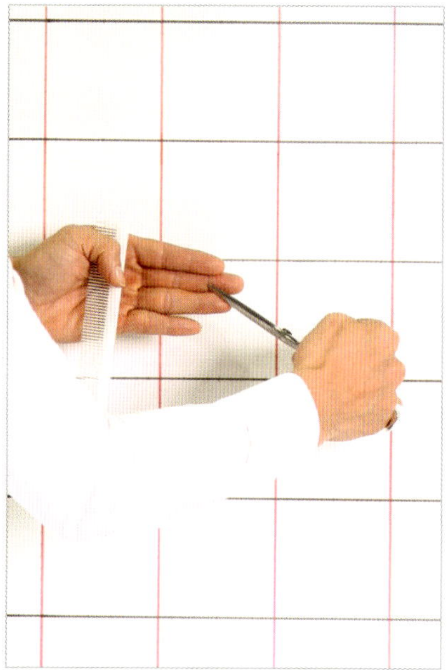

point cut

NG

Scissors의 각도가 0°

기본

Scissors를 잡은 손가락 중 약지와 소지가 펴진 상태에서 Scissors의 각도는 45°

응용

Scissors를 잡고 있는 모든 손가락이 꺾인 상태에서 Scissors의 각도는 45°

b. Panel 잡는 법(Vertical cut Technique)

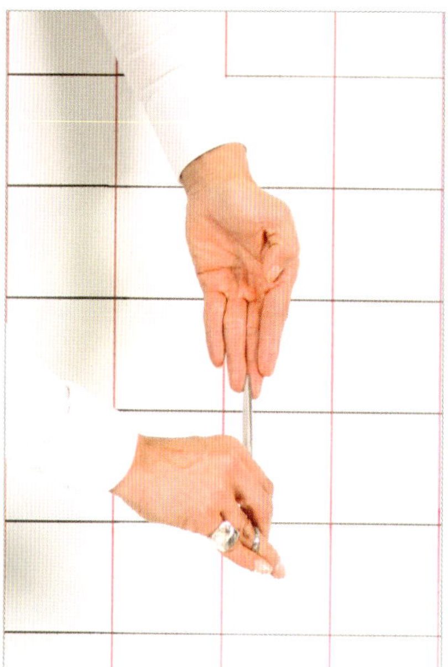

blunt cut

모발을 잡은 손과 Scissors의 각도를 동일하게 유지한다.

point cut

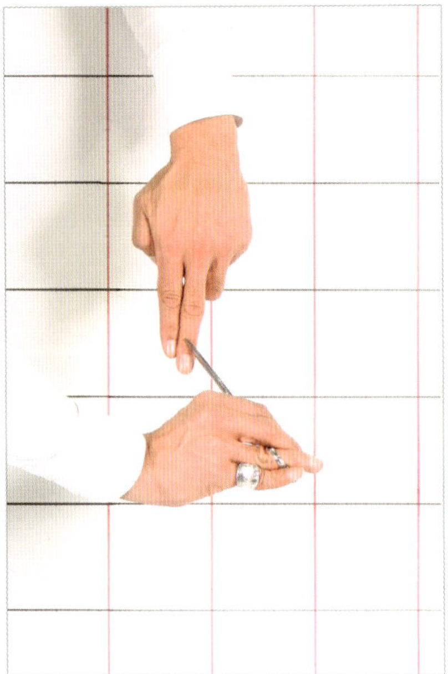

기본

Scissors의 각도가 45˚

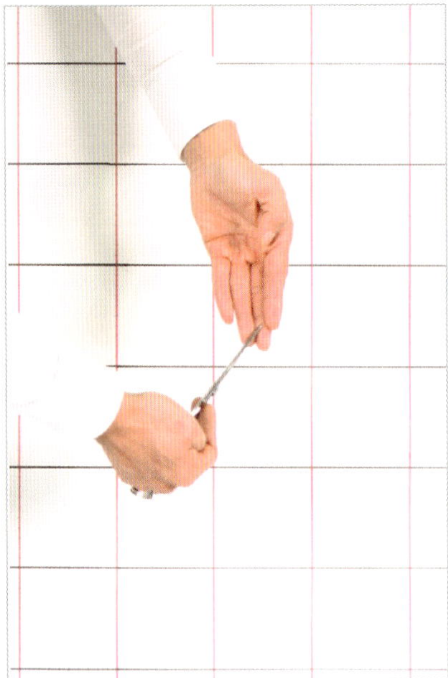

응용

Scissors를 잡고 있는 모든 손가락을 꺾은 상태에서 45˚

NG

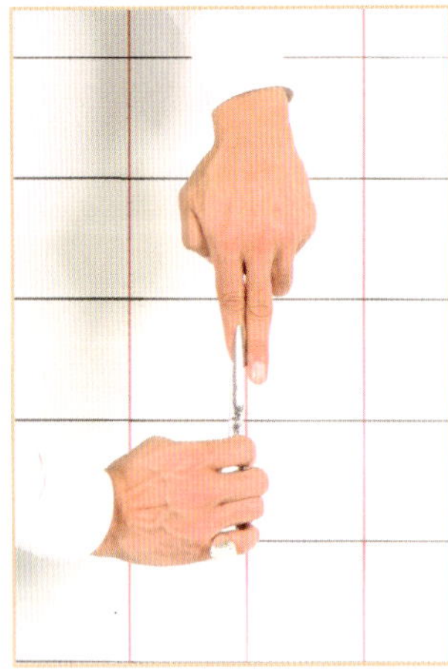

Scissors와 모발을 잡고있는 손이 평행

❹ Scissors Technique

a. Up Stroke Technique

Scissors를 사용해서 모발의 양감과 질감을 조절하는 Technique

손목과 Scissors의 각도가 평행인 상태에서 Scissors가 바깥으로 움직인다.

b. Down Stroke Technique

Scissors와 팔의 각도는 직각이며 Scissors는 아래쪽으로 움직인다.

c. Side Stroke Technique

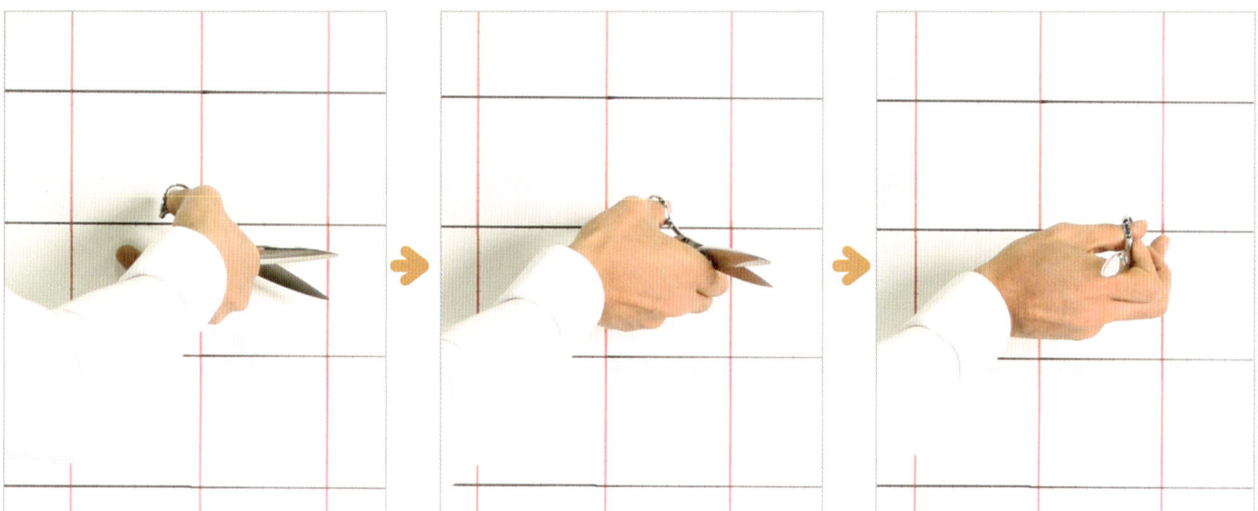

Scissors를 잡고있는 손목은 펴진 상태에서 손목의 회전 방향은 바깥으로 움직인다.

d. Rolling Technique

Cut 후 양감을 조절하기 위한 Technique

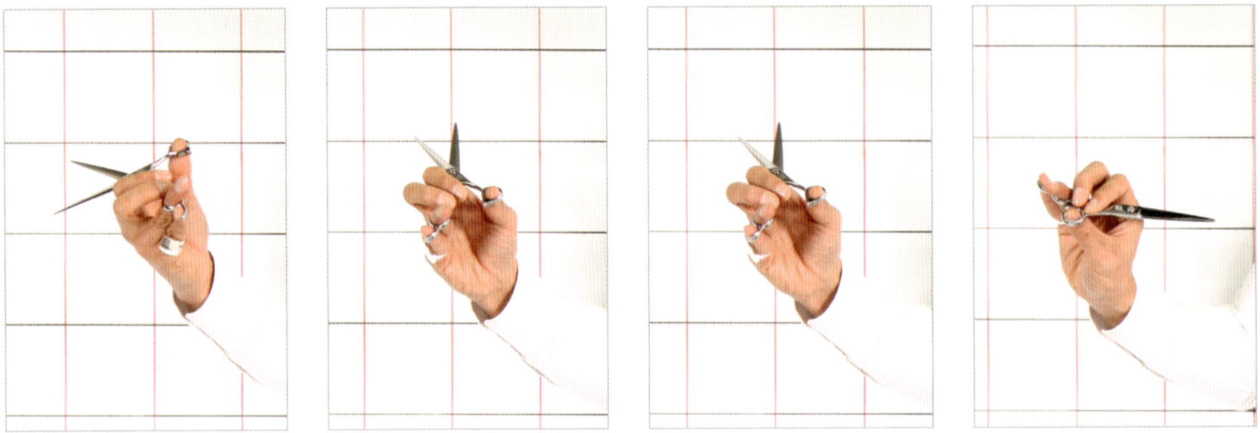

Scissors를 잡고 있는 손가락에서 엄지 손가락만의 움직임을 이용한다.

e. Effect Technique

Cut 후 모발의 Volume과 양감에 효과를 주기 위한 Technique

Over

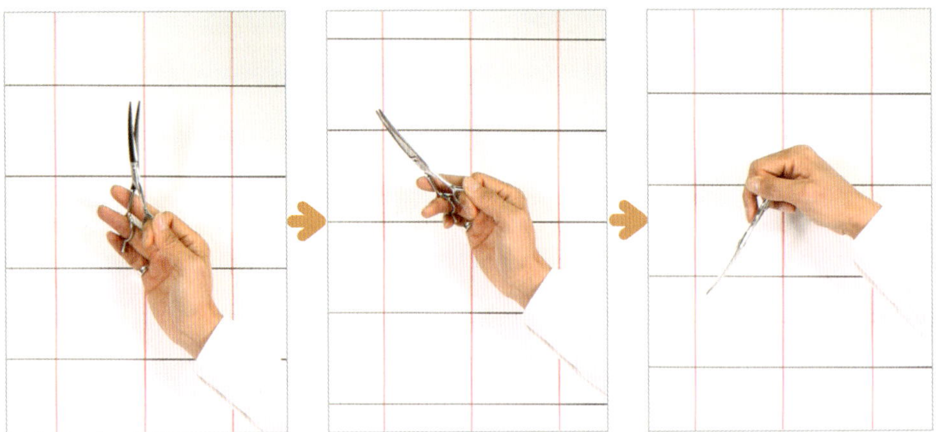

Scissors의 고정날(정도)은 검지 첫번째 마디에 넣은 상태에서 엄지로 검지를 잡아주고 유동날(동도)은 약지 두번째 마디에 넣는다.

NG

엄지는 Scissors에 넣고 움직이면 안된다.

Why: 많은 양의 모발을 자를 수 있기 때문

Under

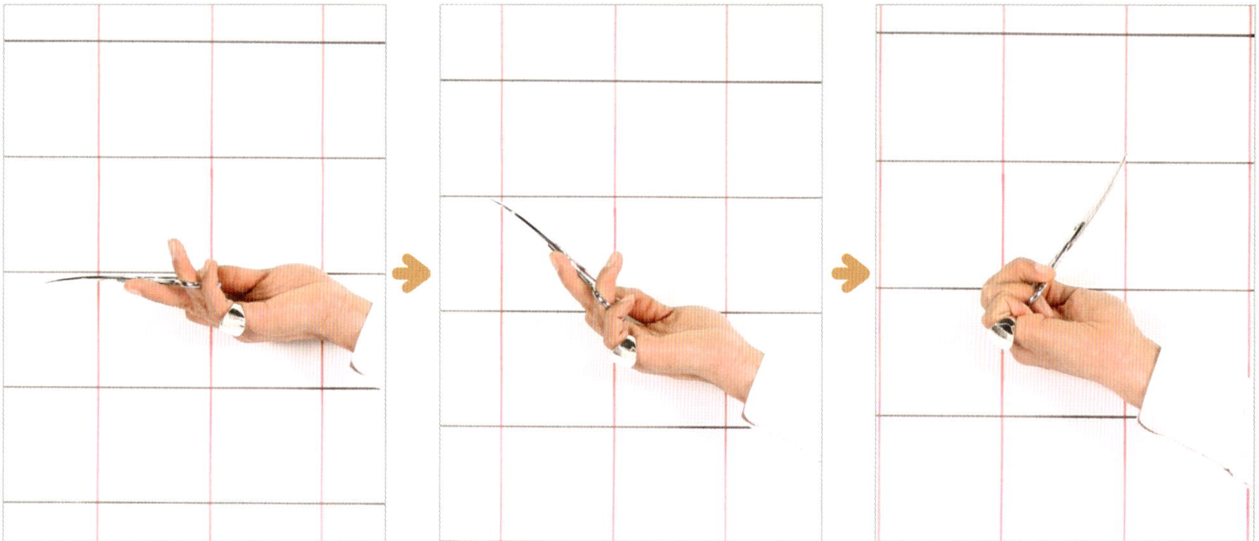

손바닥이 위를 향하도록 하는 것이 중요하다.

Why: 손의 각도가 삐뚤어지면 커트 된 모발의 방향성이 변할 수 있기 때문

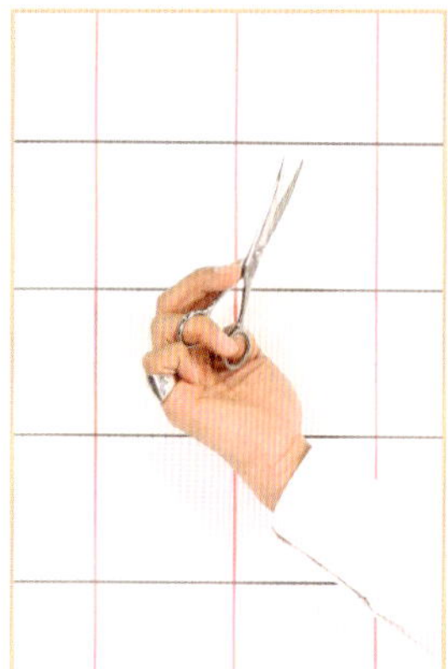

NG

엄지를 Scissors에 넣고 움직이면 안된다.

f. Chop Cut Technique

Base Cut가 끝난 후 모량을 제거하는 Technique

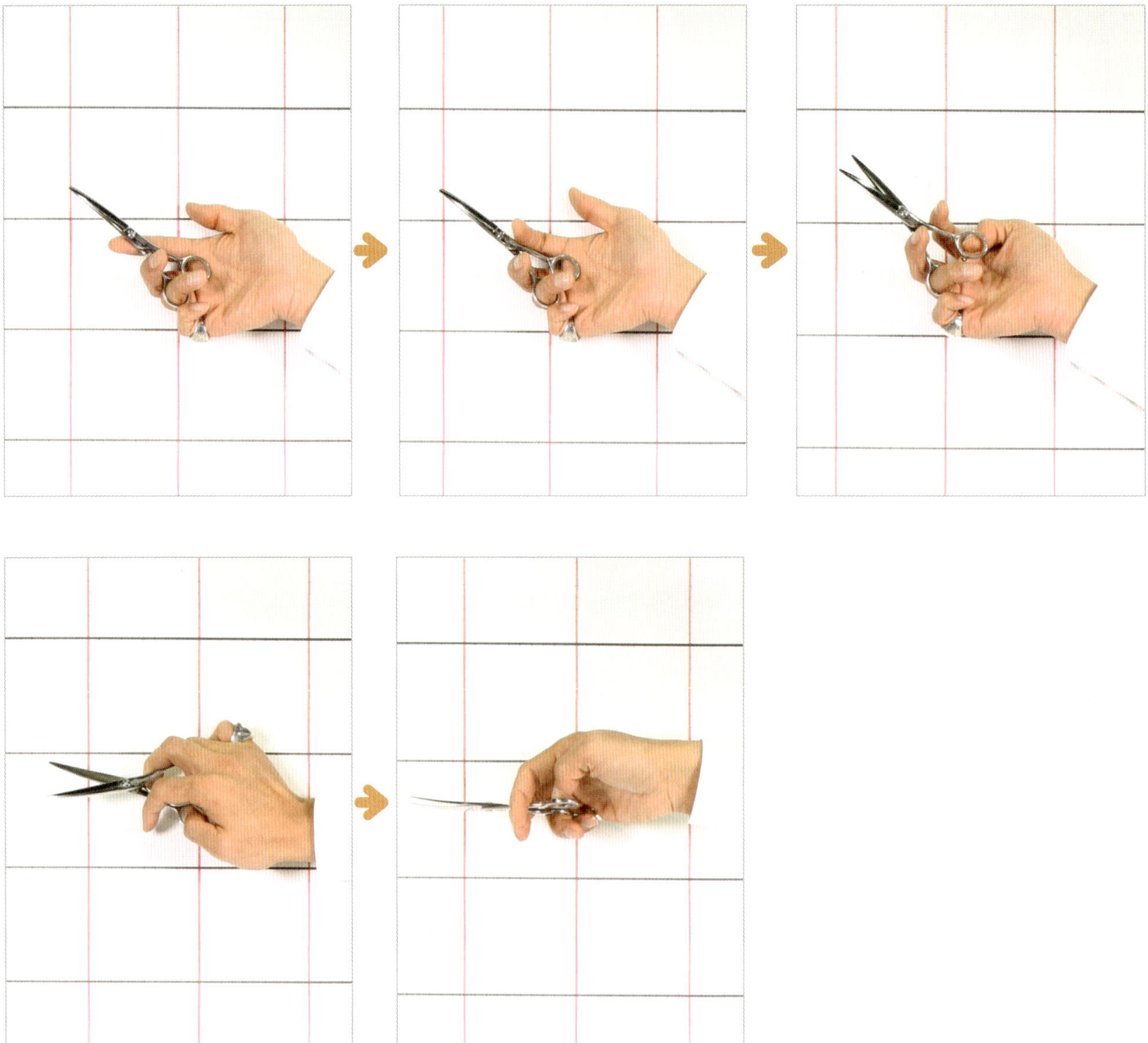

Scissors를 검지와 중지 사이에 넣고 손목의 움직임 만으로 시술한다.

주의: Dry 후 시술한다.

g. 역 Scissors Technique

Sliding Technique의 변형

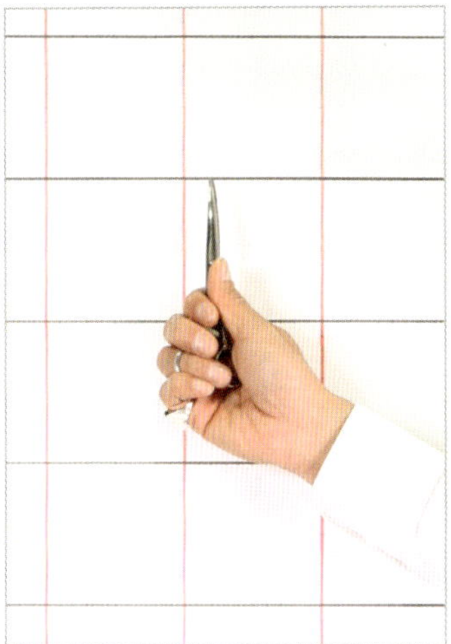
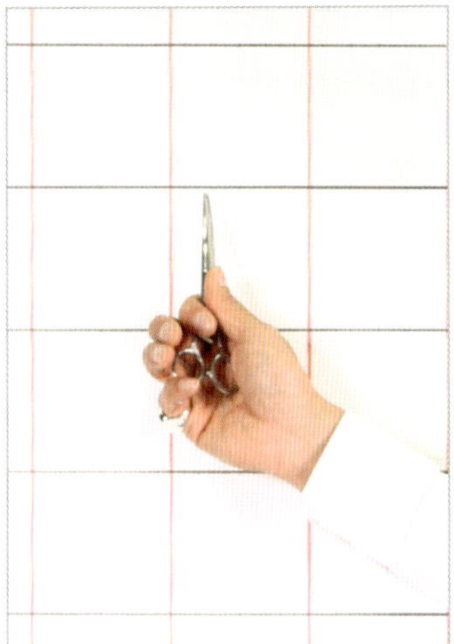

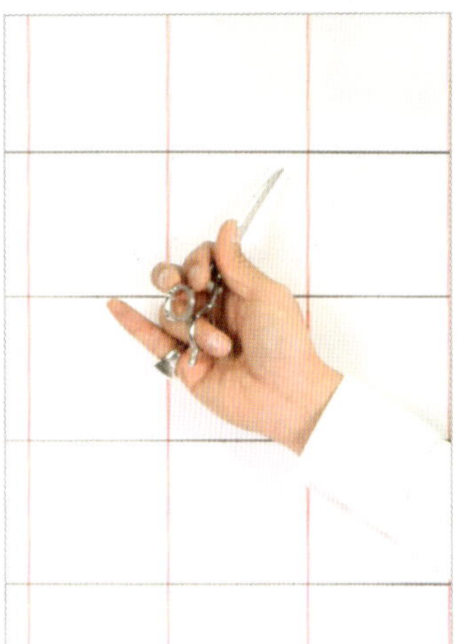

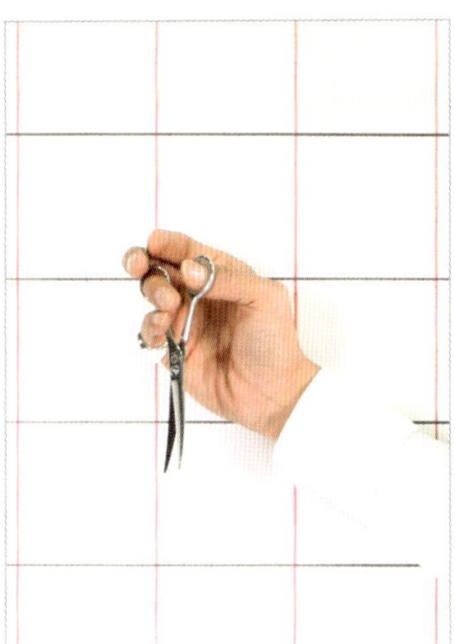

엄지와 약지를 이용한 Technique으로 많은 단차의 Hair Style 시술시 용의하다.

5. Scissors Technique 실기

❶ Basic Scissors Technique

a. Top 부분

Blunt Cut (기본)

Scissors와 모발을 잡고 있는 손가락이 평행이 되도록 한다.

NG

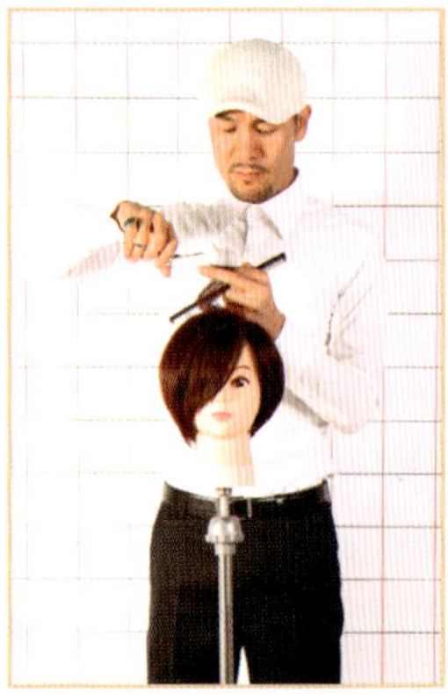

Scissors를 잡고있는 손가락과 모발을 잡고 있는 팔이 옆구리에 붙어 있으면 안된다.

Blunt Cut (응용)

Scissors를 잡고 있는 손가락 전체로 Scissors를 잡고 시술한다.

Point Cut

Scissors의 각도가 45°를 유지한다.

NG

모발을 잡고 있는 팔이 옆구리에 붙어있고 모발 또한 Tension이 없다.

b. Side 부분

Blunt Cut (기본)

Scissors를 최대한 크게 개폐하며 모발을 Cut하는 Technique

Blunt Cut (응용)

Scissors를 잡고 있는 손가락 전체를 이용하여 시술한다.

Point Cut (Under)

Scissors와 모발의 각도는 45°를 유지하고 Cut 시 Scissors는 아래쪽에서 윗쪽으로 진행한다.

Point Cut (Over)

Scissors와 모발의 각도는 45°를 유지하고 Cut 시 Scissors는 윗쪽에서 아래쪽으로 진행한다.

NG

모발을 잡고 있는 팔이 굽어 있으며, 모발 또한 Tension이 없다.

c. Under 부분

Comb Cut

Comb를 이용한 시술시 고른 Cut Line을 만들 수 있다.

NG

시술 위치와 눈높이가 다르다.

Finger Cut

한 번에 많은 양의 모발을 Cut 할 수 있다.

Point Cut

Out Line의 형태를 부드럽게 원할 때 시술하는 것이 좋다.

NG

시술 위치와 눈높이가 다르다.

❷ Chop Cut Technique

Over

Dry한 모발에 시술함으로서 모량 조절에 용이하다.

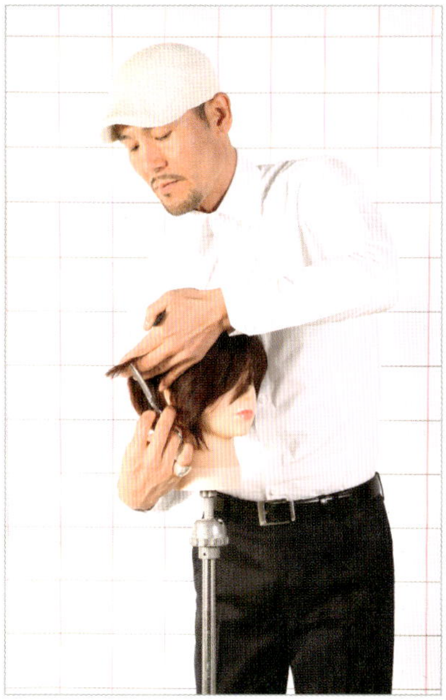

Under

모발의 안쪽부분의 Volume을 원할 때 용이한 Technique

❸ Rolling Technique

모발이 Dry한 상태에서 시술하는 Technique으로 전체적인 모량과 율동감을 만들 때 용이하다.

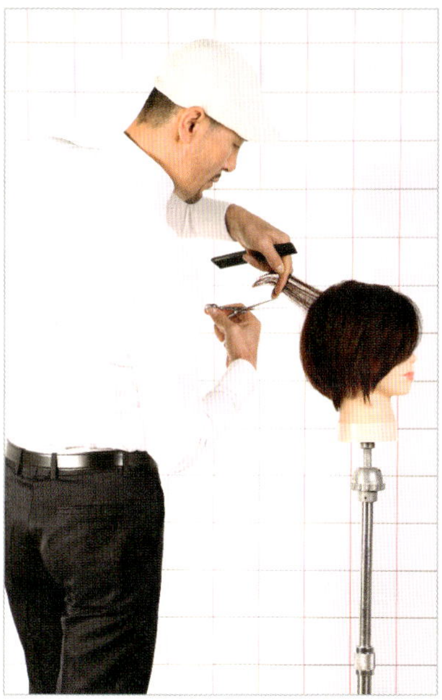

Under(Right) Cut

Under(Left) Cut

Side Cut

❹ Sliding Technique

Scissors가 모발에 미끄러 지듯이 Cut하는 Technique으로 모류의 방향성과 Face Line에 많은 층을 만들 수 있다.

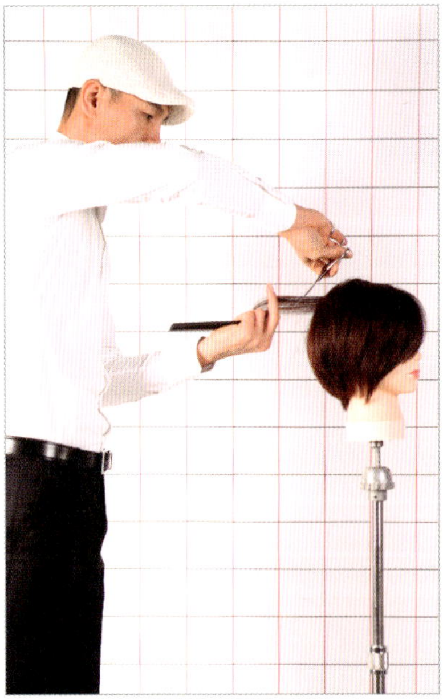

Over Point (기본)

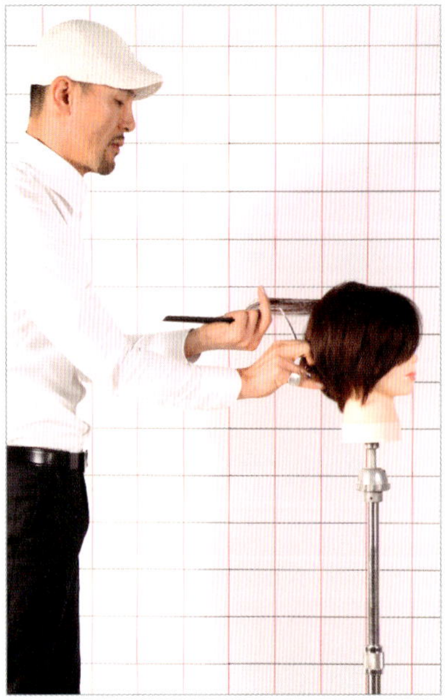

Under Point (기본)

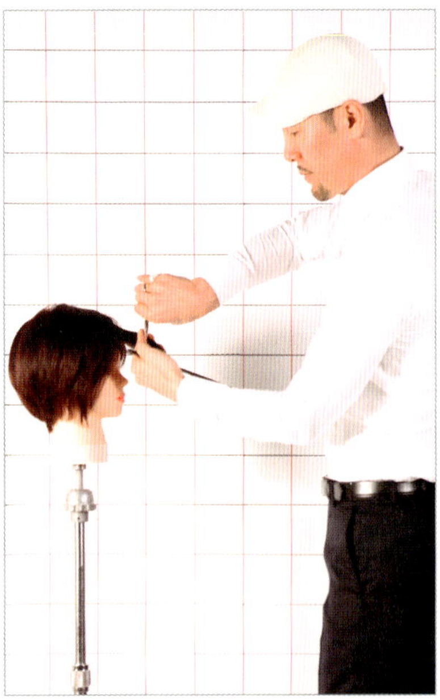

Front Point (기본)

Front Point (응용)

❺ Free-Hands Technique

감각적으로 Cut를 하며 모발을 손가락으로 잡지 않은 상태에서 Line을 설정하거나 모량을 제거할 때 사용하는 Technique

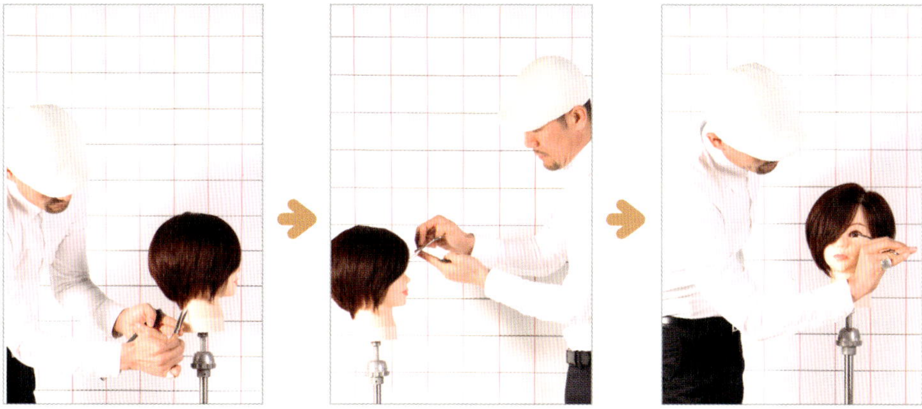

Nape Cut　　　　　　　　　　Front Cut

❻ Stroke Technique

Scissors를 사용하여 모발 끝 부분을 부드럽게 시술하는 Technique

a. Under Stroke Technique

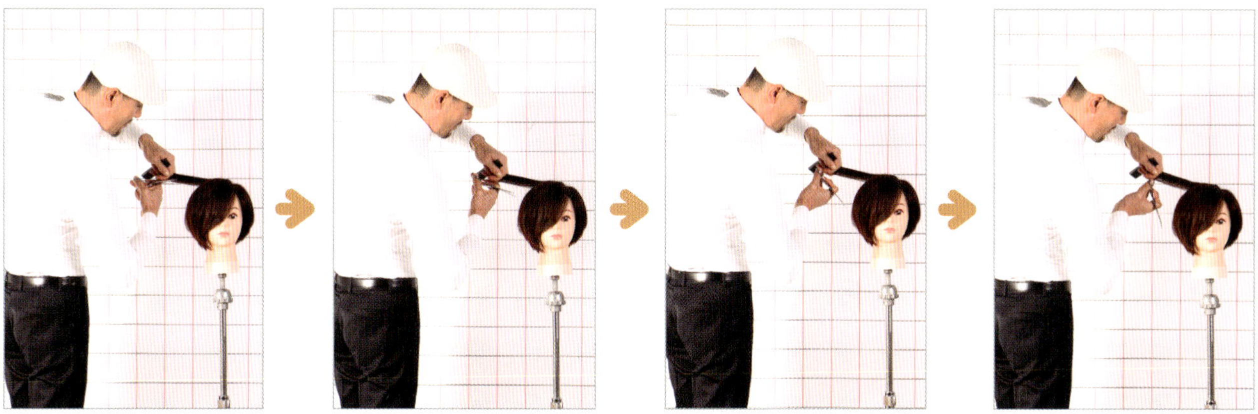

Scissors를 잡고 있는 팔꿈치는 아래쪽을 향하고 모발을 잡고 있는 팔꿈치는 윗쪽을 향하도록 한다.

주의: Scissors를 잡고 있는 손목이 안쪽으로 꺾이면 안 된다.

b. Over Stroke Technique

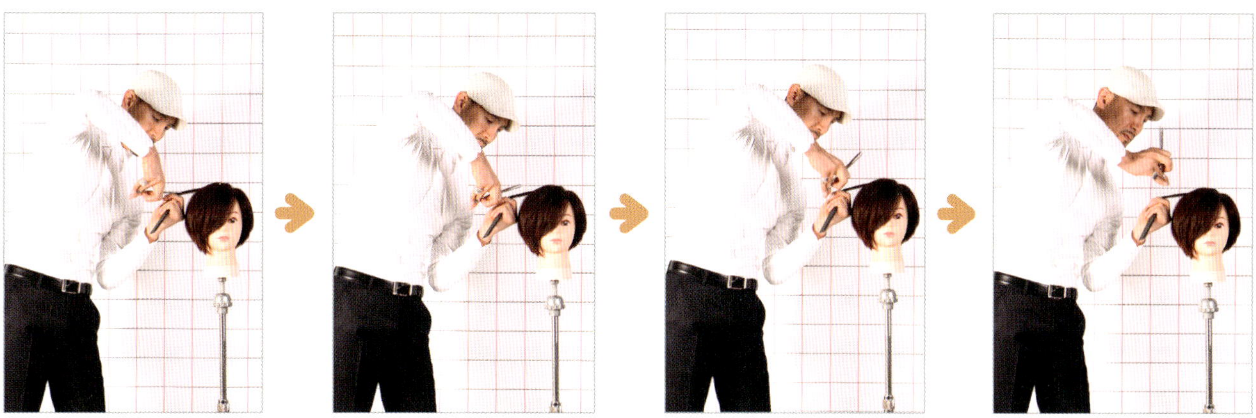

Scissors를 잡고 있는 팔꿈치는 윗쪽을 향하도록 하고 모발을 잡고 있는 팔꿈치는 아래쪽을 향하도록 한다.

c. Side Stroke Technique

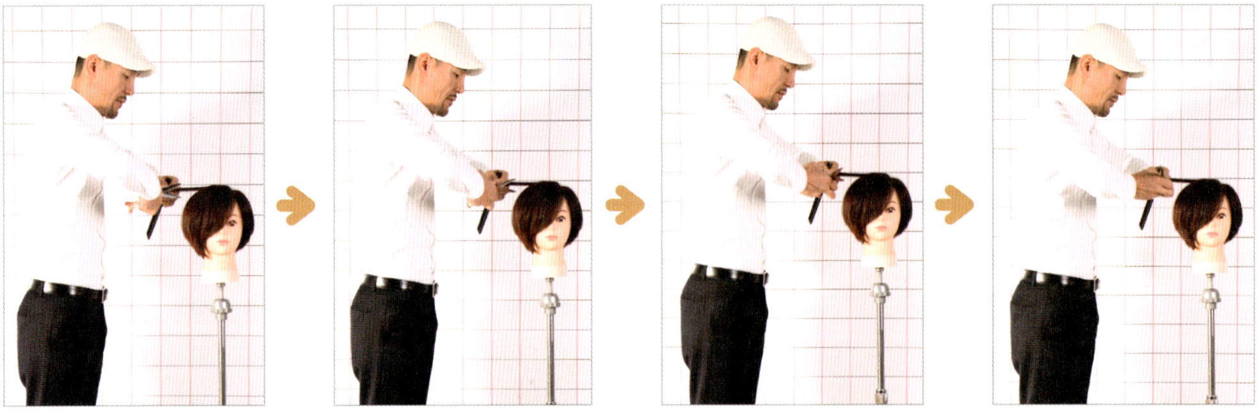

Scissors를 잡고 있는 팔과 모발을 잡고 있는 팔이 평행이 된 상태에서 Scissors를 잡고 있는 손목이 바깥으로 움직이면서 Cut한다.

❼ Deep Point Technique

기본

모발을 잡고 있는 손가락을 둥글게 말아 줌으로써 모발을 뭉치지 않도록 한다. Cut후 모발이 뭉쳐있거나 모발 끝부분을 부드럽게 처리할 때 사용한다.

응용

Comb를 사용하면 모발에 고른 Tension을 주면서 시술할 수 있어서 편리하다.

❾ Effect Technique

Cut 후 모발의 Volume과 양감, 율동감의 효과를 주기 위한 Technique

a. Over

모발에 Tension을 준 상태에서 약지만 움직여서 Cut하는 Tension으로 손가락의 움직임만으로 시술하는 Technique

b. Under

Scissors가 세워진 상태에서 시술하므로 모발의 Volume을 줄때 적합한 Technique

c. Comb

짧은 모발에 Volumes는 줄때 용이한 Technique

⑨ Sliceing Technique

Point Cut 보다 많은 모량과 모발의 방향성을 원할 때 사용하는 Technique

a. Under

모발을 뭉치지 않도록 펼쳐서 잡은 상태에서 Scissors를 회전시켜서 Cut하는 Technique

b. Front

Face Line에 모류의 방향성과 율동감을 줄 때 용이한 Technique

⑩ pulling Technique

모류의 방향성과 율동감을 줄 때 사용하는 Technique

모발을 가볍게 잡고 Scissors가 모발 끝쪽으로 나오면서 Cut하며, 이 때는 Scissors를 잡고 있는 손목으로만 Cut한다.

⑪ Razor Technique

예리한 칼을 이용한 Technique으로 모발이 Wet한 상태에서 시술

Side Cut

칼날과 모발이 평행히 된 상태에서 시술한다.

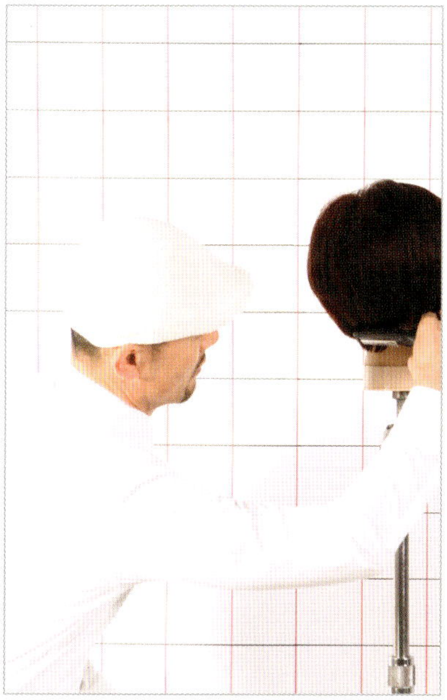

Nape Cut

목덜미 부분의 부드러움을 원할 때 사용한다.

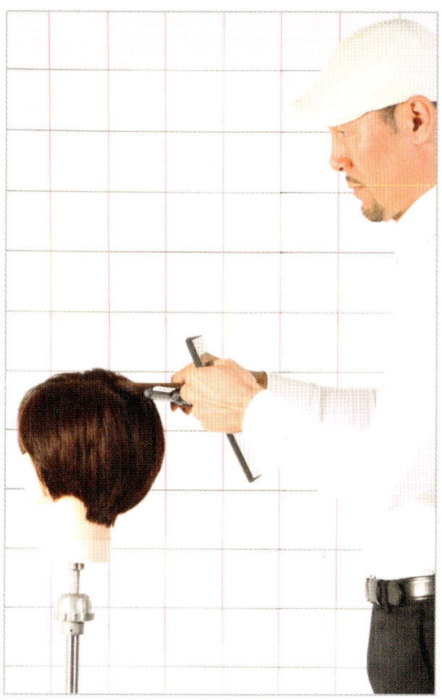

Under Cut

칼날이 모발 밑에 있으므로 Volume감을 줄 수 있다.

5 Cut 자세

Basic Cut 자세

다리와 발의 위치: 어깨 넓이의 보폭으로 다리를 벌리고 발의 모양은 정면을 향하며 평행이 되게 한다. 그리고 왼쪽 발이 반 족장 정도 앞으로 나와야 할 경우 무릎을 약간 구부린다.

팔과 손의 위치: 왼쪽 팔은 오른쪽 가슴 정도까지 들어 올린 상태에서 90°가 되게 구부려 준다. 손바닥은 커트하기 편하게 하고 엄지손가락은 빗을 정확히 잡기 위해 90°로 구부려 준다.
나머지 손가락들은 서로 벌어지지 않게 모아준다. 오른팔도 들어올린 상태에서 가위를 왼쪽 손가락 중지에 올려놓은 상태가 된다.

머리와 시선의 위치: 왼손과 오른손이 만나 가위 날이 개폐되는 부분, 즉 커트되는 부분을 주시해야 한다.

1. Horizontal Cut 자세

❶ 기본 자세

Cut시 가장 기본이 될 수 있는 자세

NG

Scissors를 잡은 팔과 모발을 잡고 있는 팔이 평행이 아님

❷ 응용 자세

Scissors를 잡고 있는 모든 손가락에 힘을 줄 수 있으므로 많은 양의 모발을 Cut 할 수 있다.

NG

양쪽 팔이 수평이 아님

❸ Over Part (기본)

NG

다리와 발의 위치: 어깨넓이의 보폭으로 다리를 벌리고 발의 모양은 정면을 향하고 평행이 되게 하며, 왼쪽 발이 반 족장 정도 앞으로 나오게 자세를 잡는다.

팔의 위치: 양팔을 들어올린 상태에서 왼쪽 손바닥은 지면과 평행이 되게 하고 가위는 오른쪽 손과 같게 한다.
시선은 커트되는 부분을 주시한다.

양쪽 팔이 수평이 아님

❹ Over Point (응용)

NG

다리와 발의 위치: 어깨넓이의 보폭으로 다리를 벌리고 발의 모양은 정면을 향하고 평행이 되게 하며 왼쪽 발이 반 족장 정도 앞으로 나오게 자세를 잡는다.

팔의 위치: 양팔을 들어올린 상태에서 왼쪽 손바닥은 지면과 평행이 되게 하고 가위는 오른쪽 손과 같게 한다.
시선은 커트되는 부분을 주시한다.

양쪽 팔이 평행이 안되면 모발의 길이가 불규칙 해 진다.

❺ Over Part (Point Cut)

NG

다리와 발의 위치: 어깨넓이의 보폭으로 다리를 벌리고 발의 모양은 정면을 향하고 평행이 되게 하며 왼쪽 발이 반 족장 정도 앞으로 나오게 자세를 잡는다.

팔의 위치: 양팔을 들어올린 상태에서 왼쪽 손바닥은 지면과 평행이 되게 하고 가위는 45°를 유지한다.
시선은 커트되는 부분을 주시한다.

모발을 잡고 있는 팔꿈치가 아래로 내려 오면 안됨

2. Diagonal Cut 자세

❶ Right Part

a. Right Part (기본)

NG

다리와 발의 위치: 어깨넓이의 보폭으로 다리를 벌리고 발의 모양은 정면을 향하고 평행이 되게 한다. 왼쪽 발이 반 족장 정도 앞으로 나오거나 같은 위치에서 자세를 잡는다.

팔의 위치: 허리를 우측으로 구부리고 양쪽 팔을 들어 올린 상태에서 비행기의 날개자세를 그대로 옮긴 상태가 된다.
오른쪽 커트 시 왼쪽 사이드보다 무릎을 더 굽혀야만 올바른 커트가 가능하다.

모발을 잡고있는 팔꿈치가 내려오면 안됨

b. Right Part (응용)

NG

다리와 발의 위치: 어깨넓이의 보폭으로 다리를 벌리고 발의 모양은 정면을 향하여 평행이 되게 한다. 왼쪽 발이 반 족장 정도 앞으로 나오거나 같은 위치에서 자세를 잡는다.

팔의 위치: 허리를 우측으로 구부리고 양쪽 팔을 들어 올린 상태에서 비행기의 날개자세를 그대로 옮긴 상태가 된다.
오른쪽 커트 시 왼쪽 사이드 보다 무릎을 더 굽혀야만 올바른 커트가 가능하다.

모발을 잡고있는 팔꿈치가 내려오면 안됨

c. Right Part (Point Cut)

NG

다리와 발의 위치: 어깨넓이의 보폭으로 다리를 벌리고 발의 모양은 정면을 향하여 평행이 되게 한다. 왼쪽 발이 반 족장 정도 앞으로 나오거나 같은 위치에서 자세를 잡는다.

팔의 위치: 허리를 우측으로 구부리고 양쪽 팔을 들어 올린 상태에서 비행기의 날개자세를 그대로 옮긴 상태가 되며 가위의 각도는 45°를 유지한다.
오른쪽 커트 시 왼쪽 사이드보다 무릎은 더 굽혀야만 올바른 커트가 가능하다.

❷ Left Part

a. Left Part (기본)

NG

다리와 발의 위치: 오른쪽 사이드의 기본자세와 같지만 때에 따라서 발의 위치를 바꿀 수도 있다.

팔의 위치: 허리를 좌측으로 구부리고 양쪽 팔을 들어 올린 상태에서 비행기 날개 자세를 그대로 옮긴 상태가 된다. 이때 가위가 위에서 밑으로 진행하므로 가위 잡은 손에 힘을 준다.
시선은 커트되는 부분을 주시한다.

b. Left Part (응용)

NG

다리와 발의 위치: 오른쪽 사이드의 기본자세와 같지만 때에 따라서 발의 위치를 바꿀 수도 있다.

팔의 위치: 허리를 좌측으로 구부리고 양쪽 팔을 들어 올린 상태에서 비행기 날개 자세를 그대로 옮긴 상태가 된다.
시선은 커트되는 부분을 주시한다.

c. Left Part (Point Cut)

NG

다리와 발의 위치: 왼쪽 발이 오른쪽 발보다 반 족장정도 앞으로 나오거나 동일한 자세를 잡는다. 이때 왼쪽 발에 무게 중심을 둔다.

팔의 위치: Scissors를 잡고 있는 팔을 평행을 유지하고 모발을 잡고 있는 팔은 45° 대각선으로 한다. Scissors의 각도는 45°를 유지하며, 시선은 Cut되는 부분을 본다.

모발을 잡고 있는 팔꿈치를 옆구리에 붙이면 안됨

3. Vertical Cut 자세

❶ Vertical Cut (기본)

다리와 발의 위치: 어깨넓이로 벌린 상태에서 왼쪽 발이 반 족장 정도 나온 후 왼쪽무릎을 약간 구부린다.

팔의 위치: 블런트 커트 시 허리를 좌측으로 구부리고 오른쪽 팔을 들어 올린 상태에서 왼쪽 팔은 수직으로 세운 자세를 유지한다.
시선은 커트되는 부분을 주시한다.

❷ Vertical Cut (응용)

NG

다리와 발의 위치: 어깨넓이로 벌린 상태에서 왼쪽 발이 반 족장 정도 나온 후 왼쪽 무릎을 약간 구부린다.

팔의 위치: 블런트 커트 시 허리를 좌측으로 구부리고 오른쪽 팔을 들어 올린 상태에서 왼쪽 팔은 수직으로 세운 자세를 유지한다.
시선은 커트되는 부분을 주시한다.

Scissors를 잡고 있는 손목이 꺾이면 안됨

❸ Vertical Cut (Point Cut)

NG

다리와 발의 위치: 어깨넓이로 벌린 상태에서 왼쪽 발이 반 족장 정도 나온 후 왼쪽 무릎을 약간 구부린다.

팔의 위치: 블런트 커트 시 허리를 좌측으로 구부리고 오른쪽 팔을 들어 올린 상태에서 왼쪽 팔은 수직으로 세운 자세를 유지한다.
시선은 커트되는 부분을 주시한다.

Scissors를 잡고 있는 손목이 꺾이면 안됨

4. One Length Cut 자세

❶ One Length Cut (기본)

NG

다리의 위치: 어깨넓이로 벌린 상태에서 왼발이 반 족장 정도 나온 후 왼쪽 무릎을 약간 구부린다.

팔의 위치: 왼쪽 팔은 커트 선과 동일하게 하고 오른쪽 팔은 커트선과 직각이 되도록 한다. 왼쪽 손바닥이 지면을 향하고 오른쪽의 가위도 평행되게 한다. 왼손과 오른손이 만나는 지점은 시술자의 오른쪽에 있어야 한다.
눈의 위치는 커트라인과 동일 선상에 위치한다.

시선이 Cut 부분과 동일선상에 있어야 함

❷ One Length Cut (Point Cut)

NG

다리의 위치: 어깨넓이로 벌린 상태에서 왼발이 반 족장 정도 나온 후 왼쪽 무릎을 약간 구부린다.

팔의 위치: 왼쪽 팔은 커트 선과 동일하게 하고 오른쪽 팔은 커트선과 직각이 되도록 한다. 왼쪽 손바닥이 지면을 향하고 오른쪽의 가위도 평행되게 한다. 왼손과 오른손이 만나는 지점은 시술자의 오른쪽에 있어야 한다.
눈의 위치는 커트라인과 동일 선상에 위치한다.

시선은 Cut 위치와 동일 선상에 있어야 함

❸ One Length Cut (응용)

a. Blunt Cut

다리의 위치: 오른쪽 무릎을 꿇은 상태에서 왼쪽 무릎을 세워 90°가 되게 하며 시술위치의 높고 낮음을 조절할 수 있다.

팔의 위치: 왼쪽 팔과 오른쪽 팔을 들어올린 상태에서 왼쪽 손바닥이 지면을 향하고 오른쪽의 가위도 같게 한다. 왼손과 오른손이 만나는 지점이 시술자의 오른쪽에 있어야 한다.

눈의 위치는 커트라인과 동일 선상에 위치한다.

b. Point Cut

팔의 위치: 왼쪽 손바닥이 지면을 향하도록 한 후 Scissors를 잡고 있는 팔꿈치는 아래를 향하게 한 후 Scissors의 각도는 45°를 유지한다.

6 Cut Process

헤어 커팅에 사용되는 도구에 따라 가위를 사용하는 경우와 레이저를 사용하는 경우가 있다. 이 중에서 레이저를 사용하는 경우는 모발을 적신 후에 행한다.
따라서 레이저에 의한 방법을 웨트 커팅(wet cutting)이라고도 한다.
이것은 모발의 결을 매끄럽게 해서 커트가 잘 되도록 하는 동시에 모발을 잡아당겼을 때 아픔을 주지 않게 하기 위한 것이다.
이와는 반대로 가위를 사용하는 경우는 모발을 적시지 않고 시술하기도 하는 Cut Technique을 드라이 커팅(dry cutting)이라고 한다. 그러나 모발을 적신 후 Cut하는 웨트 커팅(wet cutting) 방법으로 시술하는 것이 더 용이하다. 웨트 커팅(wet cutting)의 효과는 첫째로 모발을 손상시키지 않는 정확한 커트를 할 수 있고, 둘째로 모발상태가 커트하기에 용이하게 된다는 점을 들 수 있으며, 셋째로 고객의 두개골 파악이 용의하다.
드라이 커팅(dry cutting)은 첫째로 웨이브나 컬 상태의 모발시술 할 경우, 둘째로 지나치게 길이를 변형시키지 않고 수정하는 경우, 셋째로 전체적인 형태파악이 용이하도록 하는 경우, 넷째로 손상모 등을 간단하게 추려내는 경우 등에 시술한다.
또 퍼머넨트 웨이브의 시술 전과 시술 후로 나눠서 프리 커트(pre cut)와 에프터 커트(after cut)가 있다.
프리 커트(pre cut)는 퍼머넨트 웨이브 등의 시술 전에 하는 커트를 말한다. 목적은 첫째로 모발의 길이를 디자인의 길이에 가깝게 하기 위한 커트의 경우(대개 디자인 길이보다 1~2mm 길게 커트한다.) 둘째로 가지런하지 않은 모발의 길이를 정리하여 와인딩(winding)하기 쉽게하는 경우, 셋째로 모발 숱이 너무 많을 때 로드를 감기 쉽도록 모발을 1~2mm 페이퍼하는 경우 등을 들 수 있다.
에프터 커트(after cut)는 퍼머넨트 웨이브 시술 후에 디자인에 맞춰서 커트하는 것을 말한다.

1. Section
① One Section
② Two Section
③ Three Section
④ Multi Section
⑤ Ear to ear Section
⑥ Round Section
⑦ Horse's Section
⑧ Star Section

2. Out Line
① Spaniel Form
② Isadora Form
③ Parallel Form or One length

3. Parting
① Vertical
② Horizontal
③ Diagonal
④ Pivot

4. Base & Distribution
① Vertical
a. On the base
b. Free base
c. Side base
d. Off the base
e. Over direction

② Horizontal
a. On the base
b. Down base
c. Up base

③ Diagonal & Distribution
a. Perpendicular Distribution
b. Natural Distribution
c. Shiftid Distribution

5. Angle
① Celestial angle
② Head angle

6. Finger & Comb Position
① In line
② Square line
③ Out line

7. Cut Technique
① Blunt Cut
② Point Cut
③ Razor Cut
④ Stroke Cut
⑤ Sliding Cut
⑥ Thinning Cut
⑦ Effect Cut
⑧ Rolling Cut
⑨ Pulling Cut

8. Head Position
① Down Position
② Up Position
③ Left Position
④ Right Position
⑤ Standard Position

9. Base Form
① One Length
② Graduation
③ Same Layer

두상의 포인트

우리가 무엇인가를 지칭할 때 고유의 명칭이 있듯이 사람의 신체에도 명칭이 있다. 커트를 위해서는 두상의 명칭이 필요하다고 할 수 있다.
우리가 시술하는 두상은 손보다 사이즈가 크기 때문에 정확한 커트를 하기 위한 구분이 필요하다.
커트를 쉽고 정확하게 하기 위해서 두상의 열 다섯(15) 포인트를 꼭 기억해 두길 바란다.

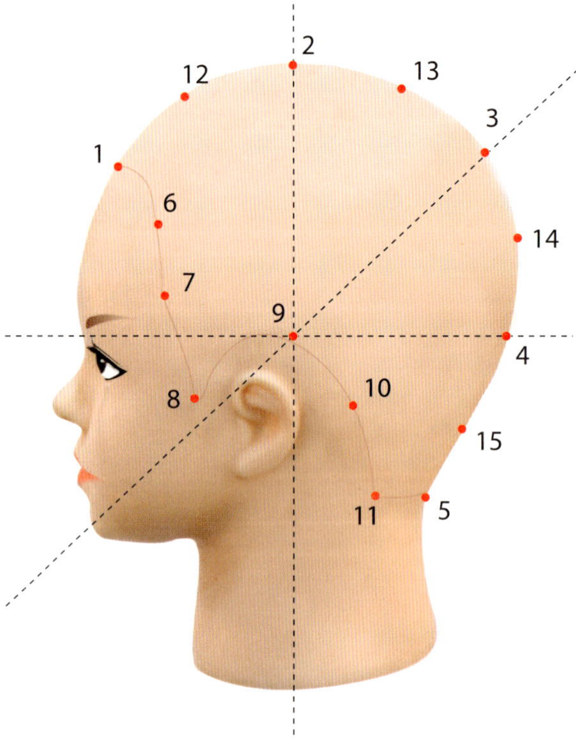

1	C.P (Center Point)
2	T.P (Top Point)
3	G.P (Golden Point)
4	B.P (Back Point)
5	N.P (Nape Point)
6	F.S.P (Front Side Point)
7	S.P (Side Point)
8	S.C.P (Side Corner Point)
9	E.P (Ear Point)
10	E.B.P (Ear Back Point)
11	N.S.P (Nape Side Point)
12	C.T.M.P (Center Top Medium Point)
13	T.G.M.P (Top Golden Medium Point)
14	G.B.M.P (Golden Back Medium Point)
15	B.N.M.P (Back Nape Medium Point)

1. Section

❶ One Section

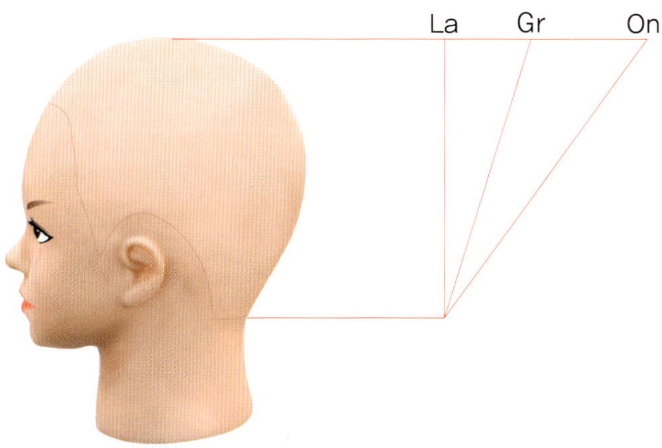

La	Layer
Gr	Graduation
On	One Length

❷ Two Section

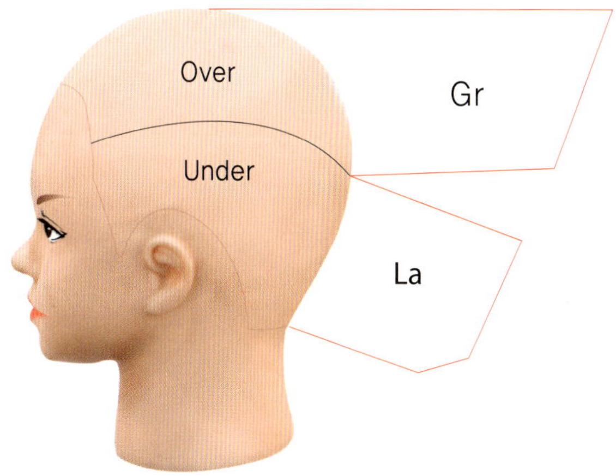

Na	Nape Section
Ov	Over Section
Un	Under Section
Mi	Middle Section
Fr	Front Section
To	Top Section
Si	Sid Section

memo

memo

❸ Three Section

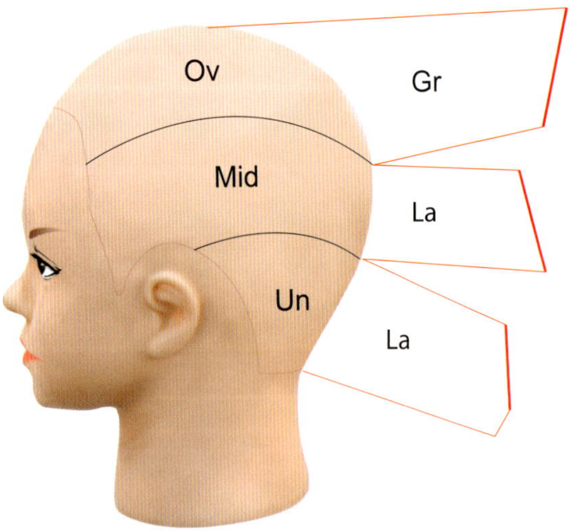

❹ Multi Section

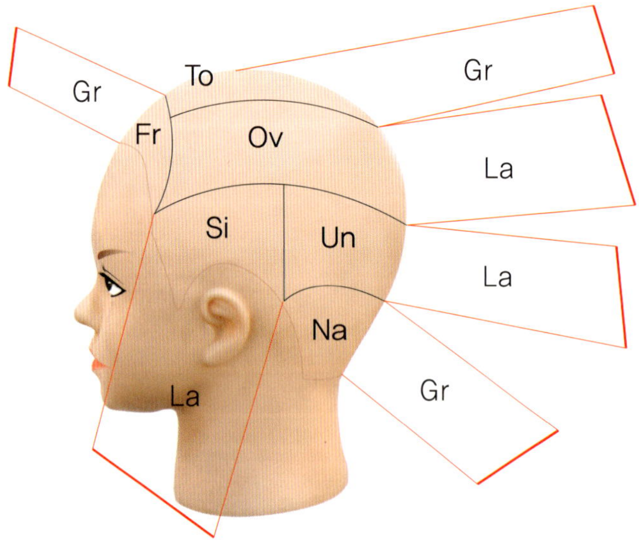

memo

memo

❺ Ear to ear Section

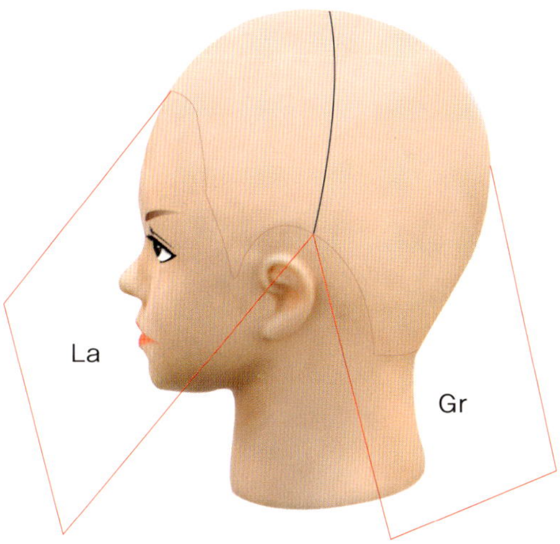

❻ Round Section

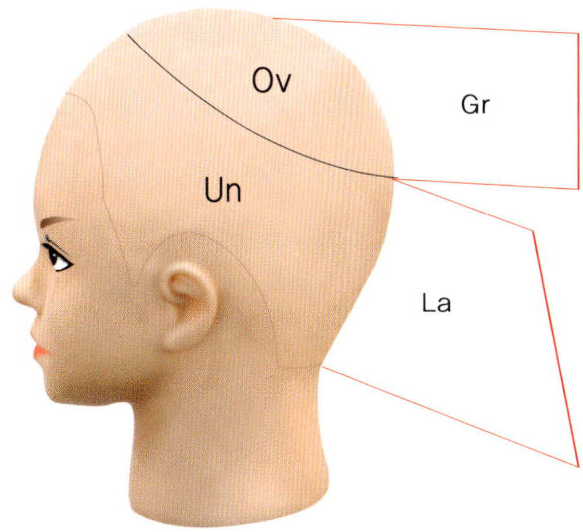

memo

memo

❼ Horse's Section

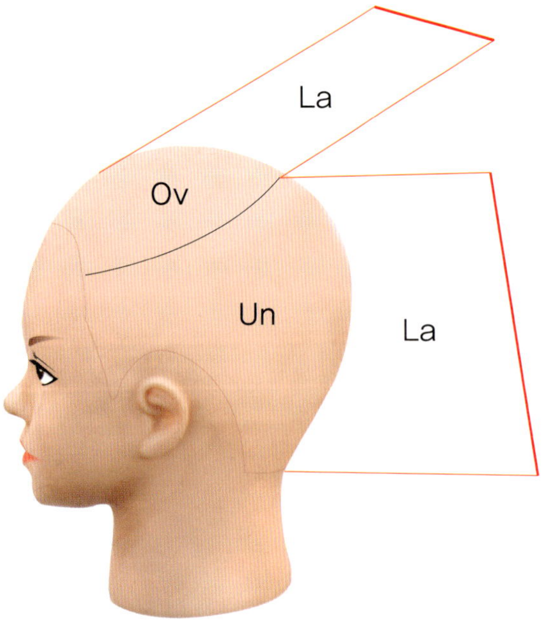

❽ Star Section

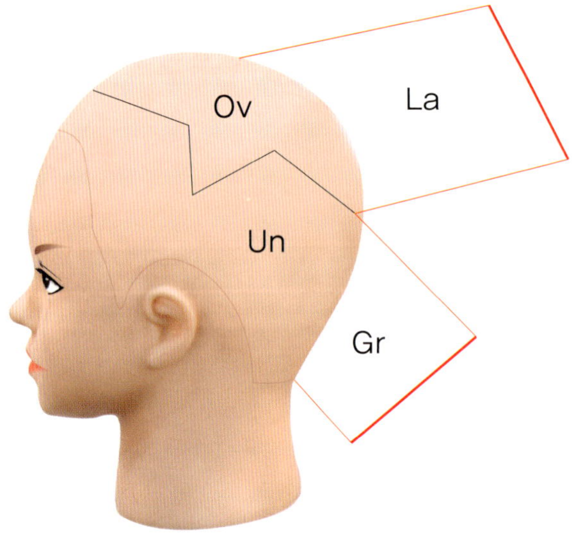

memo

memo

2. Out Line

❶ Spaniel Form

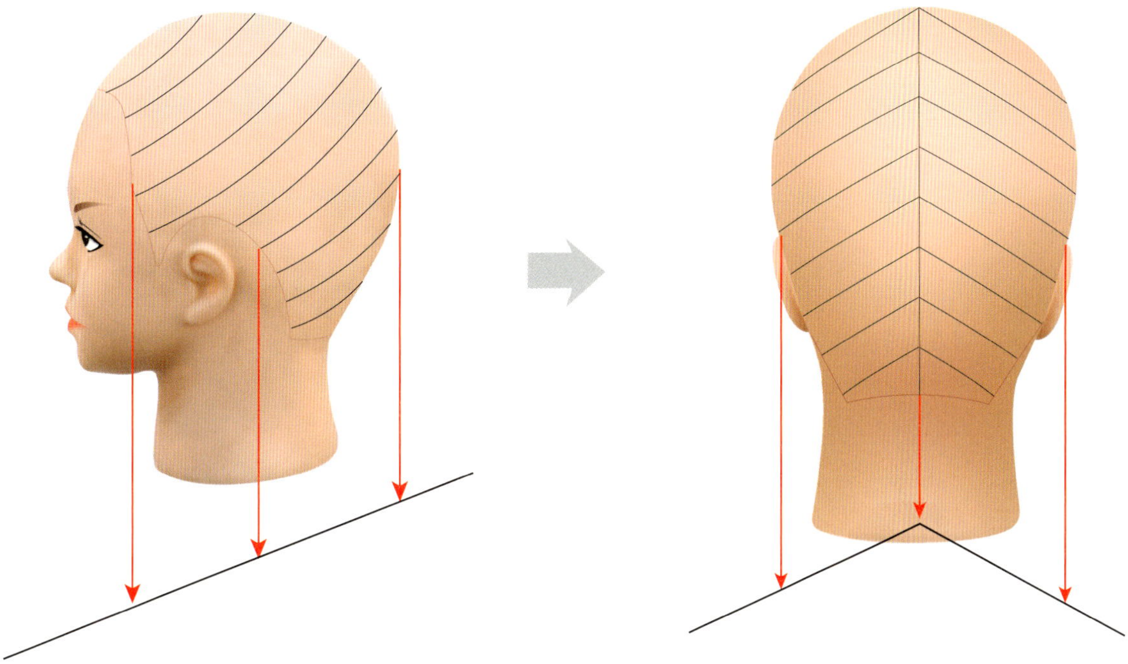

memo

❷ Isadora Form

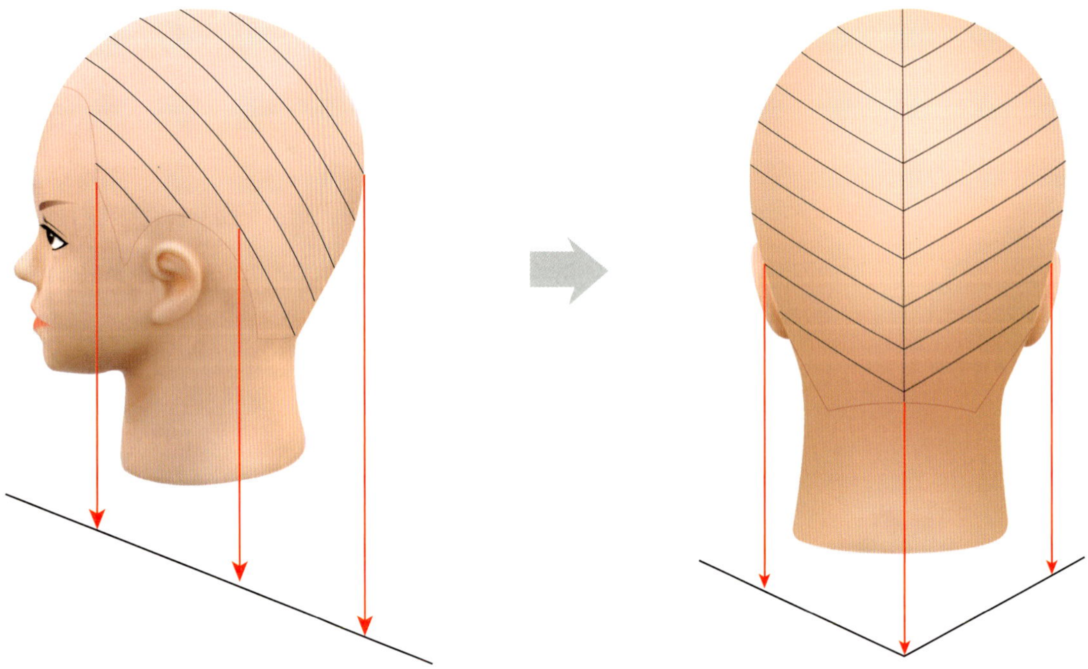

memo

❸ Parallel Form or One Length

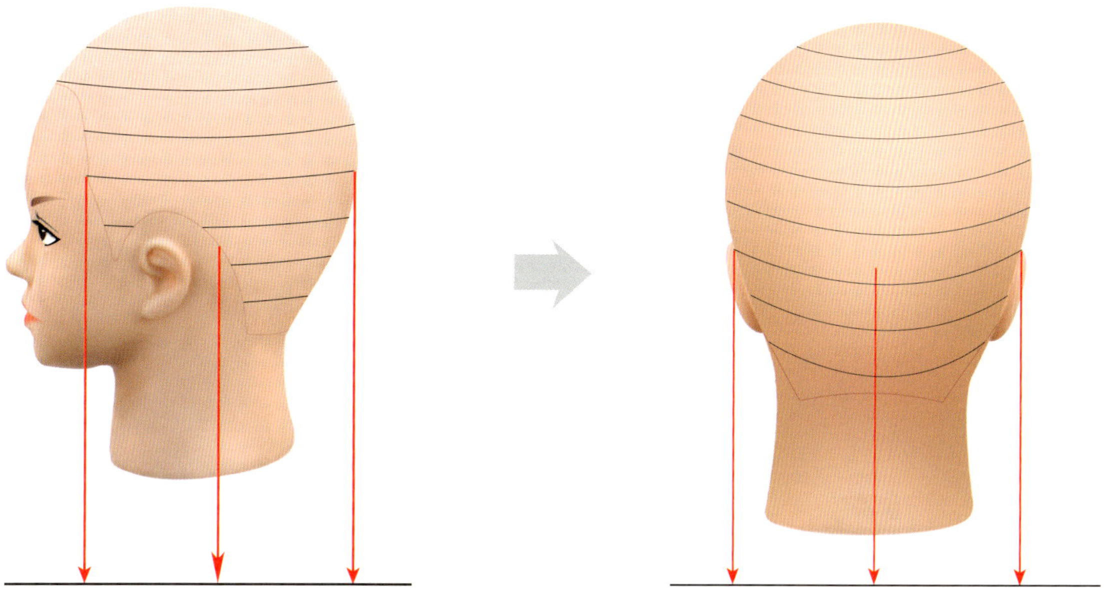

memo

3. Parting

❶ Vertical Parting

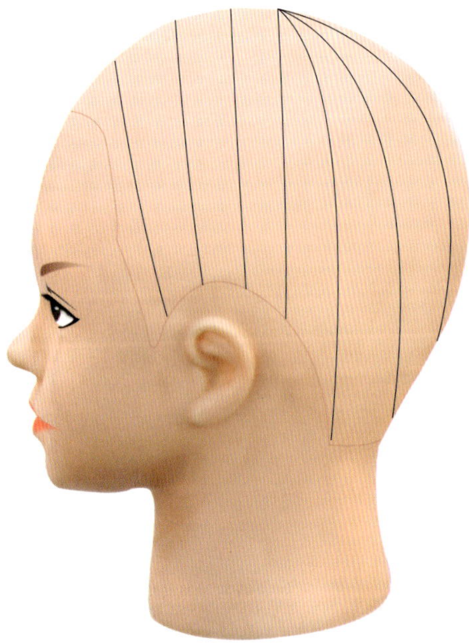

❷ Horizontal Parting

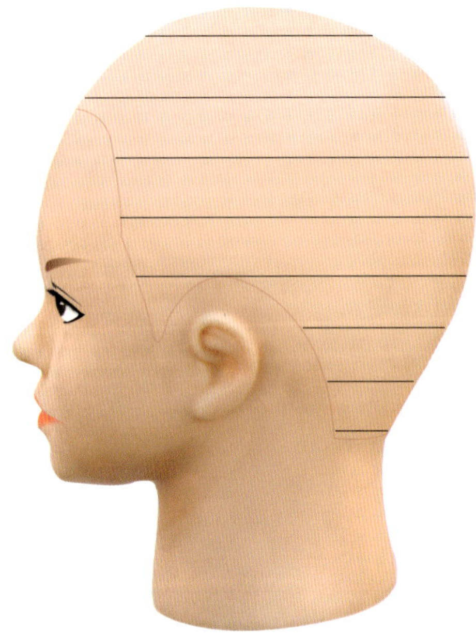

memo

memo

❸ Diagonal Parting

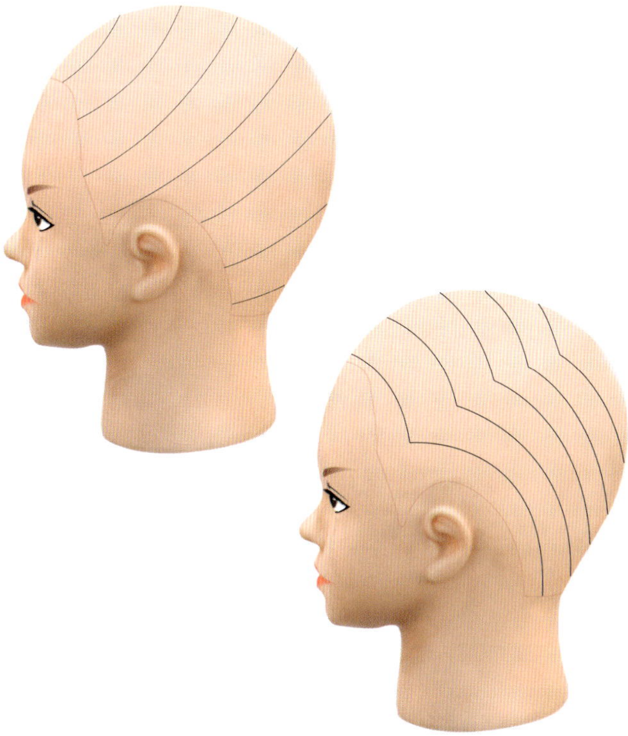

❹ Pivot Parting

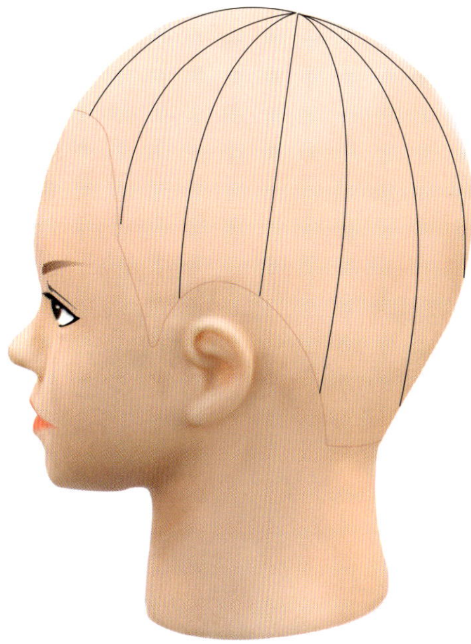

memo

memo

4. Base & Distribution

❶ Vertical Parting

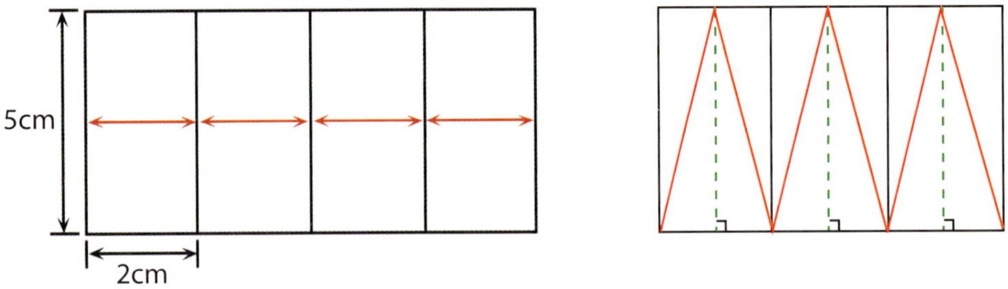

a. On the base

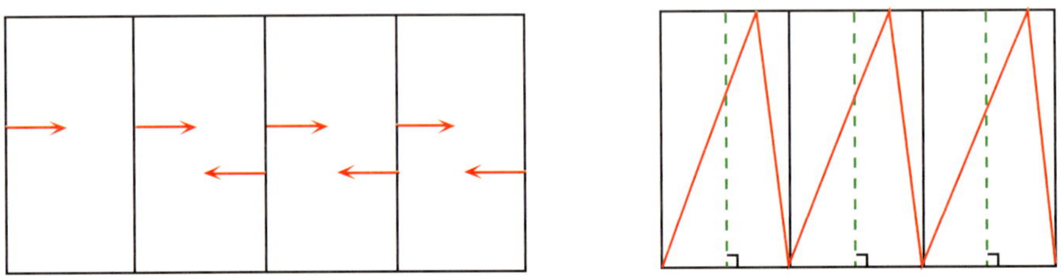

b. Free base

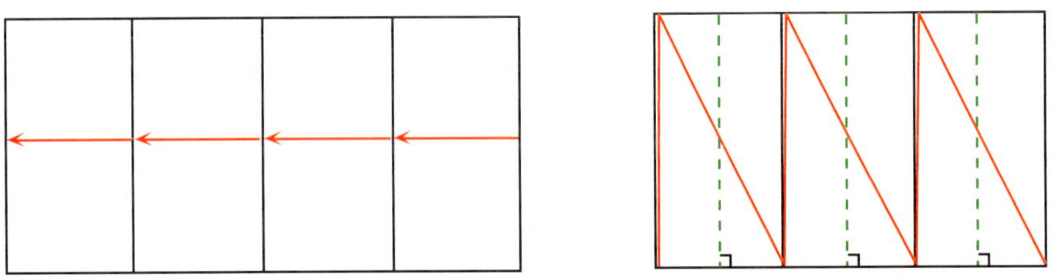

c. Side base

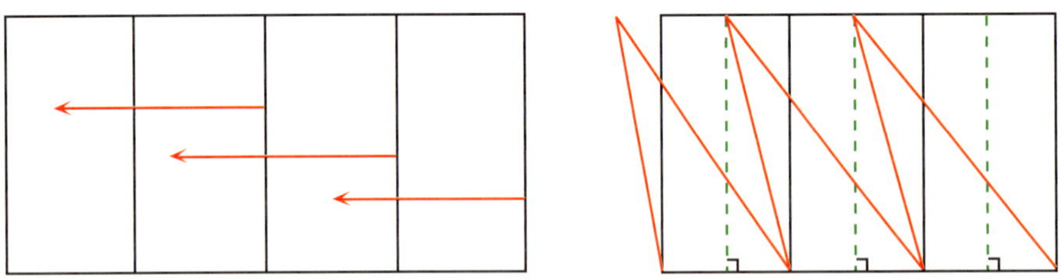

d. Off the base

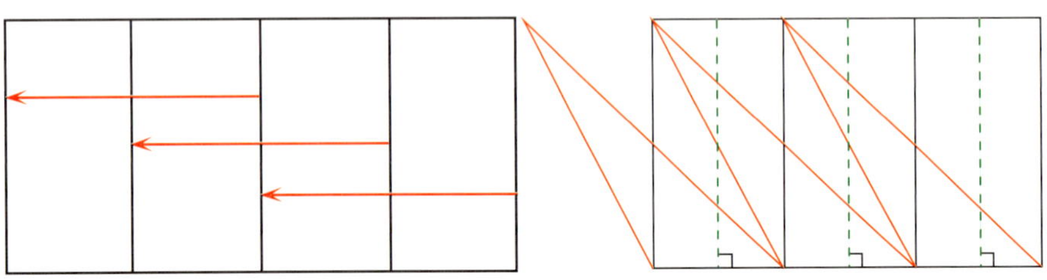

e. Over Direction

❷ Horizontal Parting

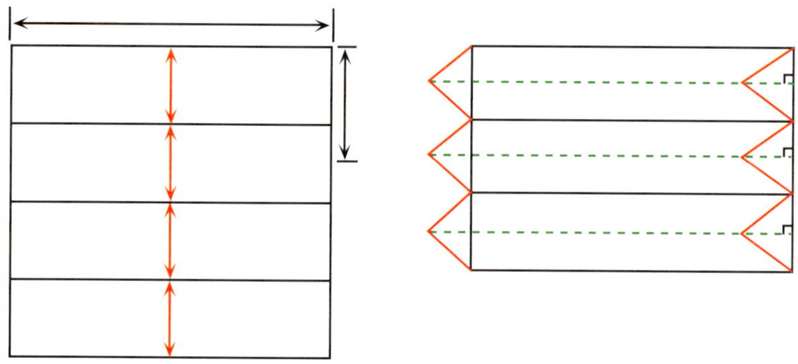

a. On the base

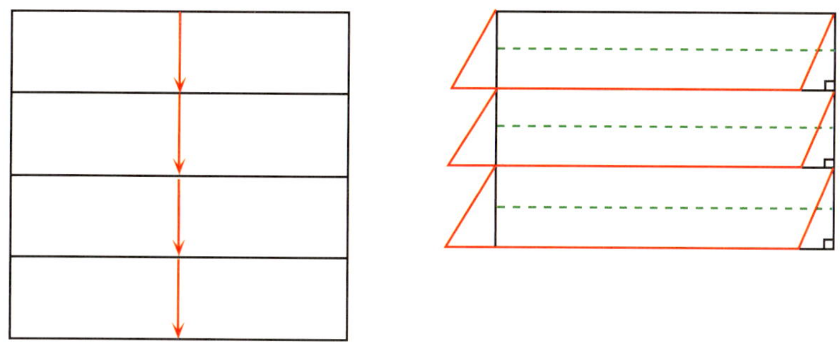

b. Down base

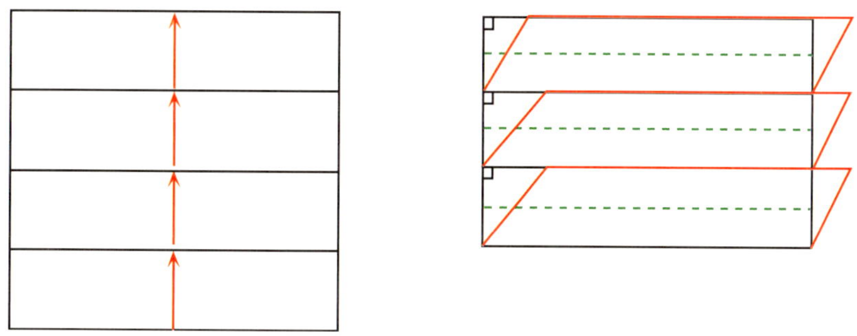

c. Up base

❸ Diagonal Parting & Distribution

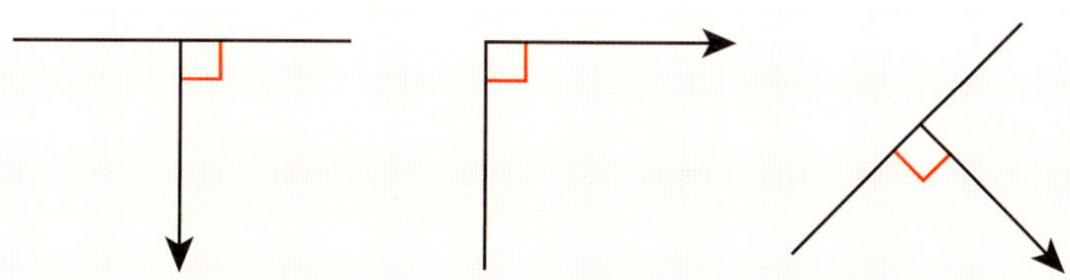

a. Perpendicular Distribution

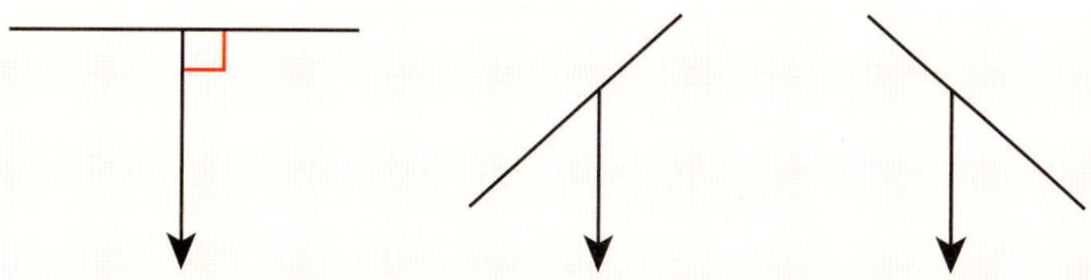

b. Natural Distribution

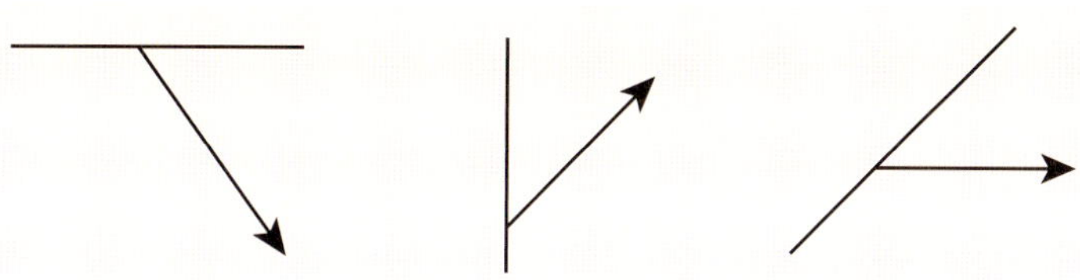

c. Shiftid Distribution

5. Angle

❶ Celestial Angle

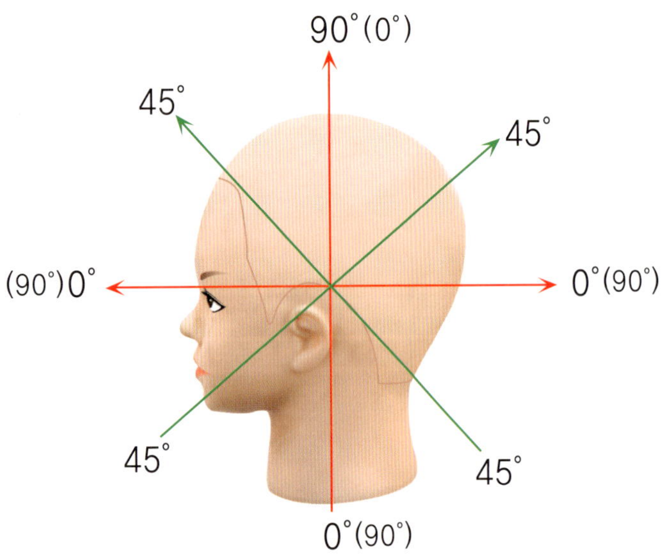

❷ Head Angle

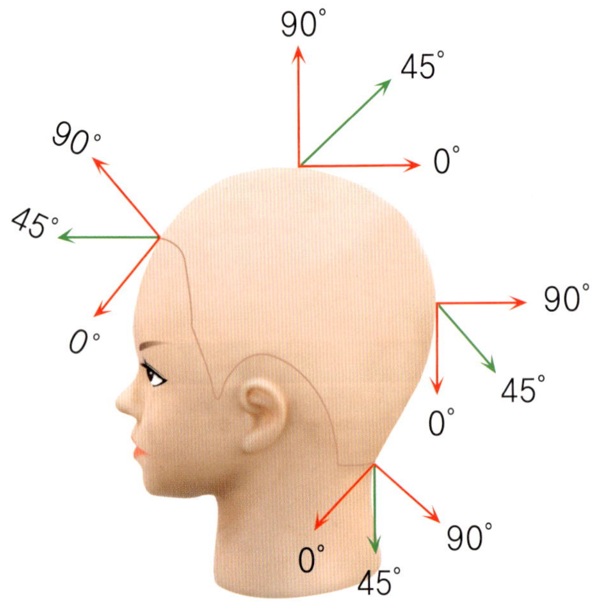

6. Finger & Comb Position

❶ In line

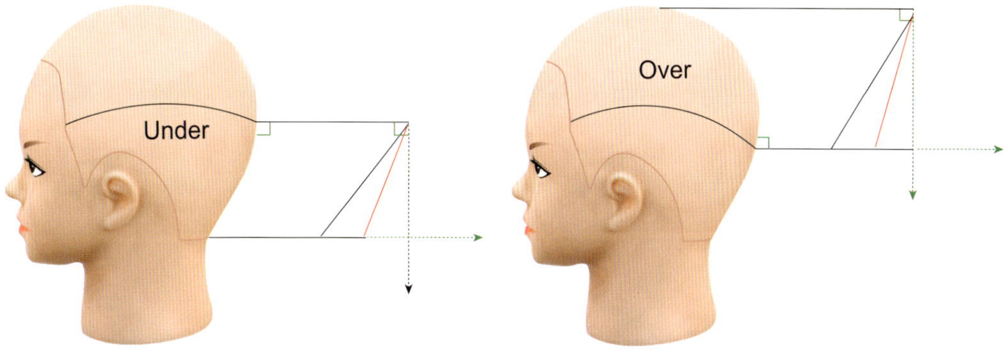

❷ Square line

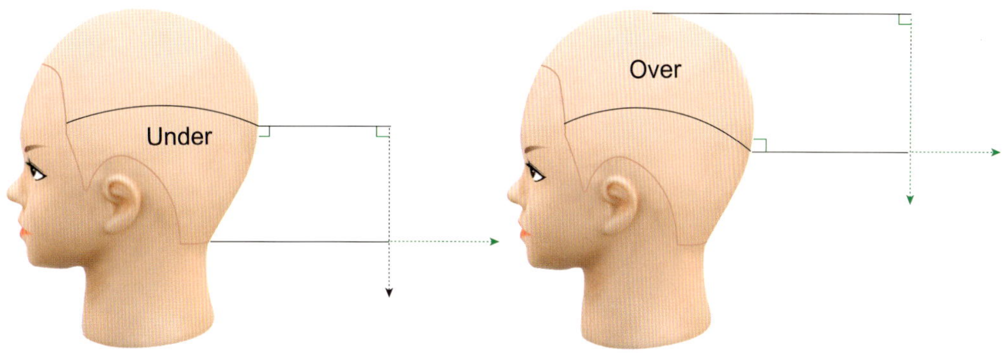

❸ Out line

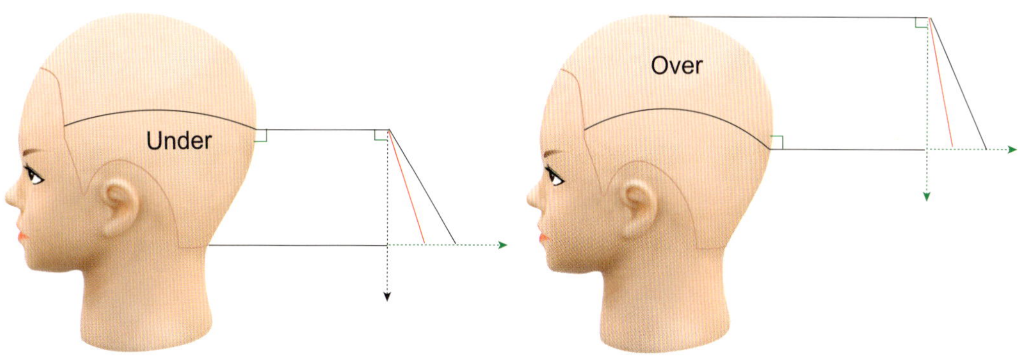

7. Cut Technique

❶ Blunt Cut

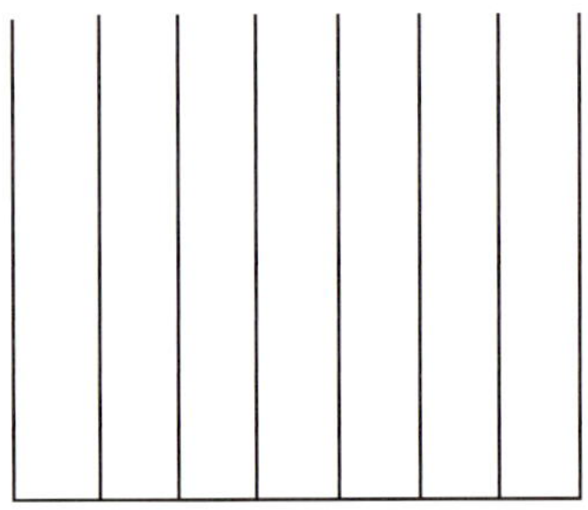

❷ Point Cut

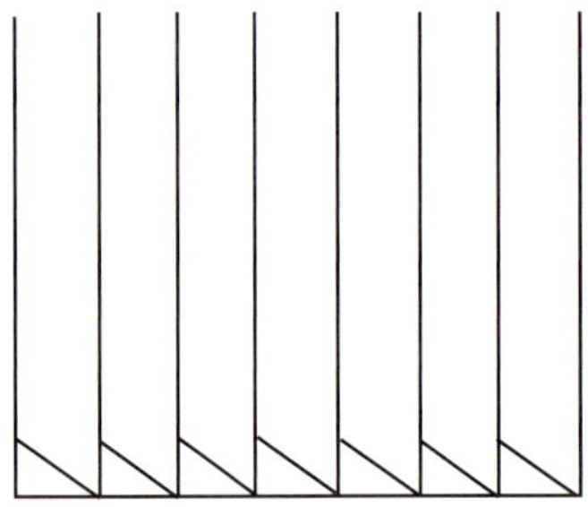

❸ Razor Cut

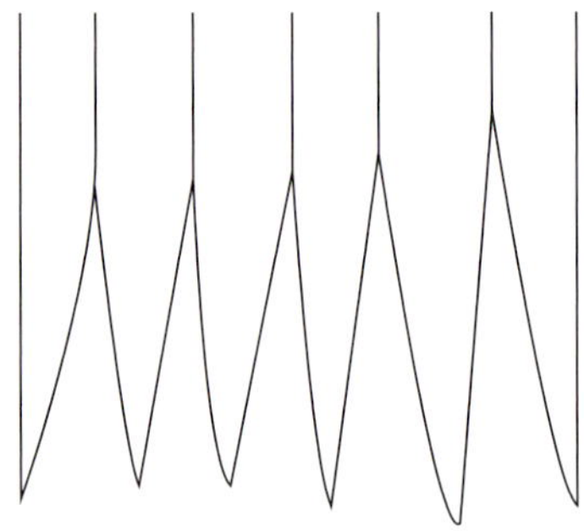

❹ Stroke Cut

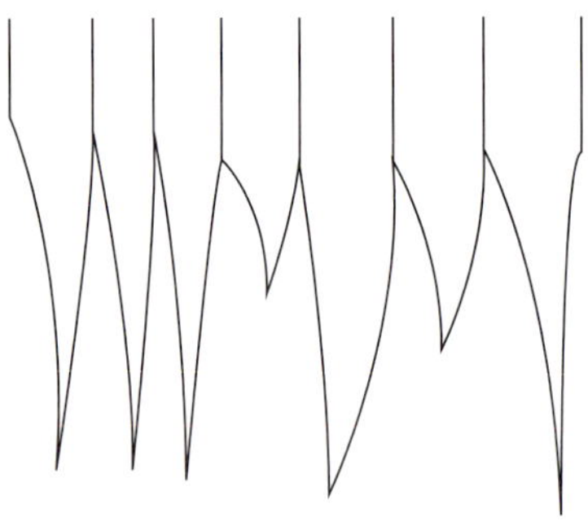

❺ Sliding Cut

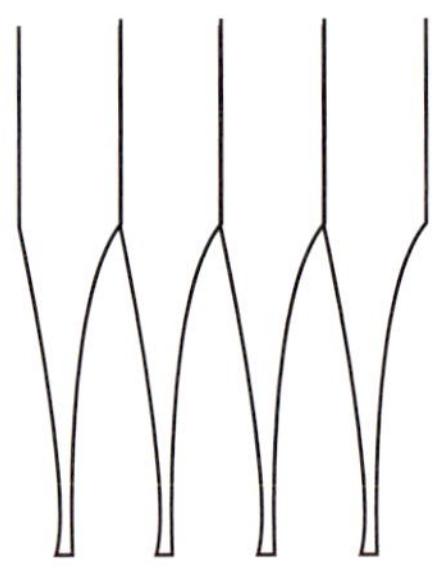

❻ Thinning Cut

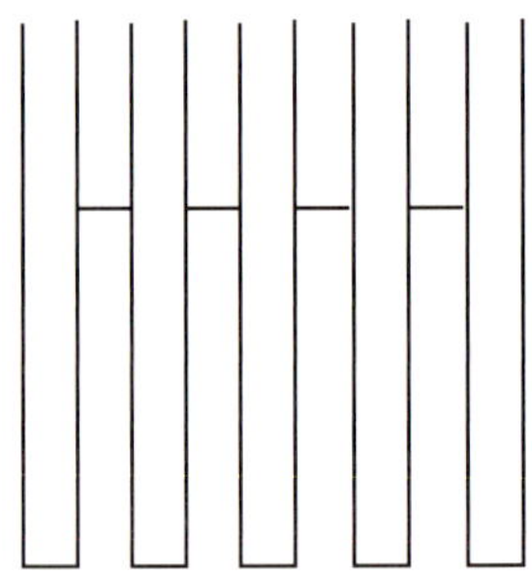

❼ Effect Cut

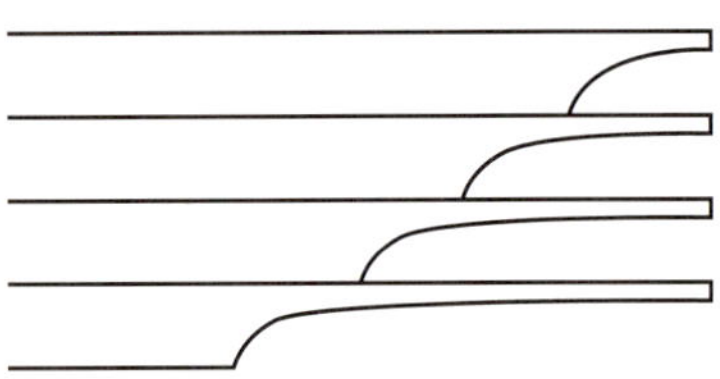

❽ Rolling Cut

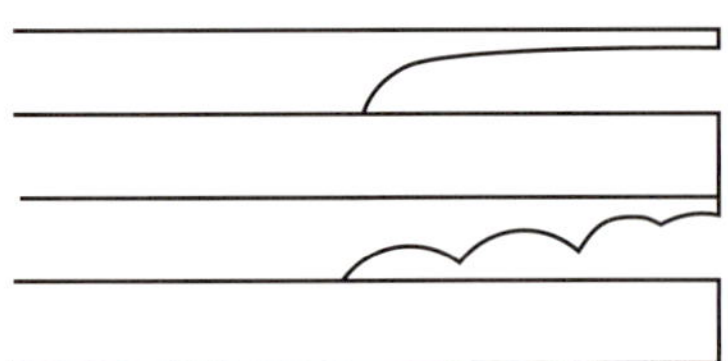

❾ Fulling Cut

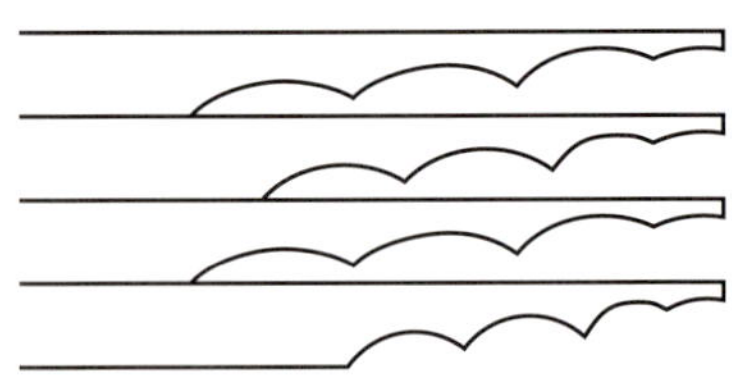

8. Head Position

❶ Down Position

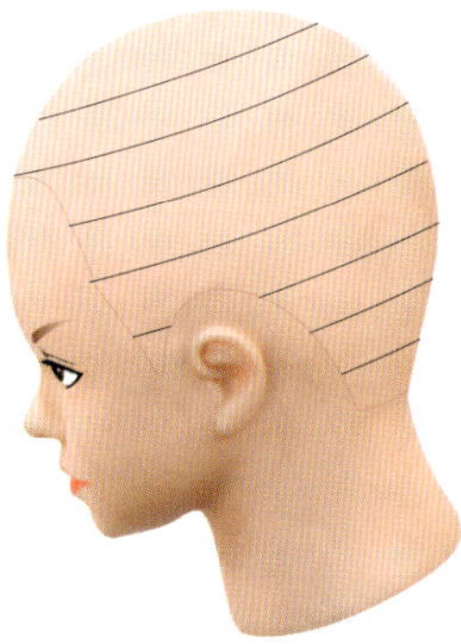

❷ Up Position

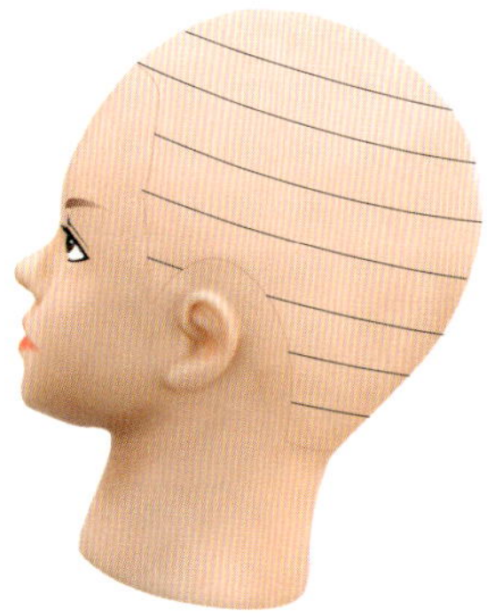

❸ Left Position

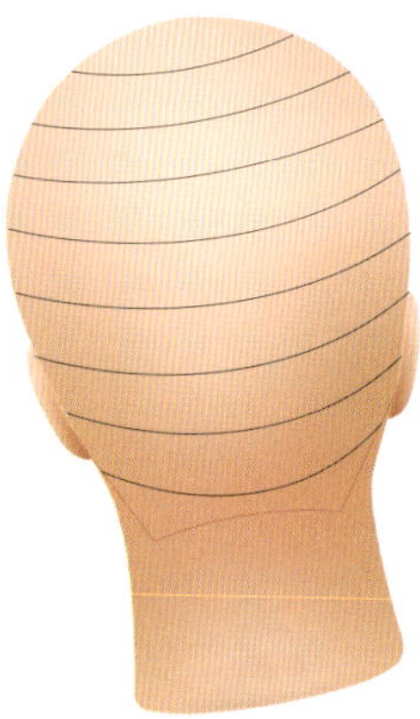

❹ Right Position

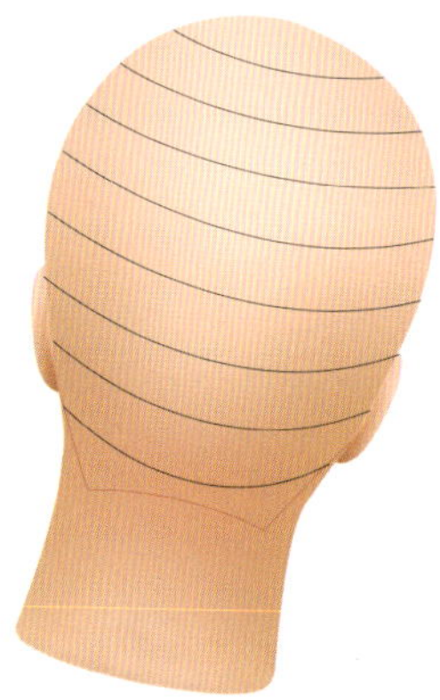

❺ Standard Position

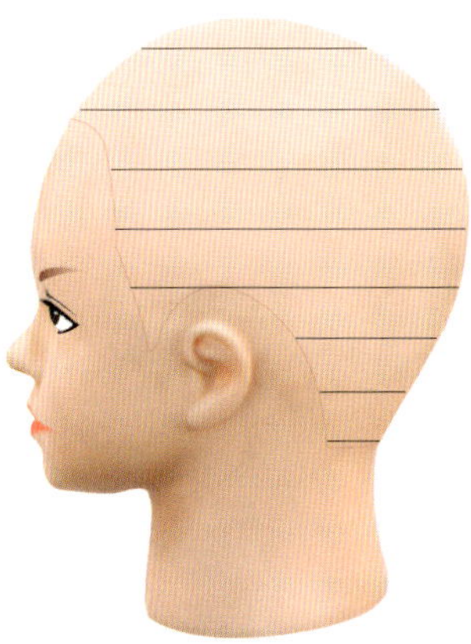

9. Base Form

❶ One Length

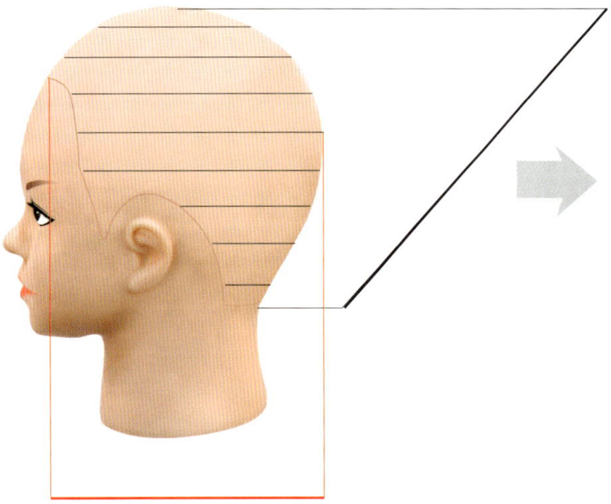

memo

❷ Graduation

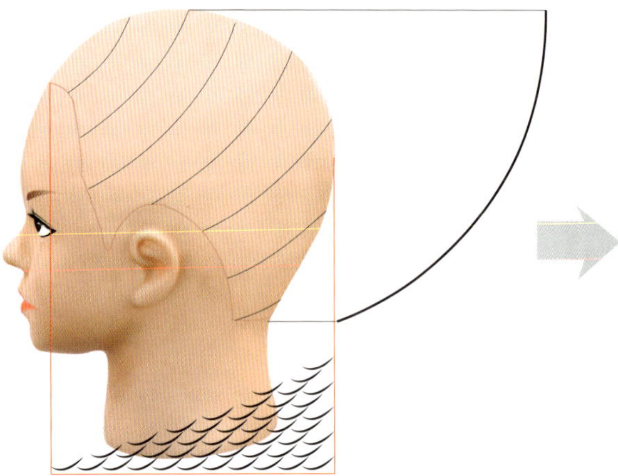

memo

❸ Same Layer

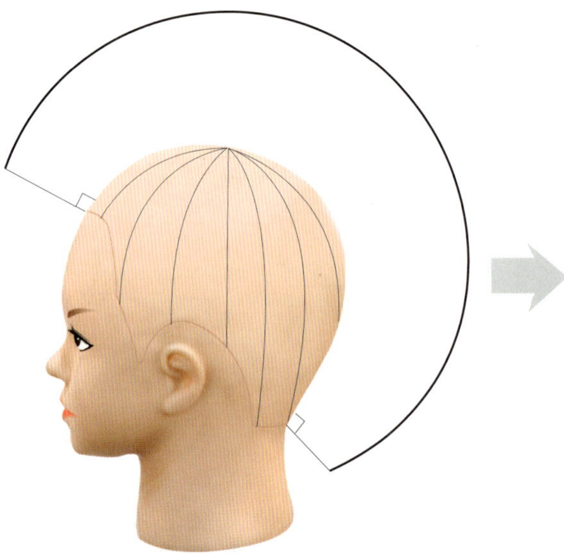

memo

A Practical

PART Ⅱ

미용 실습

Cur Process

1. Neo Classic Mushroom

살롱커트시 가장 중요한 부분은 모델과 헤어스타일의 조화로움이다. 정확한 커트를 함으로써 창의적인 아름다움을 표현할 수 있는 헤어스타일을 만들어 갈 수 있기 때문이다. 1회에서 5회까지는 가발을 이용해서 선을 강조하는 스타일로 시술할 것이며 6회부터는 살롱 스타일로 진행할 것이다.

Cut Process

1. Section ⇒ One Section
2. Out Line ⇒ Isadora Form
3. Parting ⇒ Diagonal Parting
4. Base & Distribation ⇒ Perpendicular Distribution
5. Angle ⇒ Head Angle 0~45 °
6. Finger & Comb Position ⇒ Square Line
7. Cut Technique ⇒ Point cut
8. Head Position ⇒ Down Position

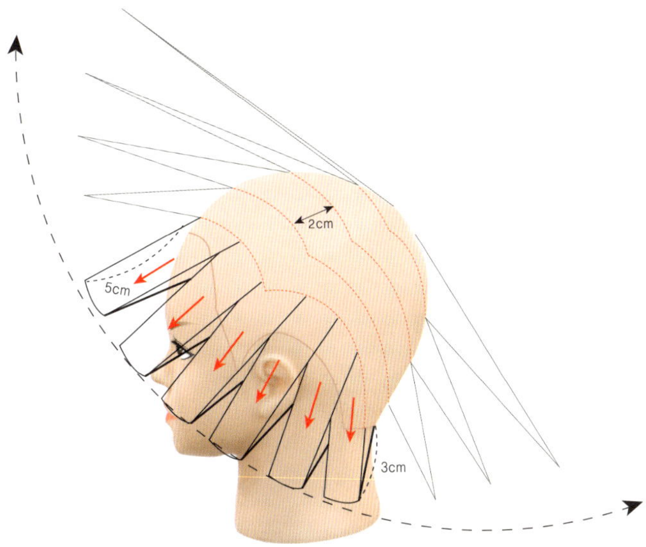

첫 번째 파팅은 훼이스 라인과 햄 라인에 굴곡이 있으므로 각이 생길 수 있으나 최후의 파팅은 둥근 라운드 형이 된다. 훼이스 라인 시술시 직각 분배로 커트, nape에서는 변이 부배로 커트.

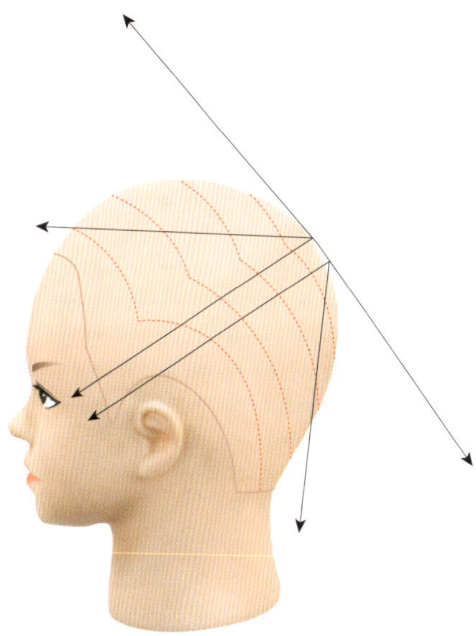

마지막 파팅은 중력에 의해서 떨어지는 위치에서 커트한다.

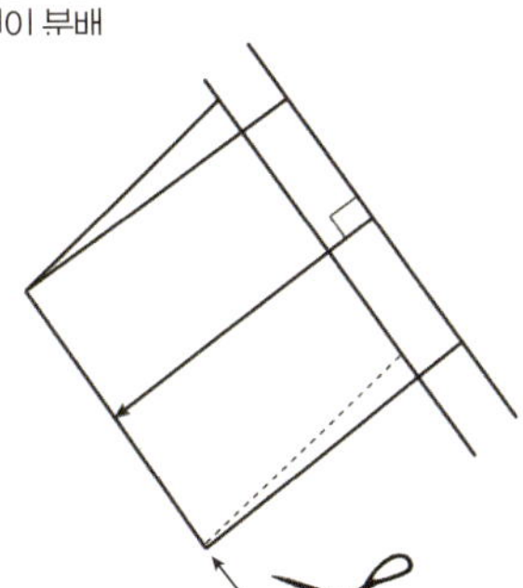

직각 분배

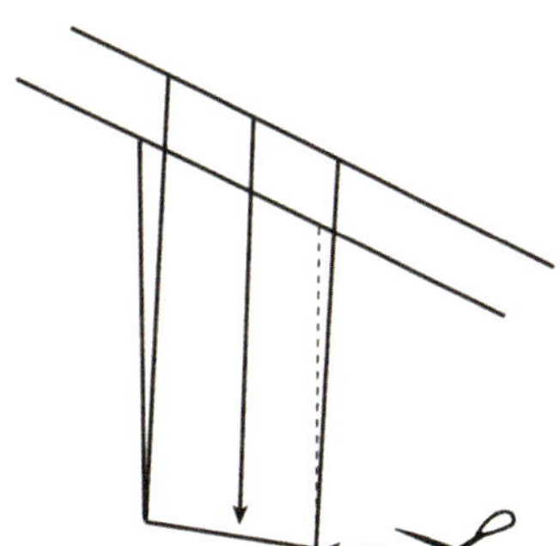

자연 분배

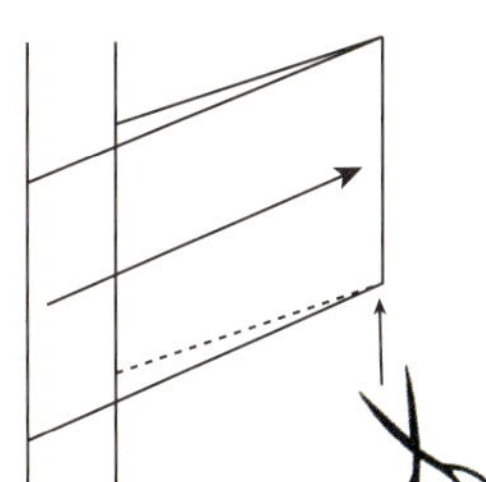

변이 분배

point

파팅 폭은 2cm로 나눈다.

사이드 부분을 시술 할 때 특히 각도에 주의한다.
why : 이 부분에서 각도를 놓칠 경우 다음 패널의 길이 변화가 많이 생길 수 있다.

point

c.p에서 길이는 5cm로 커트한다.

첫 번째 파팅보다 부드러운 라인으로 파팅을 나눈다.

1 중앙보다 조금 옆에서 반으로 나눈다.
why 반대쪽 시술시 가이드 연결이 쉽다.

2 정확한 파팅으로 나누어 준다.

3 커트의 각도는 눈썹에 손가락 1개 정도의 높이에서 시술한다.

4시술각은 직각으로 유지한다.
why :시술각이 직각이 아닐 경우, 전체적인 길이의 변화가 생길 수 있다.

5 가위는 포인트 커트로 진행한다.

6 첫 번째 패널 커트가 끝난 상태
Point 정확한 사각형이 된다.

7 네이프 부분에서는 c.p보다 약 2cm 짧게 커트한다.

8 첫 번째 파팅 종료

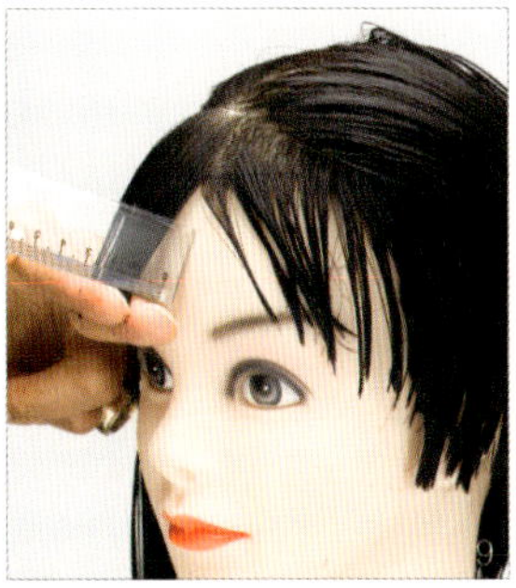

9 두 번째 파팅은 첫 번째 파팅을 가이드를 정확하게 유지한다.

10 세 번째 파팅은 두 번째 파팅보다 부드러운 라인으로 파팅을 나눈다.

11 세 번째 파팅 시술시 두 번째보다 1cm 정도 얼굴에서 띄운다.

12 다음 파팅도 첫 번째 파팅에 맞춰서 빗질한다.

13 네 번째 파팅 시술시 첫 번째보다 3~4cm 정도 얼굴에서 띄운다.

14 네 번째 파팅 종료

15 다섯 번째 파팅 시술시 첫 번째보다 4~5cm 정도 얼굴에서 띄운다.

16 그림에서처럼 직각으로 당겨 준다.

point

세 번째 파팅의 커트가 끝난 상태

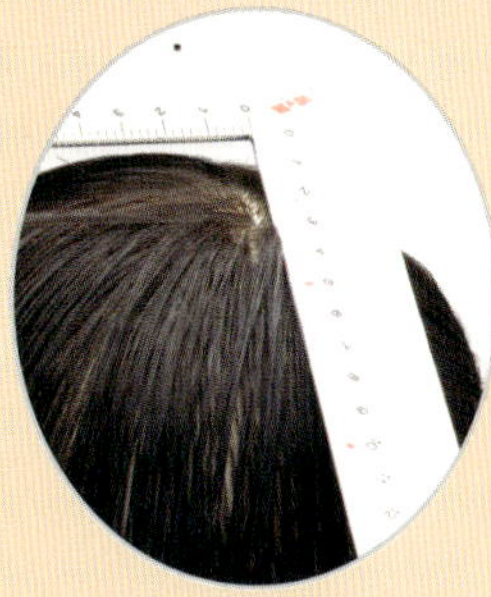

마지막 파팅은 모발이 중력에 의해서 떨어지는 각도에서 커트한다.

point

반대쪽 시술시 동일하게 파팅을 나눈다.
why : 파팅의 폭이 너무 넓거나 좁으면 양쪽 두께의 차이 때문에 형태가 변할 수 있다.

네 번째 파팅 종료

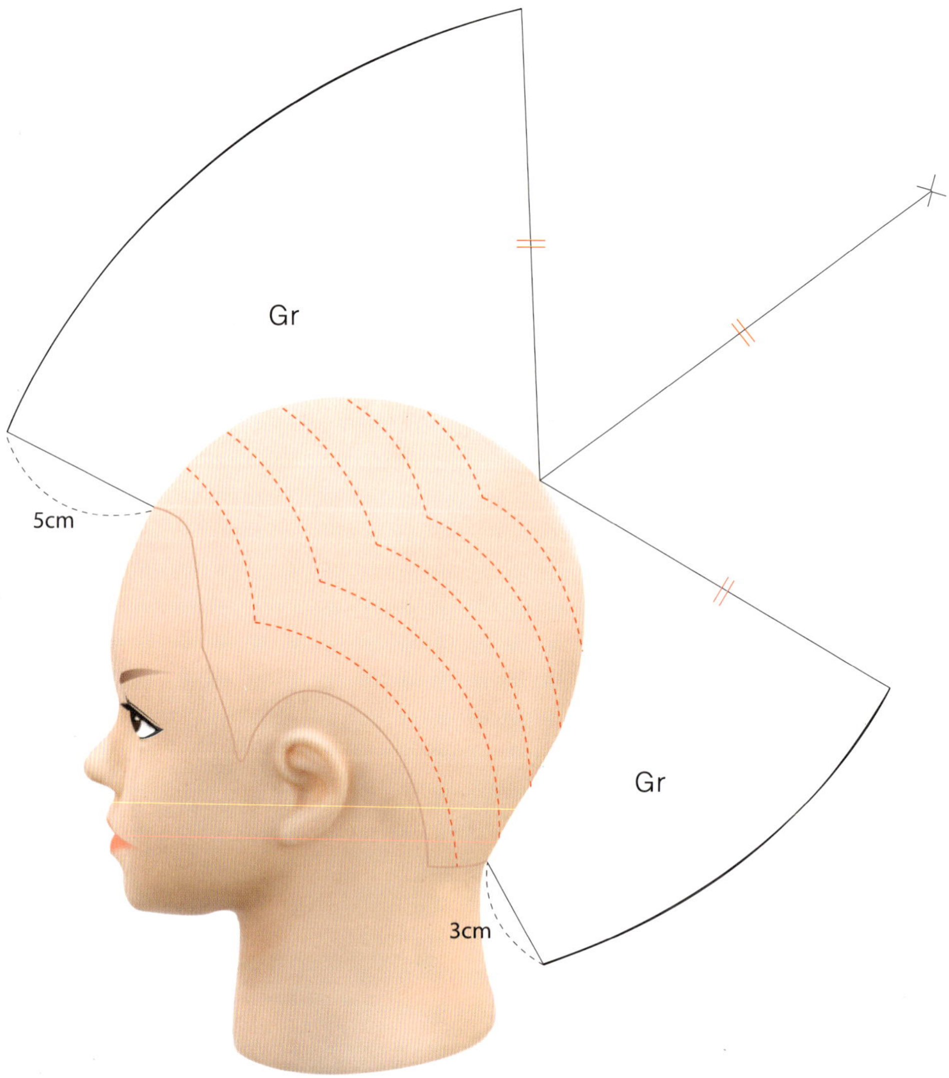

17 뒷부분은 백에서 자연스럽게 내려서 시술한다.

2. Neo Classic Bob

단발 스타일은 오랜 세월 여성들로부터 사랑받아 온 아이콘이며 특히 얼굴형이 평면인 동양인들에게 잘 어울리는 스타일이다. 패션에서 스트라이프가 오랜 세월 사랑받아오고 건축에서는 바로크 양식이 사랑받아 왔듯이 어느 한 부분에서 오랜 세월을 변하지 않는 것이 있다. 헤어도 마찬가지인데, 단발 스타일이라 불리는 보브 스타일이 바로 그런 것이라 생각한다.

Cut Process

1. Section ⇒ Multi Section
2. Out Line ⇒ Spaniel Form
3. Panting ⇒ Vertical Parting, Diagonal Parting
4. Base & Distribution
   ⇒ On the base, Perpendicular Distribution
5. Angle ⇒ Head Angle 45˚
6. Finger & Comb Position ⇒ In Line
7. Cut Technique ⇒ Point Cut
8. Head Position ⇒ Down Position

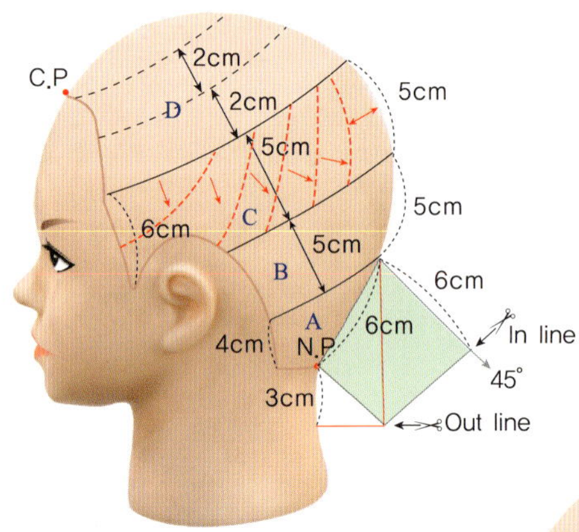

Bob Style 시술시 정확한 섹션은 시술을 편리하게 한다.

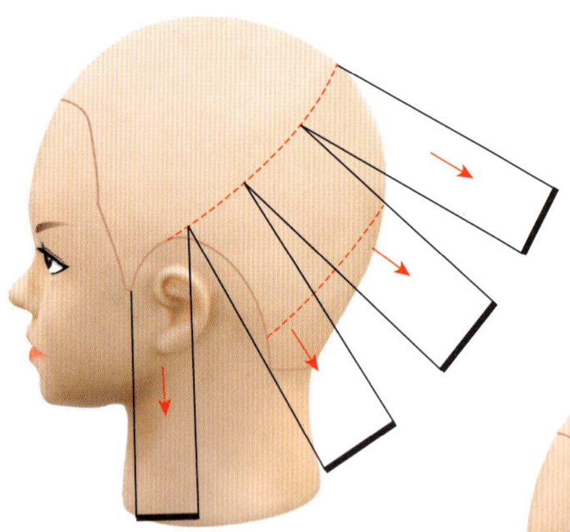

언더 섹션 첫 번째 가이드라인은 네이프 섹션 첫 번째 가이드라인에 맞추어서 커트한다.

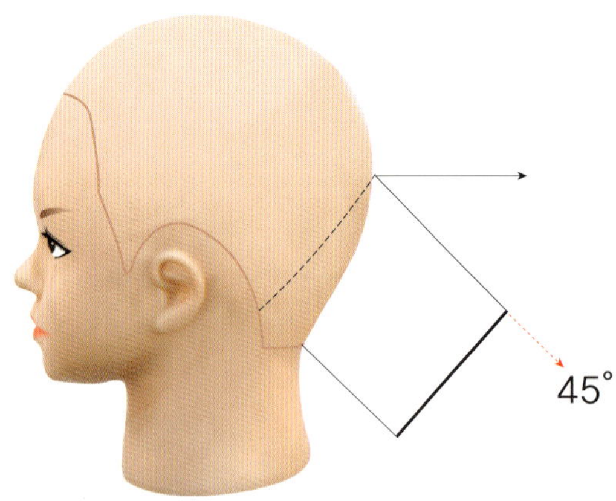

최초의 가이드라인은 전체 스타일에 큰 영향을 줄 수 있으므로 길이와 각도에 주의한다.

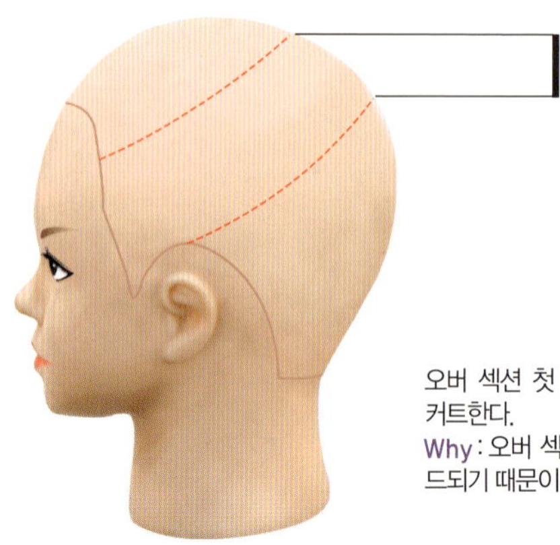

오버 섹션 첫 번째 가이드라인은 90˚로 커트한다.
Why : 오버 섹션은 두상이 급격하게 라운드되기 때문이다.

1 중앙으로 나눈다.

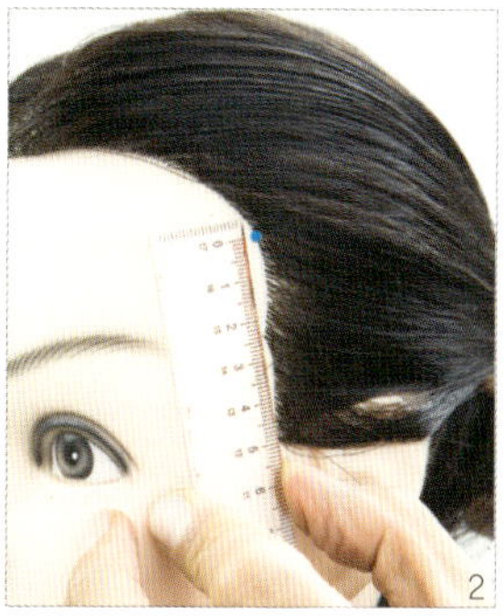

2 훼이스 라인에서는 S. C. P에서 6cm 지점에 포인트를 준다.

3 햄 라인은 깨끗하게 빗질 후 포인트를 정한다.

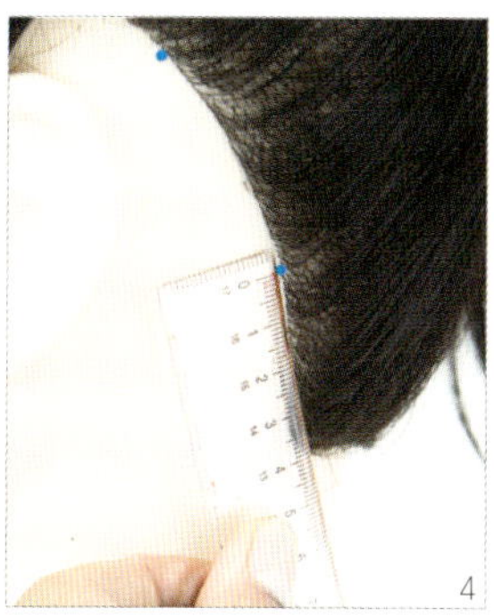

4 햄 라인 부분은 네이프에서 4cm 지점에 포인트를 준다. **Why** : 포워드 가이드라인으로 시술시 A라인으로 섹션을 나누는 것이 편리하다.

5 4등분 섹션을 나눈다.

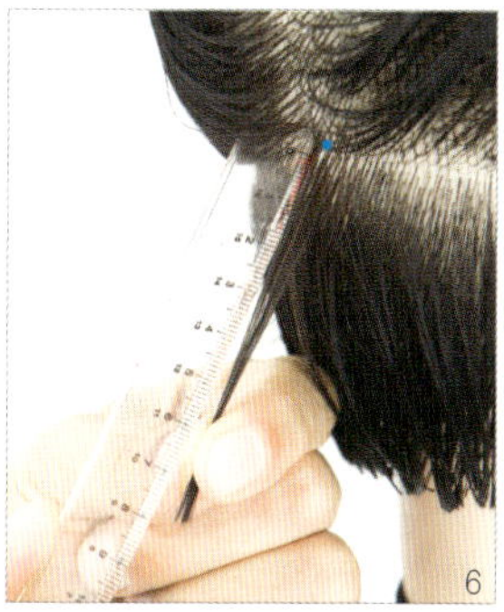

6 네이프 섹션에서의 길이는 약 6~7cm로 가이드를 설정한다.

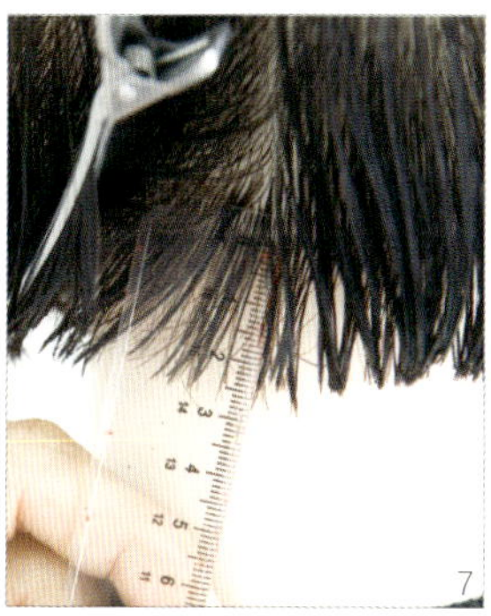

7 네이프 포인트 부분은 약 3cm 정도로 가이드를 설정한다.

8 45˚ 각도를 유지하면서 시술한다.

point

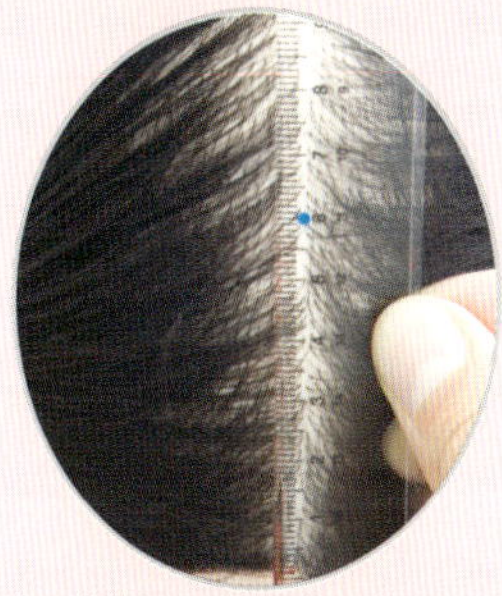

네이프에서 6cm 부분에 포인트를 준다.

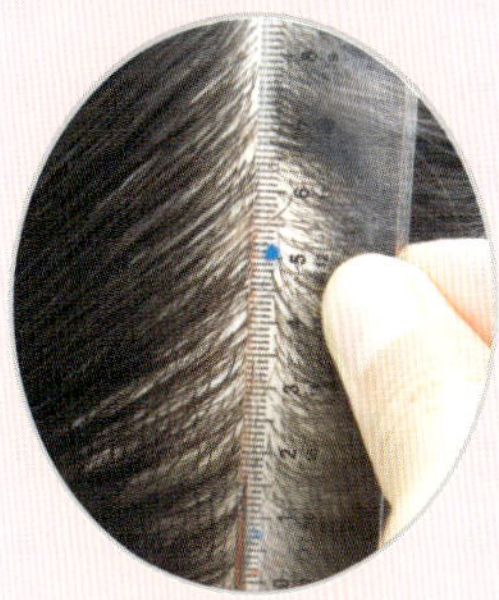

네이프에서 두 번째 섹션은 5cm 부분에 포인트를 준다.

point

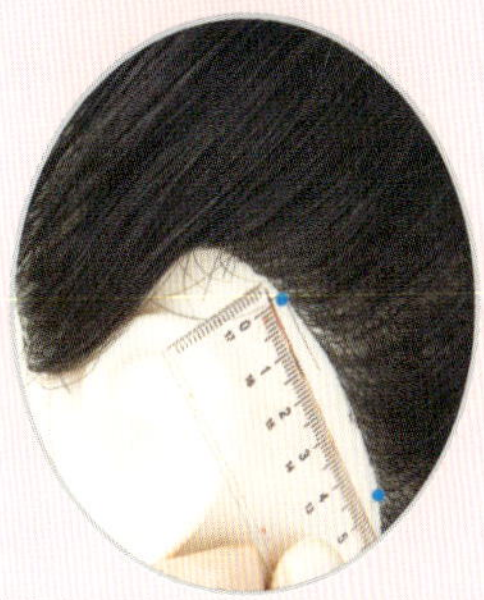

햄 라인에서 두 번째 포인트는 5cm 지점에 준다.
Why : 햄 라인에서 포인트의 폭이 5cm 이하일 경우, 사이드 부분이 너무 길어질 수 있다.

두 번째 패널은 삼각형으로 나눈다.

point

E. B. P 에서는 패널을 다운 베이스로 시술한다.
Why : 이 부분에서 각도를 들어서 시술시 E. P부분의 모발이 짧아질 수 있다.

탑 섹션에서 슬라이스 폭은 2cm로 나눈다.

9 다음 패널도 동일한 방향으로 진행한다.

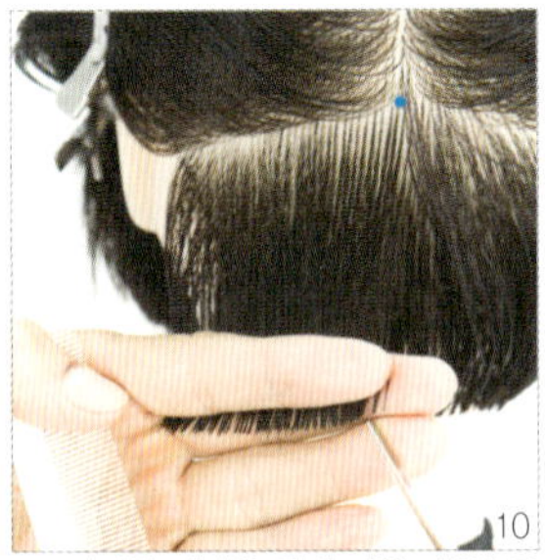

10 마지막 패널은 직각 다운 베이스로 시술한다.

11 완만한 라인으로 섹션을 나눈다.

12 네이프 섹션 첫 번째 패널을 가이드로 커트한다.

13 오버 섹션의 폭을 확인한다.

14 오버 섹션에서 첫 번째 패널은 전체 축의 각도로 시술각은 0° 이다.

15 오버 섹션 시술시 S. C. P의 각도에 주의한다.

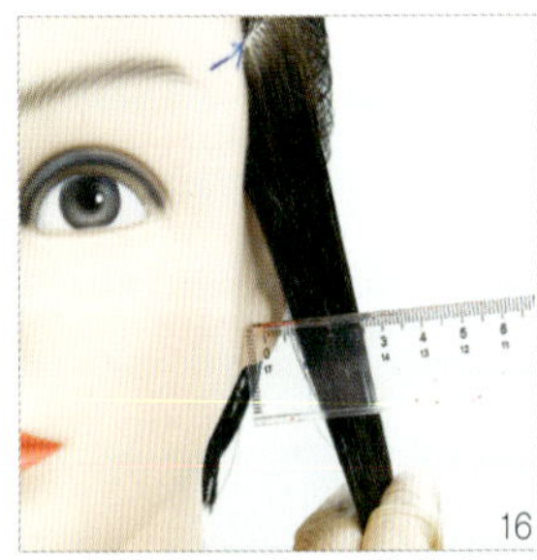

16 패널은 약 1cm정도 업을 시켜서 커트한다.

17 탑 섹션 첫 번째 패널은 직각으로 시술한다.

18 사이드 부분은 업을 시켜서 커트한다.

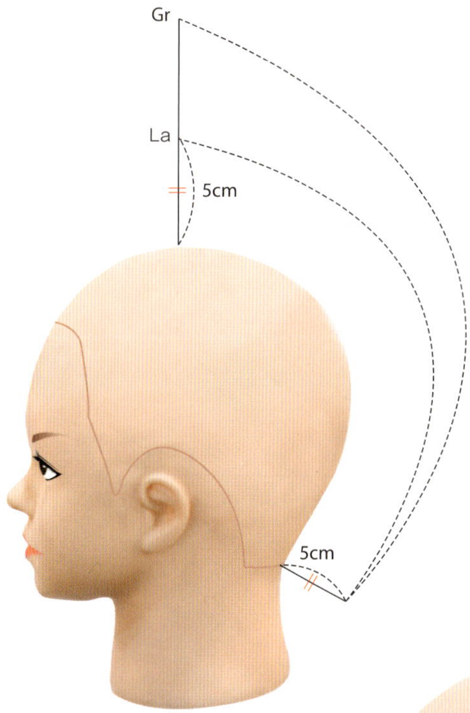

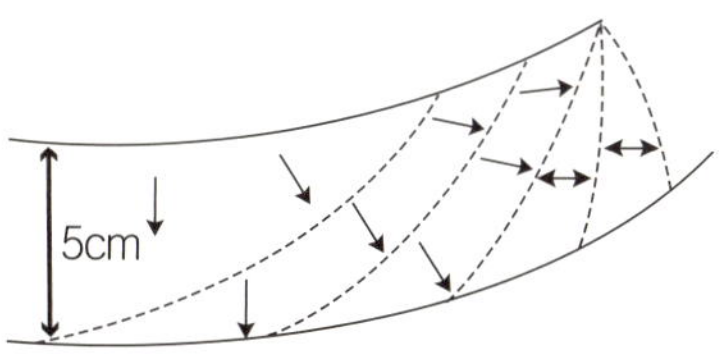

섹션에서 패널의 진행 방향에 주의
(첫 번째 패널은 온 더 베이스에서
다운 베이스로 진행)

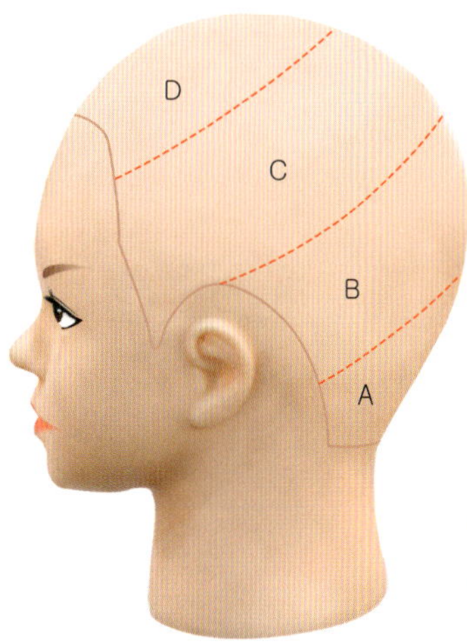

A : Nape Secton
B : Under Secton
C ; Over Secton
D ; Top Secton

after

3. Neo Classic Graduation bob

찰랑거리는 아름다운 머릿결과 아름다움을 더해 줄 멋진 선의 조화는 클래식한 도도함을 보여준다.

Cut Process

1. Section ⇒ Multi Section
2. Out Line ⇒ Isadora Form
3. Parting ⇒ Horizontal, Vertical Panting
4. Base & Distribution ⇒ On the base. Side Base
5. Angle ⇒ Head Angle 0˚, 30˚, 45˚, 90˚
6. Finger & Comb Position ⇒ In~Square Line
7. Cut Technique ⇒ Point Cut
8. Head position ⇒ Down Position

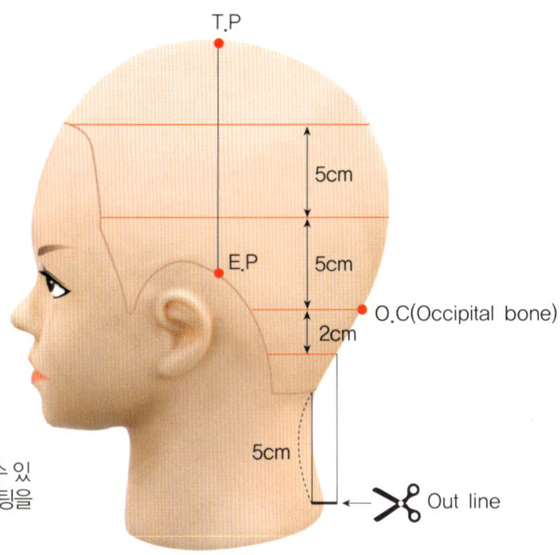

모든 커팅을 할 때 가장 기본이 될 수 있는 것은 섹션이며 정확한 섹션은 커팅을 편리하고 정확하게 도와준다.

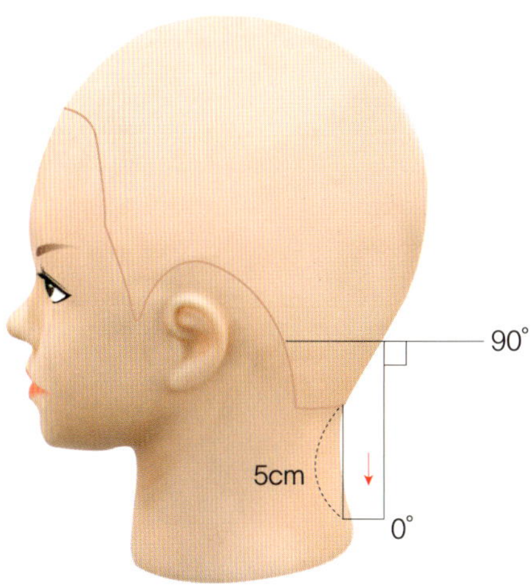

첫 번째 섹션 시술시 길이에 주의

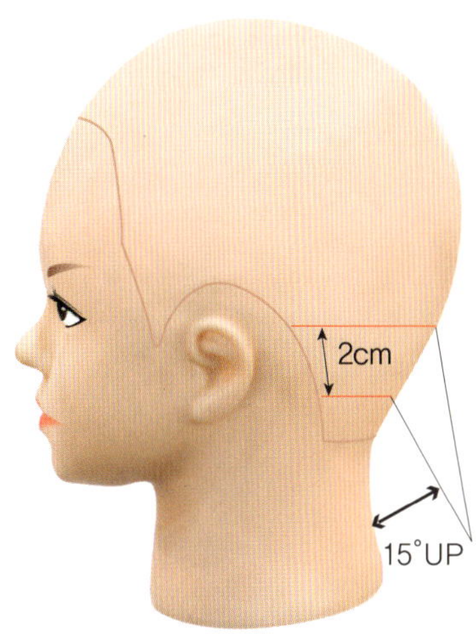

두 번째 섹션은 목에서 약 4cm 정도 up base시켜서 포인트 커트로 시술

point

정확한 섹션이 중요하다.

손가락으로 모발을 잡으면 단차가 생길 수 있다.

point

목덜미에서 약 4cm정도 up시켜서 시술한다.

시술각 45˚를 유지한다.

1 정확한 섹션을 나눈다.

2 첫 번째 섹션의 폭은 2cm로 나눈다. **why**: 폭이 너무 두꺼울 경우에는 정확한 커트라인을 만들기 힘들다.

3 다운 베이스로 한 후 comb cut로 포인트 커트한다. **why**: 손가락으로 모발을 잡을 경우는 단차가 생길 수 있다.

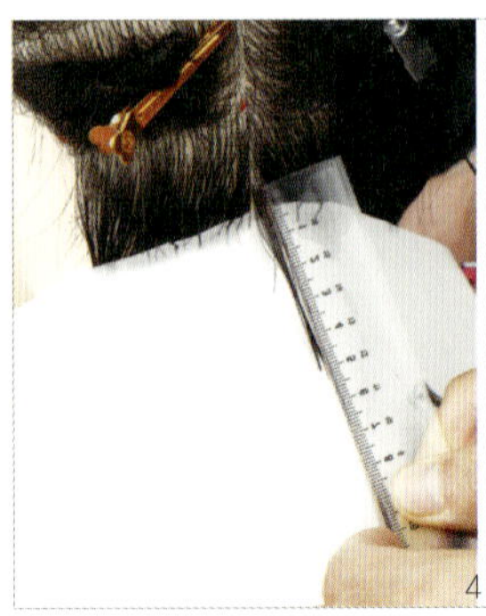

4 최초의 가이드 길이는 약 5cm로 설정

5 두 번째 섹션은 목덜미에서 약 4cm 정도 up 시켜서 시술

6 세 번째 섹션은 버티컬 파팅, 온 더 베이스 30˚로 시술 **why**: 시술 각도는 인라인으로 커트 진행

7 네 번째 섹션 시술시 정확한 온 더 베이스로 패널을 잡는다.

8 시술각은 45˚ 인 라인으로 커트 진행

9 다섯 번째 섹션은 90° 로 스퀘어 커트한다.

10 사이드 부분은 백 부분의 세 번째 라인에 맞추어 이사도라 폼으로 시술

11 사이드 첫 번째 섹션도 30° 로 시술

12 사이드 두 번째 섹션 시술시 45도로 유지, 온 더 베이스로 시술. **주의**: 사이드에서 시술각이 너무 높을 경우에는 bob의 느낌이 없어질 수 있다.

13 C.P에서 T.P까지 2cm폭으로 패널을 나눈다.

14 패널에 90° 온 더 베이스로 시술한다.

15 프론트는 c.p에서 45°, 오버 디렉션으로 시술한다.

16 프론트 사이드에서는 그림처럼 잡고 있는 패널과 평행으로 시술

17 프론트 사이드 코너만 제거한다.

18 프론트 사이드 부분 시술이 끝난 상태

point

나눈 부분을 기준으로 30° 시술

C · P에서 T · P까지 2 cm폭으로 패널을 나눈다

point

프론트는 C · P에서 45° 오버 디렉션 시술

프론트 사이드는 코너만 제거한다

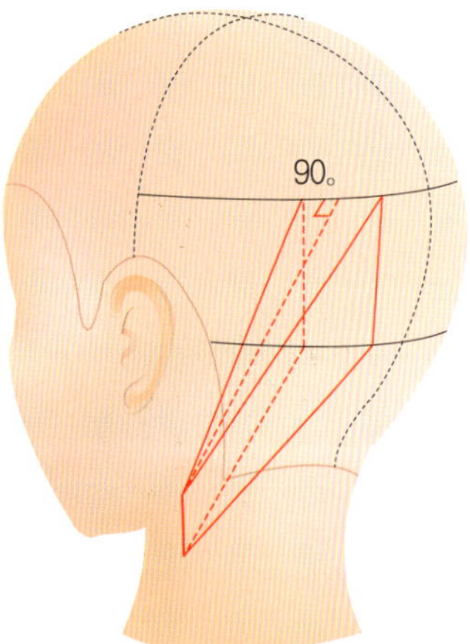

세 번째 섹션은 온 더 베이스 30˚ 로 유지

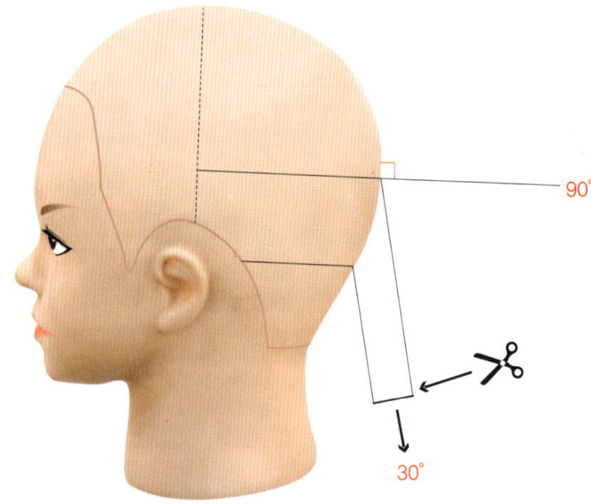

네이프 부분에 무게감을 남기기 위해서 30˚ 로 시술

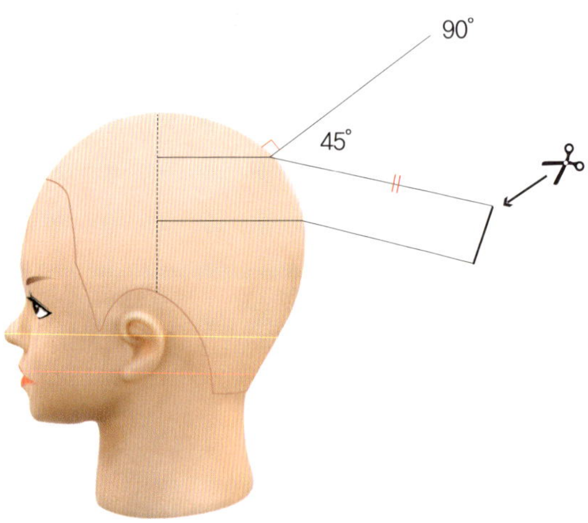

네 번째 섹션은 45˚ 유지

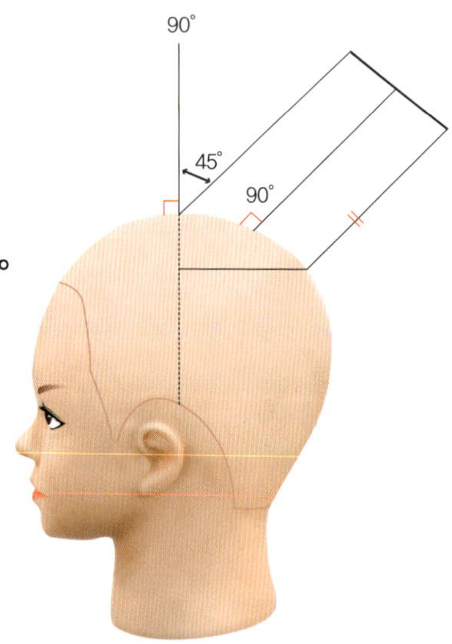

다섯 번째 섹션은 90˚ 로 시술

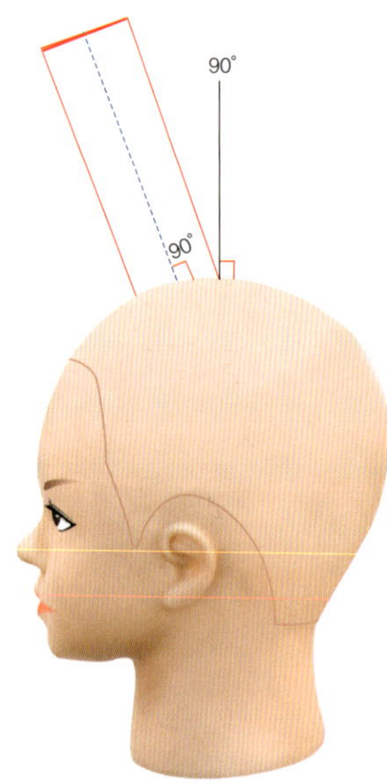

탑 부분에서 시술시 패널은 90˚ 를 유지

4. Same Layer Short

깔끔하고 정갈하게 다듬어진 헤어스타일은 보는 이에게 청량감을 준다.
정확한 커트 법으로 두상의 형태를 가장 비슷하게 만들어 내는 세임 레이어 커트 기법.

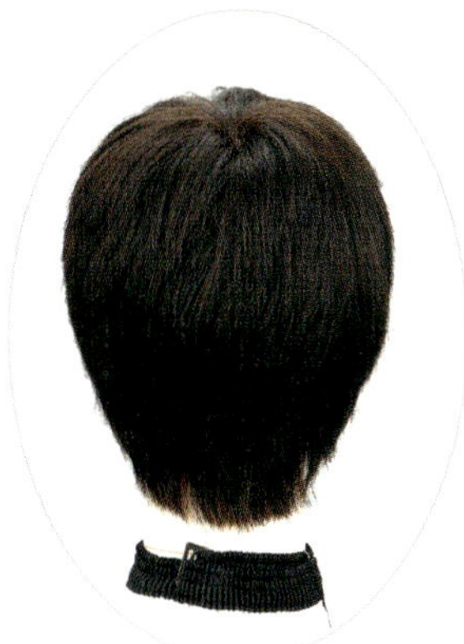

Cut Process

1. Section ⇒ Center Point ~ Nape Point, Ham Line 2cm
2. Out Line ⇒ 없음
3. Parting ⇒ Vertical Pivot Parting
4. Base & Distrisation ⇒ On the Base
5. Angle ⇒ Head Angle 90˚
6. Finger & Comb position ⇒ Square Line
7. Cut Technique ⇒ Blunt Cut
8. Head position ⇒ Standard Position

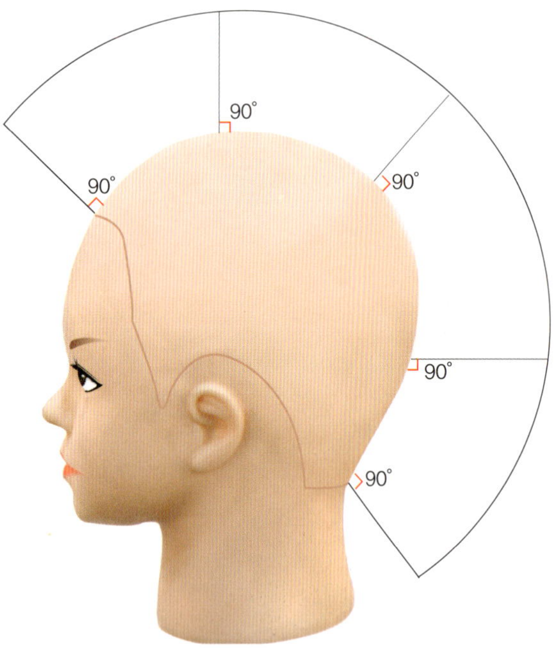

모든 길이 동일하게 시술

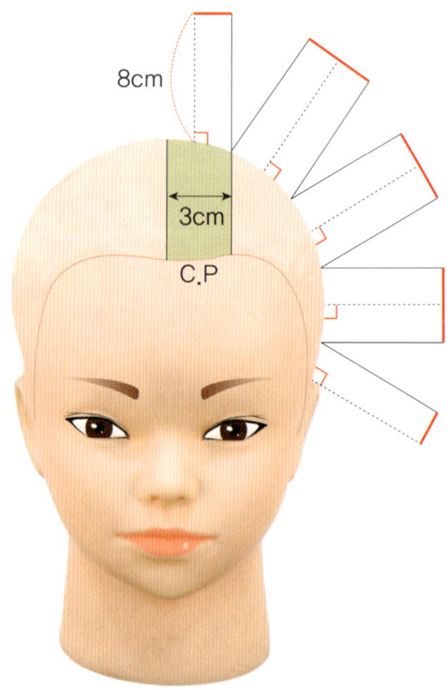

C.P에서 N.P까지 3cm폭으로 가이드를 설정

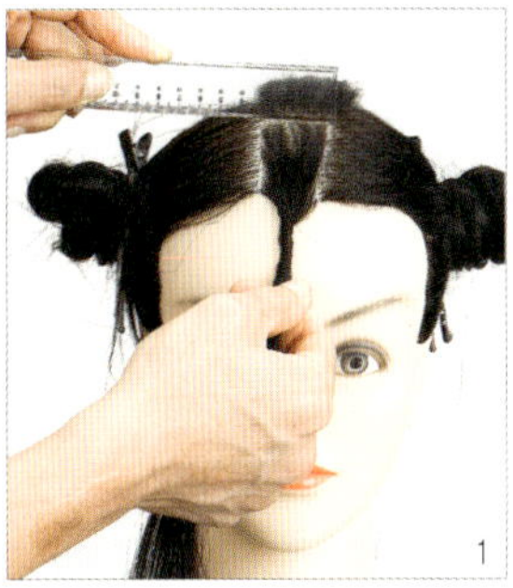

1 C.P를 기준점으로 해서 폭을 3cm로 나눈다.

2 T.P에서 90° 로 up stem 시킨다.

3 모발을 평행으로 잡고 스퀘어 커트를 한다.(길이 8cm) **point**: 이때 최초 가이드의 길이가 전체의 길이에 영향을 줄 수 있으므로 길이를 꼭 check!!

4 패널의 폭은 약 5cm가 가장 적합하다.

5 첫 번째 패널의 시술이 끝나면 반으로 나눈다. **why**: 반으로 나눈 모발을 가이드로 해서 다음 패널을 시술한다.

6 두 번째 패널 시술시 약 2.5cm 를 갖고 온다.

7 잡고 있는 패널의 중앙부분이 90° 가 되도록 한다. **point**: 잡고 있는 패널의 각도가 중앙이 90° 가 아니라 양쪽 한 부분이 90° 가 될 경우, 다음 패널은 희망하는 길이보다 길어질 수 있다.

8 Square line으로 시술한다.

point

최초 가이드의 길이가 전체의 길이에 영향을 주므로 반드시 길이를 체크한다.

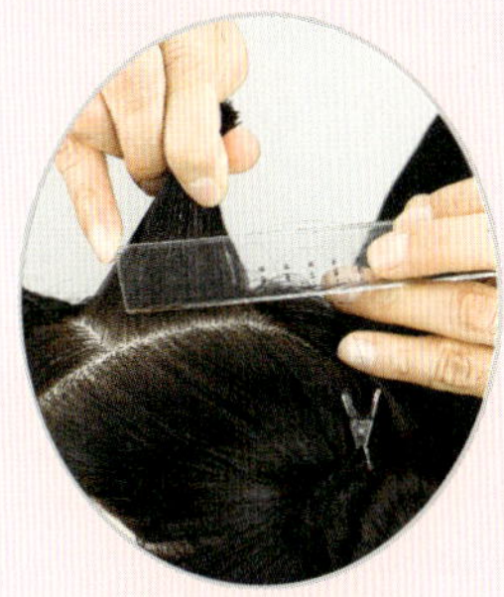

패널의 폭은 약 5cm가 가장 적합하다.

point

목덜미에서 약 4cm 정도 up시켜서 시술한다.

시술각 45° 를 유지한다.

9 첫 번째 파팅(C.P에서 N.P까지) 시술이 끝난 상태.

10 Hem Line을 2cm 폭으로 나눈다.

11 S.C.P의 모발을 한 다발 정도 발취한다.

16 첫 번째 파팅(C.P~N.P)과 Hem Line을 연결.

12 최초의 길이를 8cm로 커팅했으므로 S.C.P에서도 8cm로 가이드 설정.

17 사이드 부분 시술시 패널의 폭은 5cm를 유지한다.

point

C.P부분과 Hem Line부분의 모발을 연결한다.

최초의 길이를 8cm로 커팅했으므로
S.C.P에서도 8cm로 가이드 설정.

13 가이드를 기준으로 커트한다.

18 사이드 부분 시술시 패널 길이 정확히 체크.

14 C.P부분과 Hem Line 부분의 모발을 연결한다.

19 커트가 끝난 상태에서 체크.

15 Hem Line시술이 끝난 상태.

20 Nape부터 평행으로 잡고 체크한다.

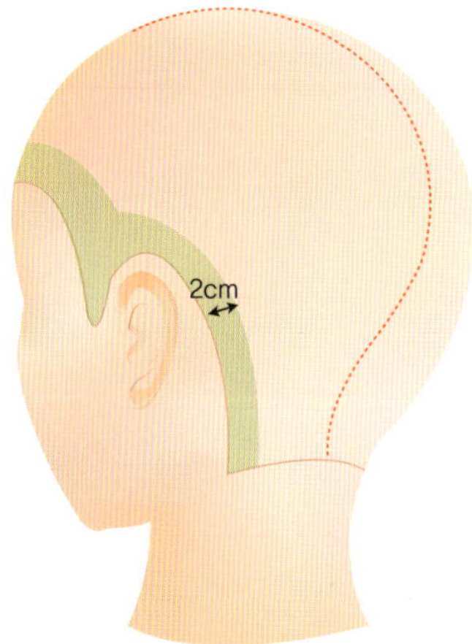

Hem Line 을 따라 2cm 폭으로 가이드를 설정

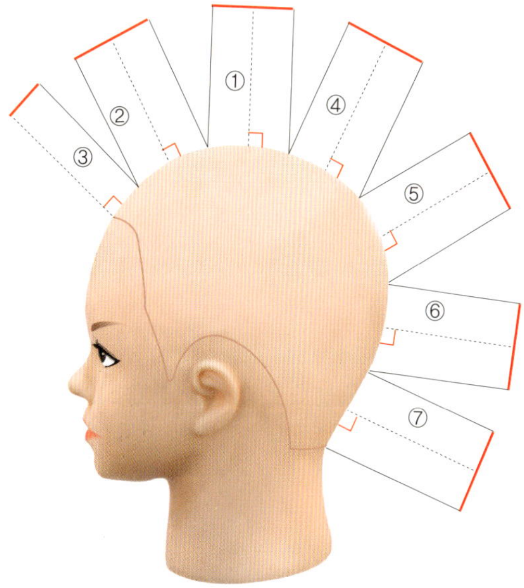

T.P를 기준점으로 모든 모발을 동일하게 시술

Message

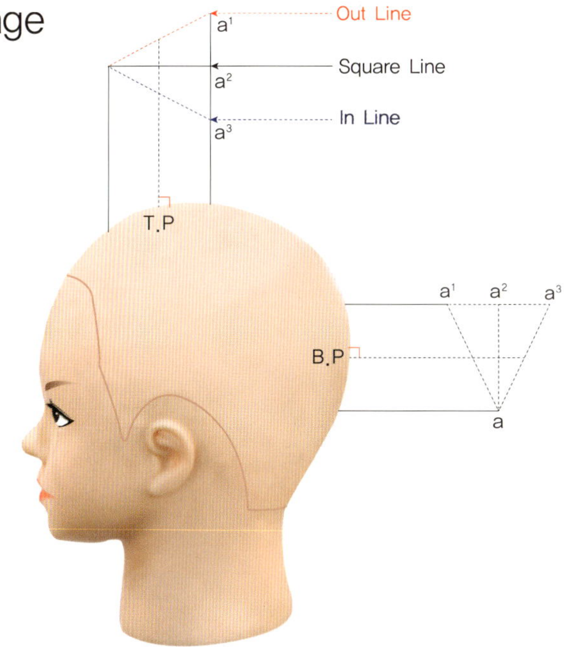

꼭 알고 가자 커트용어

Square Cut

사전적 의미 : 정사각형, 네모진 물건 또는 면

헤어 커트에서의 의미 : 패널에 대해서 직각으로 자른다.

예) B.P 기준, out line, square line, In line

a에서 a^1로 커트시 가벼워진다. ; Out cut

a에서 a^2 커트시 층이 많다. ; Square cut

a에서 a^3로 커트시 무겁다. ; In cut

after

5. Disconnection Style Medium

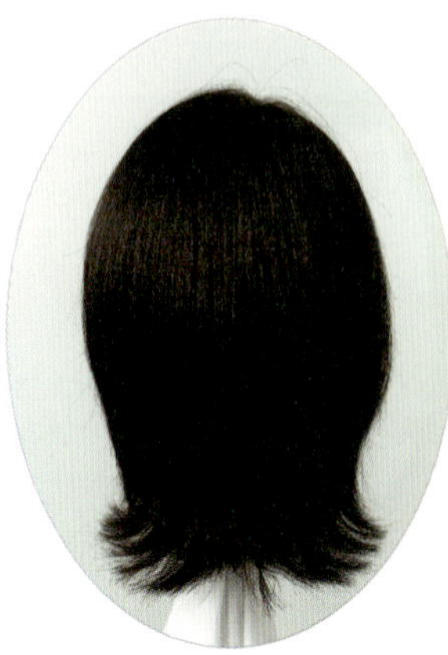

C u t P r o c e s s

1. Section ⇒Two Section
2. Out Line ⇒One Length Form
3. Parting ⇒ Vertical, Daigonal, Pivot Parting
4. Base & Distribution ⇒On the Base, Side Base, Over Direction
5. Angle ⇒ Celestial Angle 0˚, Head Angel 90˚
6. Finger & Comb Position ⇒ Out Line, Square Line
7. Cut Technique ⇒ Point Cut
8. Head Position ⇒ Standard Position

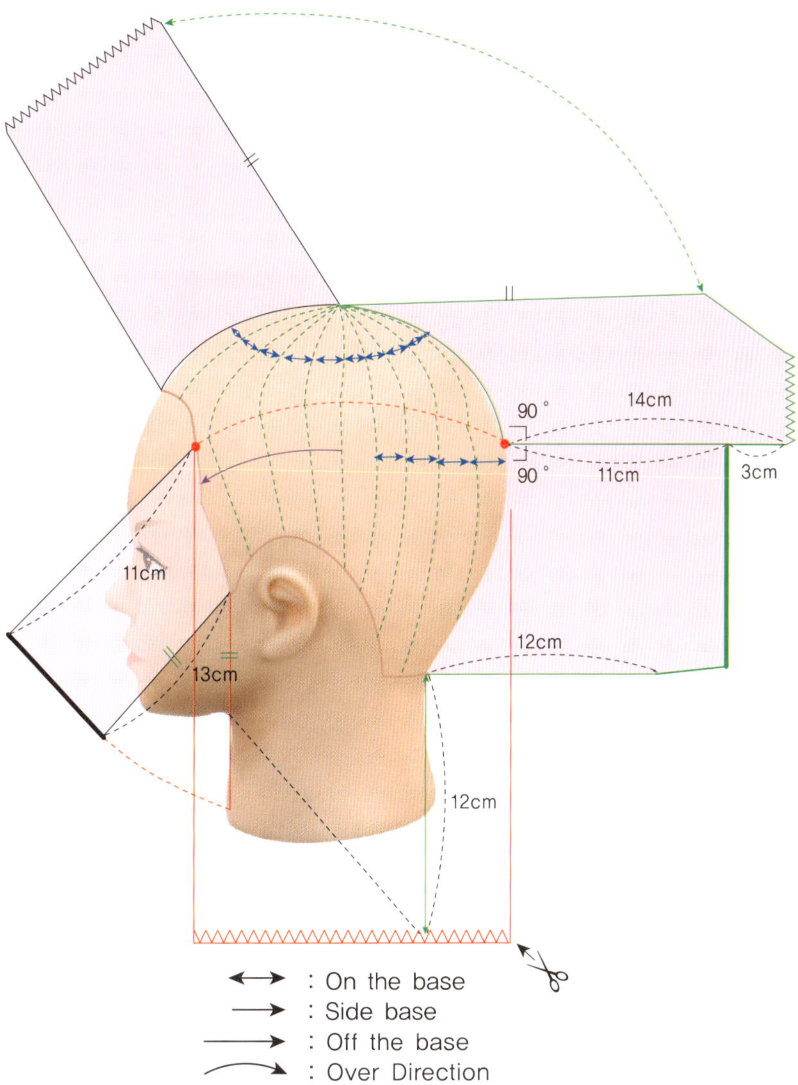

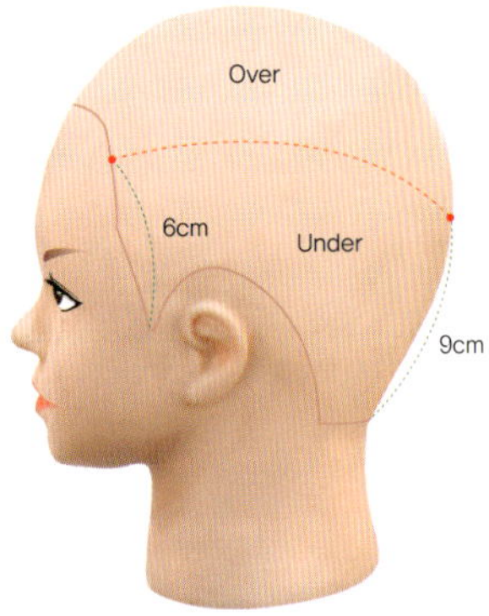

시술 1, 2, 3

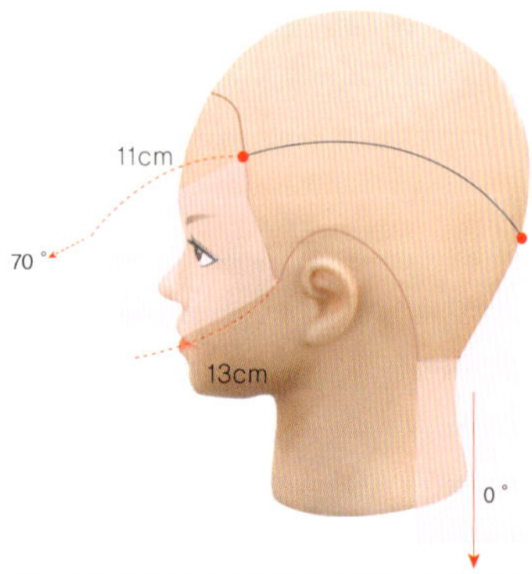

시술 7, 8, 9, 10

point

Natural Fall (자연스럽게 떨어진 상태)에서 point cut로 시술한다.

사이드 부분 시술시 길이는 11cm로 정한다.

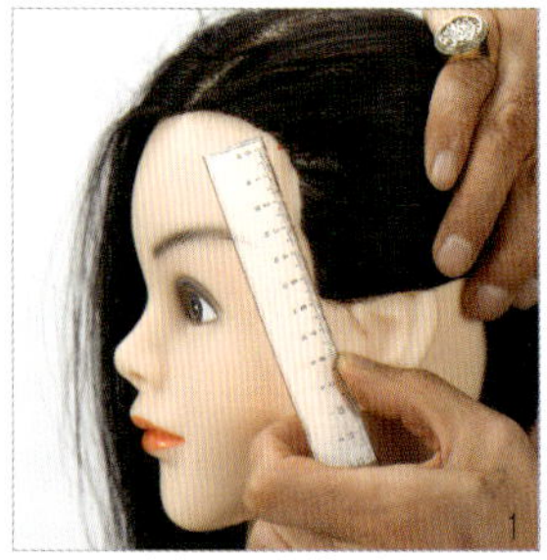

1 S.C.P에서 6cm지점을 설정.

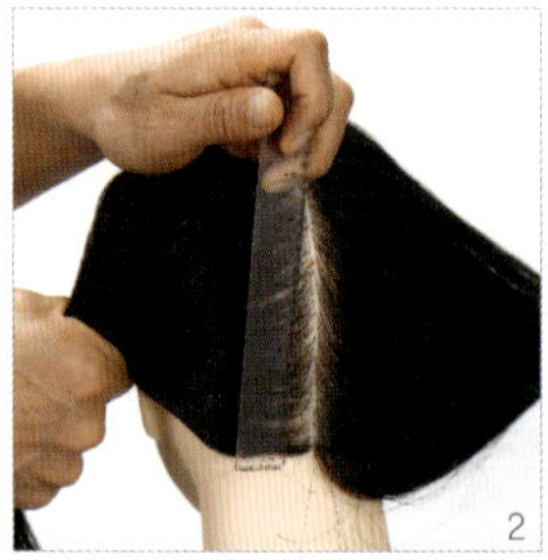

2 N.P에서 B.P까지 9cm 지점 설정.

3 투 섹션으로 나눈 상태.

4 언더섹션과 오버섹션으로 나눌경우 모발의 양을 50:50으로 나눈다.

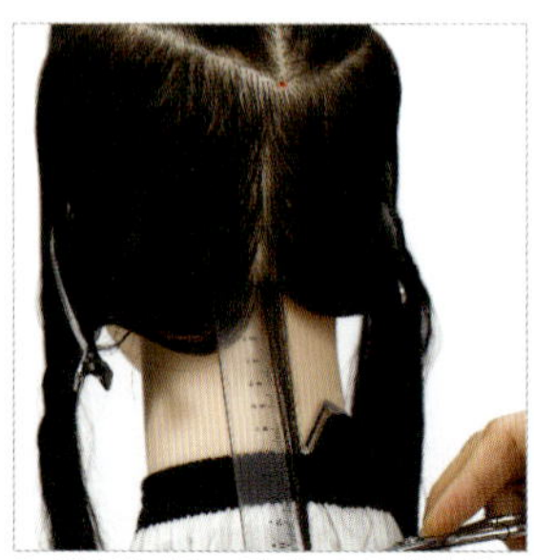

5 최초의 가이드 길이는 N.P에서 12cm로 설정한다.

6 언더섹션의 모발은 포인트 커트로 블록 컷팅한다.

7 언더 섹션 아우트라인 설정이 끝난상태.

8 언더섹션 사이드 첫번째 패널의 아랫부분은 S.C.P에서 13cm로 길이를 설정한다.

9 윗부분은 F.S.P에서 11cm로 길이를 설정한다.

10 언더섹션 사이드 첫번째 패널의 모발을 얼굴에 최대한 붙여서 커트 한다.
why : 패널을 up시킬경우 층이 생길수 있다.

11 두 번째 패널은 첫 번째 판넬을 가이드로 해서 약 3cm정도 up 시켜준다.

12 E.B.P까지 앞으로 당겨서 시술한다.

13 사이드 부분의 시술이 끝난 상태.

14 백 부분의 첫 번째 패널은 버티컬 파팅 온 더 베이스로 시술한다.

15 두 번째 패널은 사이드 베이스로 시술한다.

16 세 번째 패널은 오프 더 베이스로 시술한다.

17 백 부분의 커트가 끝난 상태.

18 백에서 E.P로 갈수록 모발이 점점 길어진다.

19 언더 섹션의 베이스 커트가 끝난 상태.

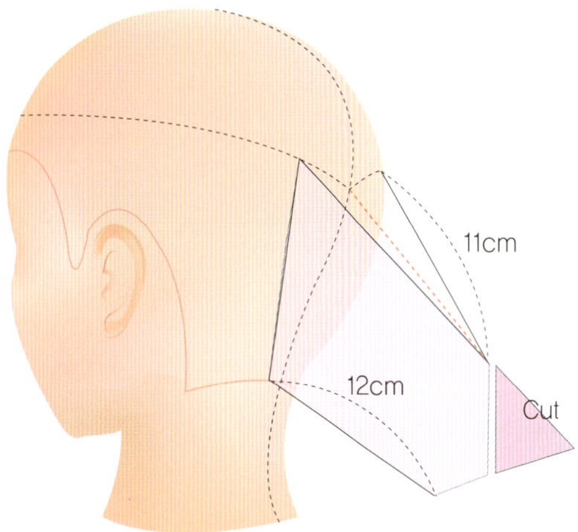

시술 14, 15

point

세 번째 패널은 오프 더 베이스로 시술

백에서 E.P로 갈수록 모발이 점점 길어진다.

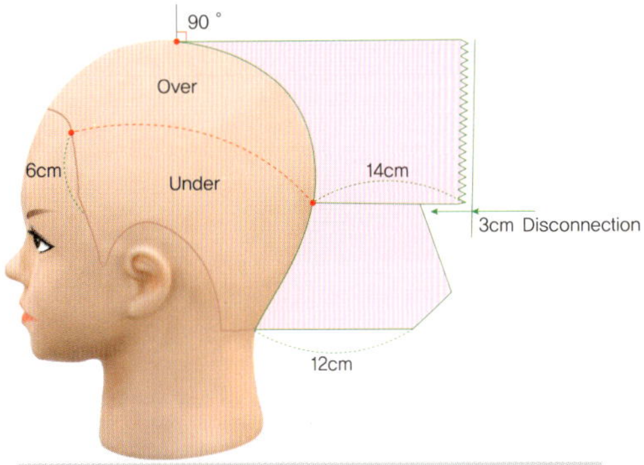

시술 21, 22, 23

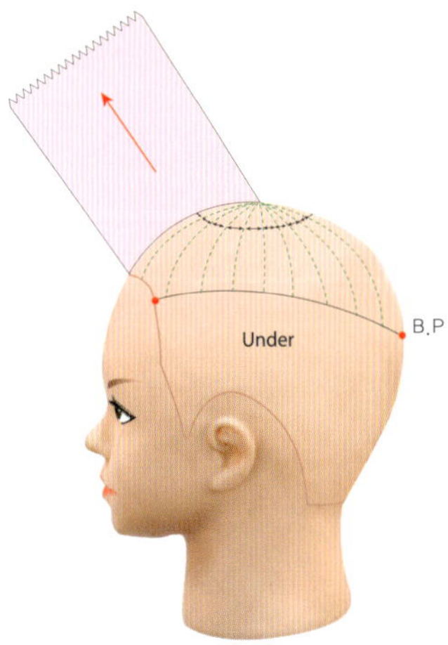

on base로 시술 24

point

언더 섹션보다 약 3cm 정도 길게
디스커넥션 테크닉으로 시술

오버 섹션 시술시 Top의 각도는 0°를 유지

20 오버 섹션 시술시 인터널 가이드 시술시 정확한 파팅을 나누어 준다.

21 오버 섹션의 길이는 14cm로 설정한다.

22 언더 섹션보다 약 3cm 정도 길게 디스커넥션 테크닉으로 시술한다.

23 오버 섹션 시술시 Top의 각도는 0°를 유지한다.

24 오버 섹션에서 두 번째 패널부터는 각도를 up시켜서 시술한다. **why**: 두상은 둥글기 때문에 점점 각도를 up 시켜 줌으로써 자연스러운 커트 형태를 만들 수 있다.

25 오버 섹션 베이스 커트가 끝난 상태.

26 페이스 라인에서 언더 섹션과 오버 섹션의 자연스러운 단차가 생긴다.

27 오버 섹션의 커트라인.

6. Long Layer One Section

커트는 단순한 디자인의 개념을 넘어서 건강하고 윤기있는 모발 안에서 이루어지는 최고의 감각표현이며, 그 표현 자체가 트렌드이다. 질감 처리를 이용한 가벼움과 적당한 텍스처 안에서의 강한 실루엣을 볼 수 있는 커트테크닉의 세계.

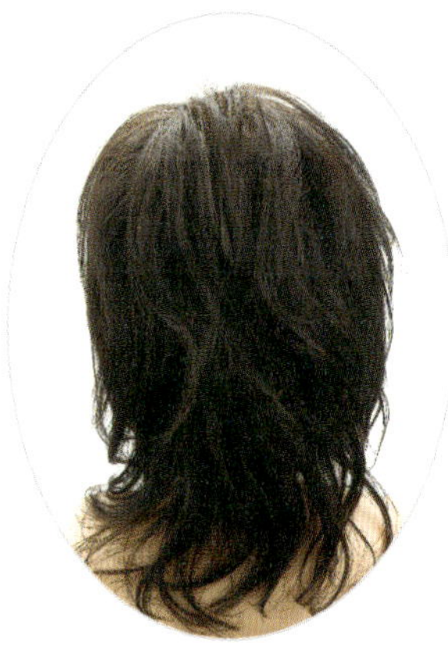

Cut Process

1. Section ⇒ Ear to Ear Section
2. Out Line ⇒ One Length Form
3. Parting ⇒ Pivot Parting
4. Base & Distribution ⇒ On the Base
5. Angle ⇒ Selestial Angle 0˚, Head Angle 0˚, 90˚
6. Finger & Comb Position ⇒ Out Line, Square Line
7. Cut Technique ⇒ Slide Cut. Point Cut
8. Head Position ⇒ Standard Position

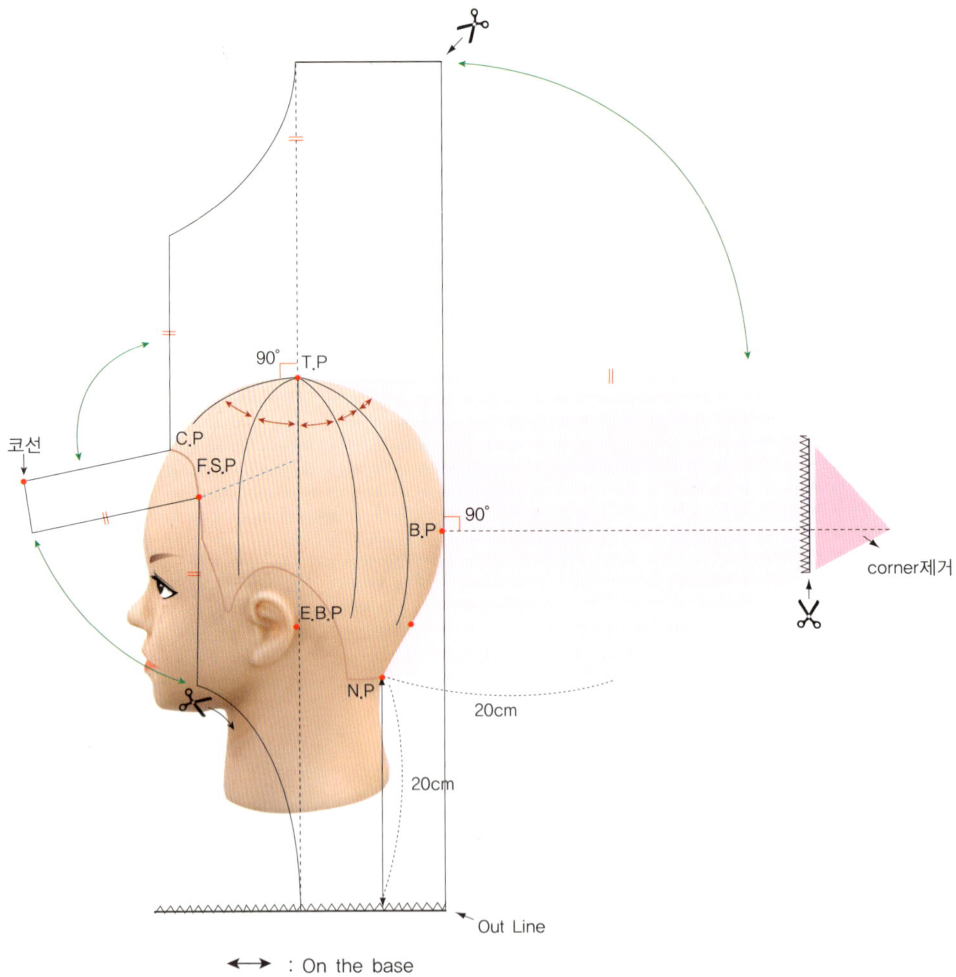

1 Before

2 Nape에서 20cm로 설정한다.

3 아우트라인은 인터널 가이드라인에 맞추어 포인트 커트로 시술한다.

4 뱅을 만들 때 F.S.P를 기준으로 90° 로 모발을 up시켜준다. **why**: 모발이 90° 이하일 때 → 전체적인 이미지가 무겁다. 모발이 90° 이상일 때 → 전체적인 이미지가 가볍다.

5 코 선에 맞추어서 포인트 커트로 시술한다. **주의**: 뱅 시술시 모발의 양이 많을 경우 블런트 커트보다는 포인트로 시술하는 것이 부드럽다.

6 뱅 시술이 끝난 상태 **Point**: 얼굴 중앙을 중심으로 약간의 라운드가 형성되었다.

7 사이드 부분 시술시 빗질이 중요하다. (N.G)

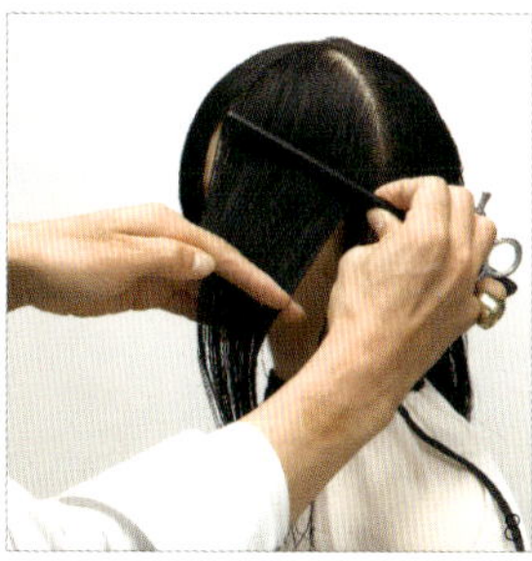

8 빗질을 할 때 C자형이 되도록 한다. (O.K)

9 S.C.P에서 E.B.P까지 슬라이드 커트로 연결한다. **주의**: 이때 모발은 중력에 의한 각도로 시술한다.(즉 모발이 지면으로 다운된 상태)

10 잡고 있는 패널은 처음 각도를 끝까지 유지한다.

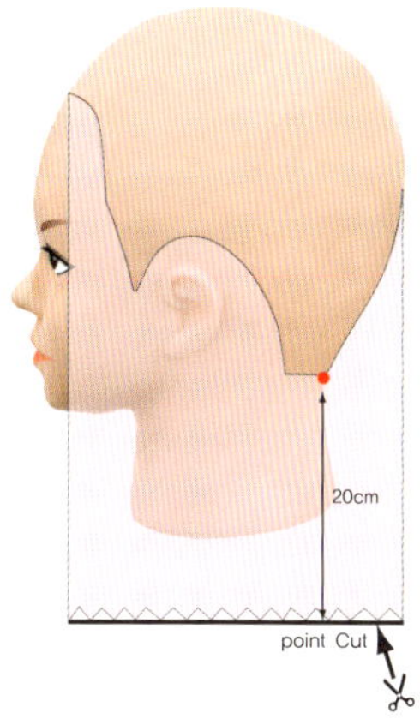

시술 2, 3

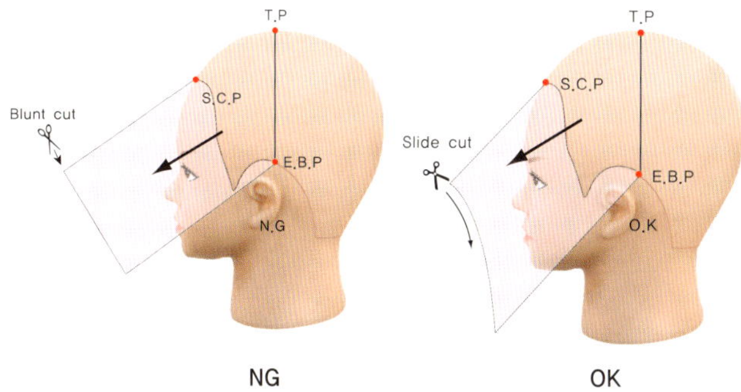

시술 9, 10, 11, 12, 13

point

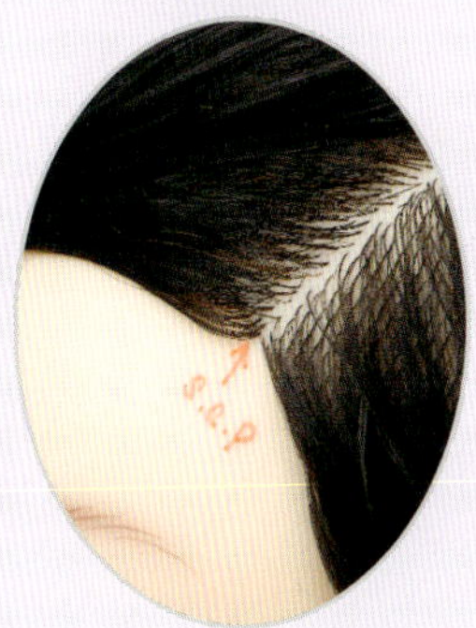

양쪽의 F.C.P의 위치를 확인한다.

T.P에서 90° 로 up시켜서 시술한다.

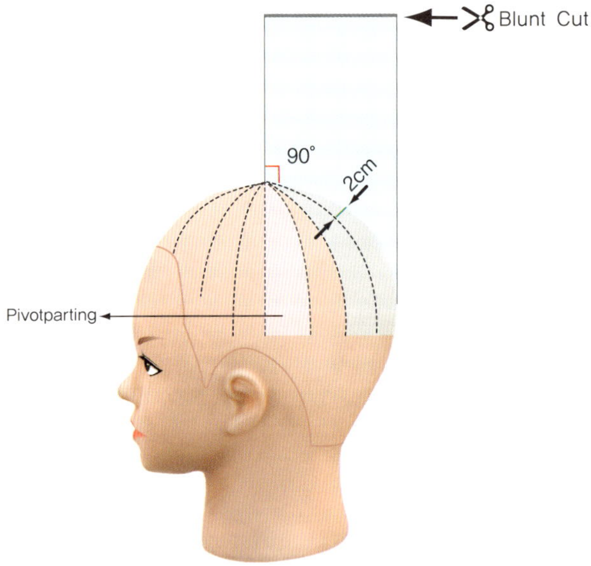

시술 17, 18, 19

point

백 부분의 corner 제거시 90˚ 로 유지한다.

Top에 Volume감을 주기 위해서
Dry 후 Effect Technique으로 시술

11 한쪽 부분 커트가 끝난 상태

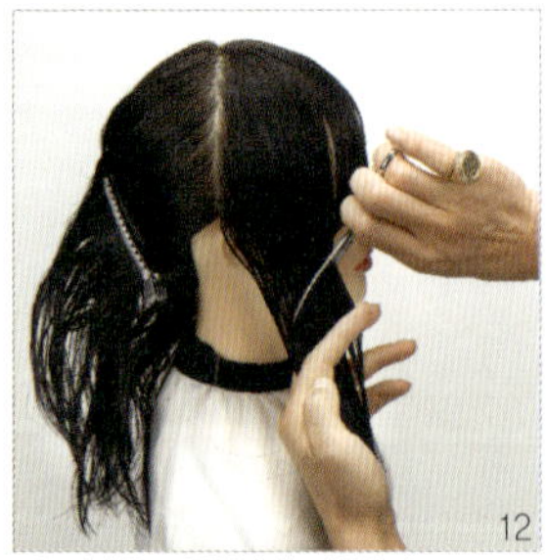

12 반대쪽도 동일하게 시술한다.

13 각도를 모발끝까지 유지한다.

14 커트가 끝난 상태

15 오버섹션에서 T.P의 가이드는 90˚로 들어서 길이를 설정한다.

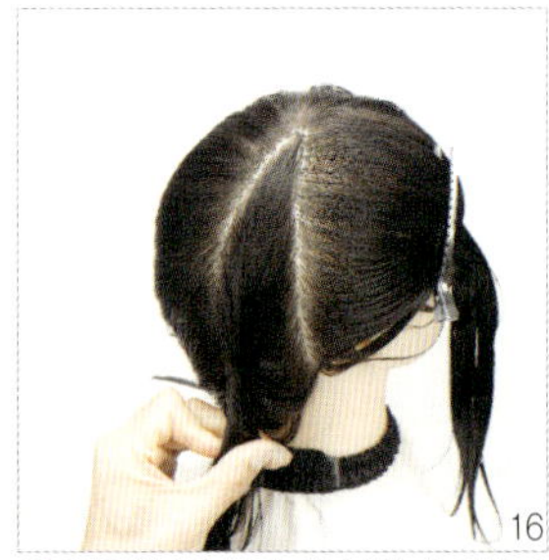

16 T.P에서 두 번째 패널 시술시 피봇 파팅으로 나눈다. **why** : 오버 섹션 부분은 두상이 둥글기 때문에.

17 베이스 커트가 끝난 상태

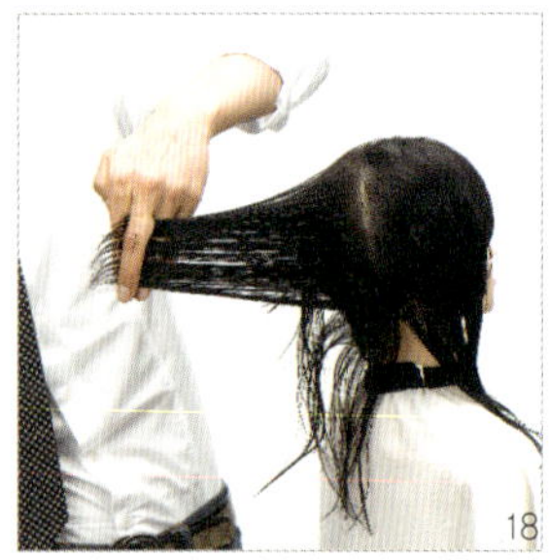

18 백 부분의 무게감과 자연스러운 연결을 하기 위해서 B.P에서 90˚ 로 모발을 잡고 커트한다.

19 corner 제거가 끝난 상태.

20 커트가 끝난 상태(정면)

21 커트가 끝난 상태(측면)

22 드라이어 후 사이드부터 질감 처리한다.

23 질감처리시 파팅은 후대각으로 나눈다.

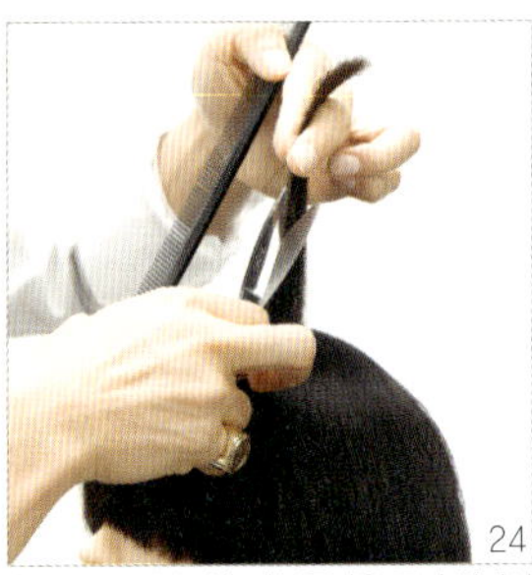

24 TOP부분 시술시 볼륨감을 주기 위해서 그라쥬에이션의 형태로 질감처리를 한다.

25 끝 부분의 모량 조절시 모발을 부채꼴로 펼쳐서 시술한다. **why** : 모발 끝 부분을 모아서 시술시 형태선을 제거할 수 있다.

26 뱅 부분 시술시 슬라이드로 커트한다.

27 모속의 모량 제거시 풀링 테크닉으로 시술한다.

28 커트가 끝난 상태

29 아이론으로 스타일링한다.

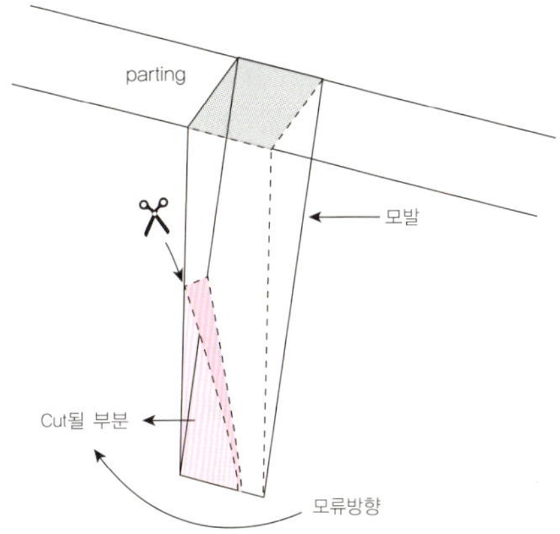

시술 25,26

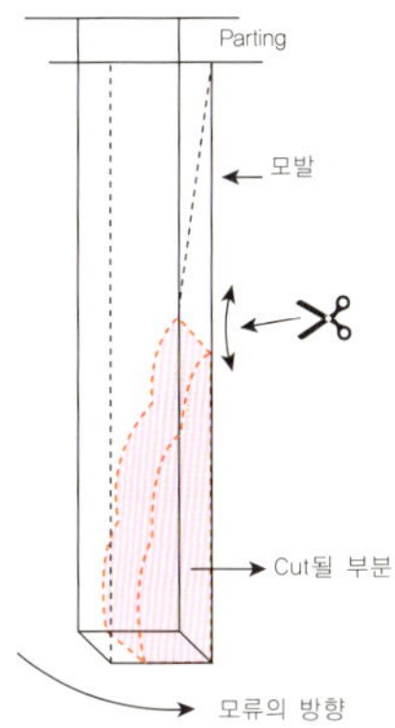

시술 27

7. Long Layer Two Section

살롱에서 가장 아름답게 고객의 니즈를 만족시키는 커트 기법. 다양한 디자인과 멋진 테크닉으로 앞서가는 스타일을 창조해 내는 것이 디자이너로서의 의무. 적당한 가벼움과 적당한 텍스처 안에서 나타내는 아름다운 스타일의 세계.

Cut Process

1. Section ⇒ Round Section
2. Out Line ⇒ Isadora Form
3. Parting ⇒ Daigonal Pivot Parting
4. Base & Distribution ⇒ On the base
5. Angle ⇒ Head Angle 0˚, 90˚
6. Finger & Comb Position ⇒ Square Line
7. Cut Technique ⇒ Point Cut, Blunt Cut
8. Head Position ⇒ Standard Position

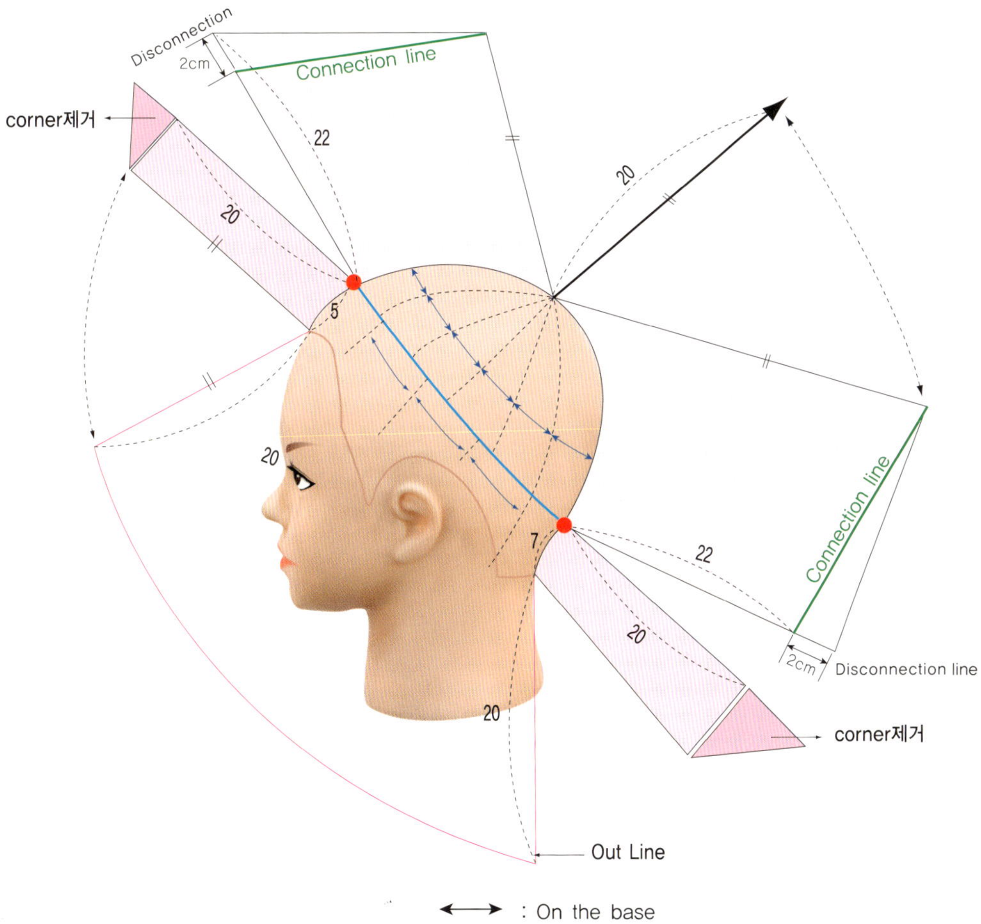

1 Before

2 C.P에서 5cm 위치를 확인한다.

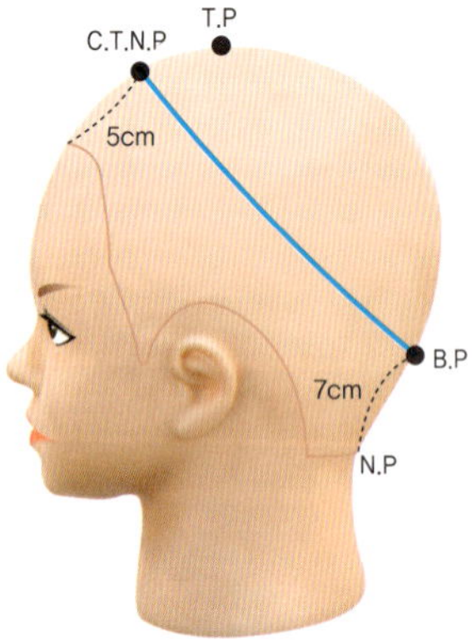

시술 2, 3, 4 정확한 길이 확인

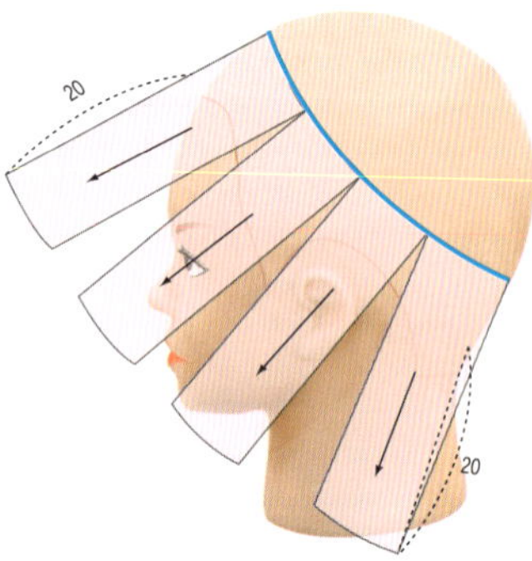

Under Section에서 빗질과 각도가 중요
시술 5, 6, 7, 8, 9, 10, 11

point

N.P의 길이를 20cm 길이로 설정

3 N.P에서 7cm지점에서 섹션을 나눈다.

4 Round Section으로 나눈다.

5 C.P의 길이를 20cm로 설정한다.

6 N.P의 길이를 20cm 길이로 설정한다.

7 C.P부터 시술을 하면 패널 각도는 0° 를 유지한다.

8 첫 번째 가이드로 설정한 길이를 확인한다.

9 각도를 유지하면서 포인트 커트로 진행한다.

10 사이드 부분 시술시 패널의 각도를 직각으로 유지한다. **why**: 사이드에서 빗질의 각도가 다르면 전체적인 길이의 변화가 생길 수 있다.

11 다음 패널 빗질도 직각을 유지한다.

12 E. P부분에서 시술시 각도에 주의한다. (90°)

13 B.P시술시 빗질과 각도에 주의한다.

18 B.P에서 모발을 20cm로 설정한다.

23 오버 섹션 부분에서 첫 번째 패널 시술시 C.P에서 B.P까지 2cm 폭으로 나눈다.

24 T.G.M.P의 길이를 20cm로 가이드를 설정한다.

14 한쪽 부분의 베이스 커트가 끝난 상태
Point: 섹션의 형태선과 동일한 Out Line이 만들어진다.

19 패널은 버티컬 파팅으로 잡고 코너를 제거한다.

15 반대쪽도 동일한 방법으로 진행한다

20 사이드 부분 시술시 파팅은 사선(Diagonal)으로 진행한다.

16 베이스 커트가 끝난 상태 (Out Line 완성

21 사이드 부분 시술시 패널의 각도는 90˚를 유지한다.

17 C.P에서 모발을 20cm로 설정한다.

22 언더 섹션의 커트가 끝난 상태(베이스 커트보다 가벼움을 볼 수 있다).

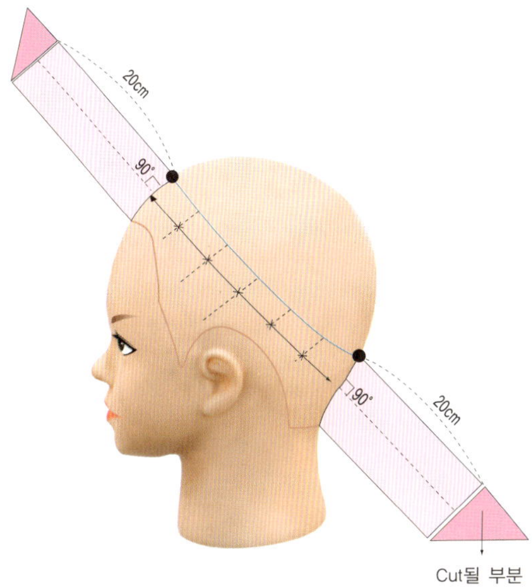

Under Section 시술시 길이와 각도 유지
시술 17, 18, 19

point

오버 섹션 부분에서 첫 번째 패널 시술시
C.P에서 B.P까지 2cm 폭으로 나눈다.

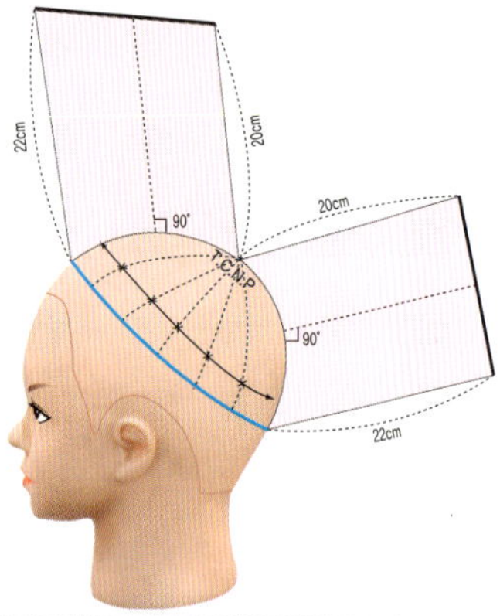

Out Section 시술시 길이를 정확히 시술
시술 24, 25, 26, 27, 28, 29

point

T.G.M.P와 B.P에서 가이드를
설정한 부분을 연결한다.

after

25 오버섹션은 B.P에서 길이는 22cm로 가이드를 설정한다.

29 C.P와 동일한 방법으로 커트한다.

26 C.P길이는 22cm로 가이드를 설정한다.

30 파팅은 방사상(Pivot)으로 진행한다.

27 T.G.M.P와 B.P에서 가이드를 설정한 부분을 연결한다.

31 베이스 커트가 끝난 상태

28 오버 섹션의 첫 번째 패널의 커트가 끝난 상태

32 슬라이드 테크닉으로 양감과 질감을 처리한다.

8. Medium Layer Disconnection

아름다움은 새롭게 창조해 나가는 예술, 헤어스타일 하나로 자신의 스타일을 맘껏 변형해 나가는 것도 하나의 노하우, 살롱커트는 진지하게 때로는 심오하게 손쉽게 만들어 낼 수 있는 스타일의 세계를 열어 준다. 가장 아름다운 머리는 자신의 스타일에 가장 잘 어울리는 것임을 다시 한 번 일깨워 주는 살롱커트의 베이직.

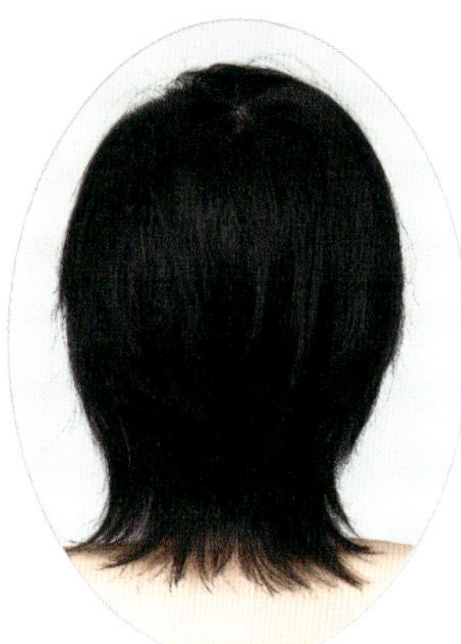

C u t P r o c e s s

1. Section ⇒ Round Section
2. Out Line ⇒ Isadora Form
3. Parting ⇒ Daigonal Pivot Parting
4. Base & Distribution ⇒ On the base. Side base. Off the base
5. Angle ⇒ Head Angle 0˚, 90˚
6. Finger & Comb Position ⇒ Square Line
7. Cut Technique ⇒ Point Cut . Blunt Cut
8. Head Position ⇒ Standard Position

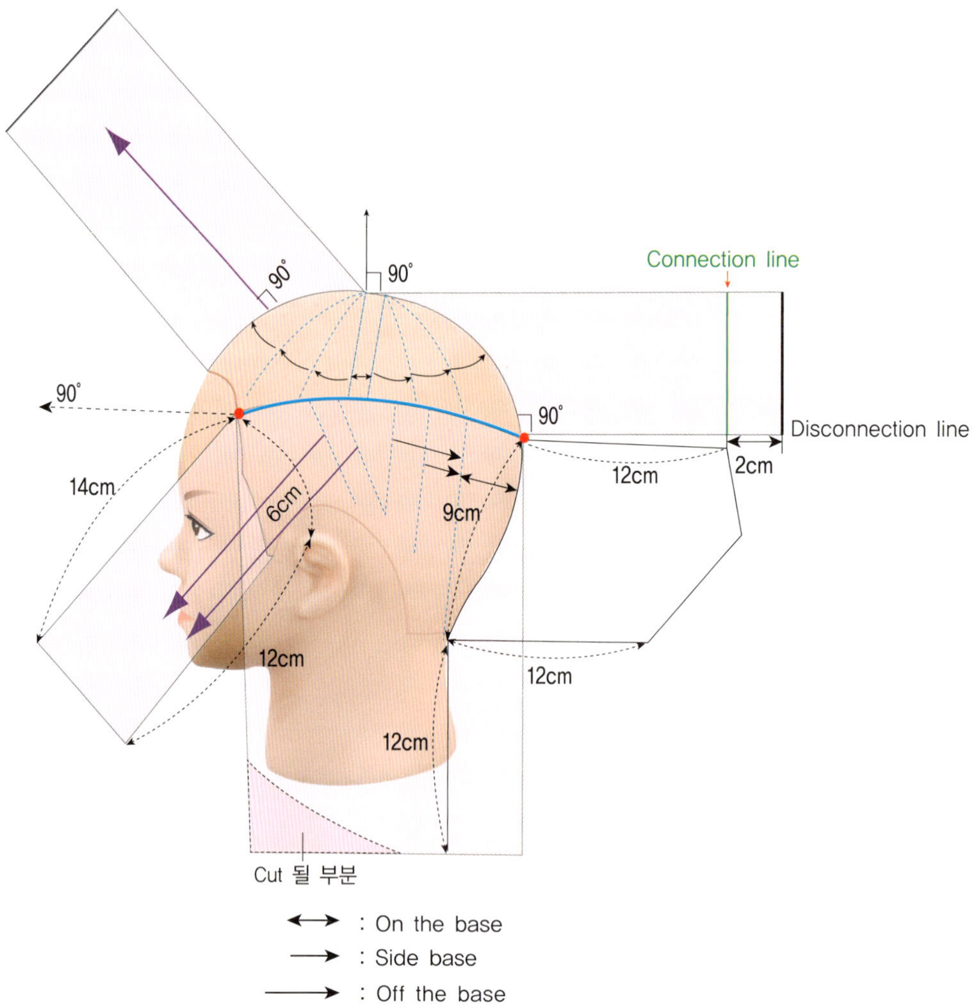

1 Before

2 N.P에서 B.P까지의 길이는 9cm로 설정한다. **why**: 두상을 Two Section으로 나눌 때 가장 효율적인 비율은 50:50이 좋다.

3 S.C.P에서 F.S.P까지의 길이는 6cm로 설정한다.

4 N.P의 길이는 12cm로 설정한다.

5 아우트 라인은 포인트 커트로 시술한다.

6 아우트 라인 시술이 끝난 상태.
Point 사이드 부분의 길이가 뒤로 빗질했을 때 조금 더 길어진 것을 볼 수 있다.

7 페이스 라인의 언더 섹션은 패널의 폭이 얇게 나눠 준다. **Point**: Daigonal Parting

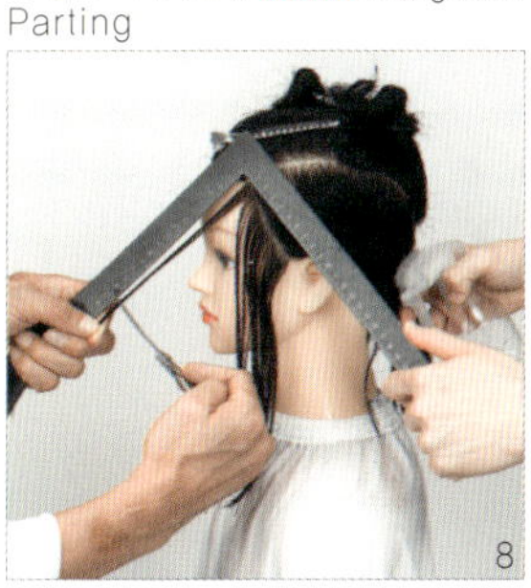
8 첫 번째 패널 시술시 가이드를 설정한다. (14cm)

9 그림과 동일하게 시술한다. (12cm)
why: 사이드 부분은 약간의 무게감을 주기 위해서

10 시술의 각도는 45° 유지한다.

11 반대쪽도 동일하게 시술한다.

12 시술 위치는 손가락이 턱 선에 붙어 있는 위치이다.

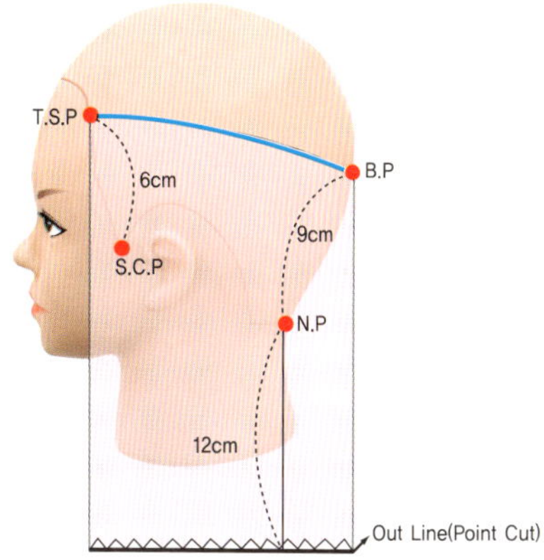

시술 2, 3, 4, 5, 6

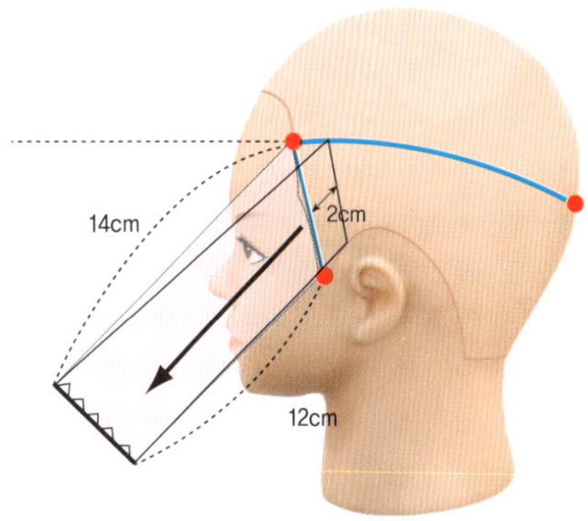

시술 7, 8, 9, 10

point

사이드 부분의 길이가 뒤로 빗질했을 때
조금 더 길어진 것을 볼 수 있다.

13 사이드 부분의 시술이 끝난 상태

14 백 부분 첫 번째 패널은 버티컬 파팅, 온 더 베이스로 시술한다. 백 포인트에 대한 90°를 유지한다. 모발의 길이는 12cm로 설정한다.

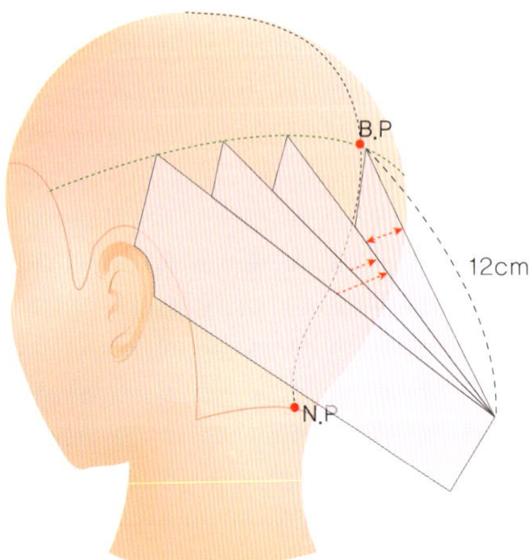

시술 14, 15, 16

point

언더 섹션보다 약 2cm 길게 커트한다.

15 언더섹션 첫번째 패널의 시술이 끝난상태.

16 언더섹션 두 번째 패널은 사이드 베이스로 시술한다.

17 백 쪽으로 당겨서 시술한다.
why : 이어 포인트와 햄라인의 길이를 유지하면서 어깨선의 무게감을 남기기 위함.

18 오버 섹션 시술시 T.P에서 E.P까지 세로 섹션을 나눈다.

19 TIP:오버 섹션에서 앵글은 B.P에서 90°, T.P에서 0° 유지한다.

20 언더 섹션보다 약 2cm 길게 커트한다.

21 오버섹션에서 나머지 부분은 예각 삼각형으로 나눈다.

22 두 번째 패널은 사이드 베이스로 진행한다.

23 앞쪽으로 갈수록 점점 길어진다.

24 이어 포인트에서 센터 포인트까지 예각삼각형으로 나눈다.

25 E.P에서 C.P까지는 모든 패널을 T.P기준 45˚로 잡는다.

26 오버섹션에서 프론트 방향으로 진행 할수록 패널을 up시켜서 커트한다.

27 오버 섹션의 섹션 커트가 끝난 상태

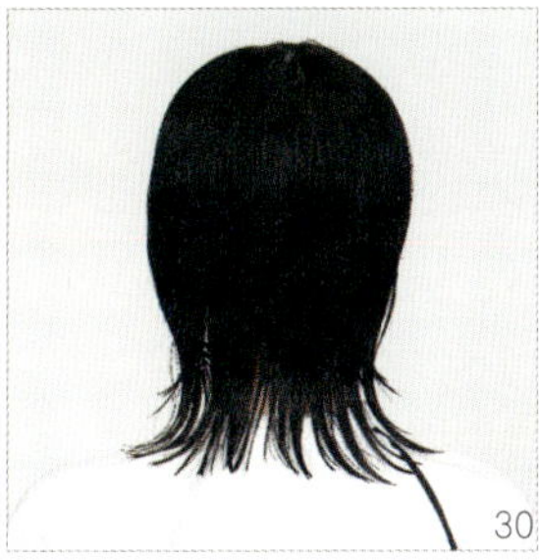

30 섹션 커트가 끝난 상태.

31 브로우 드라이 후 존 커트 시술.
why : 모발이 젖은 상태에서는 모량과 방향성을 정확하게 알 수 없기 때문이다.

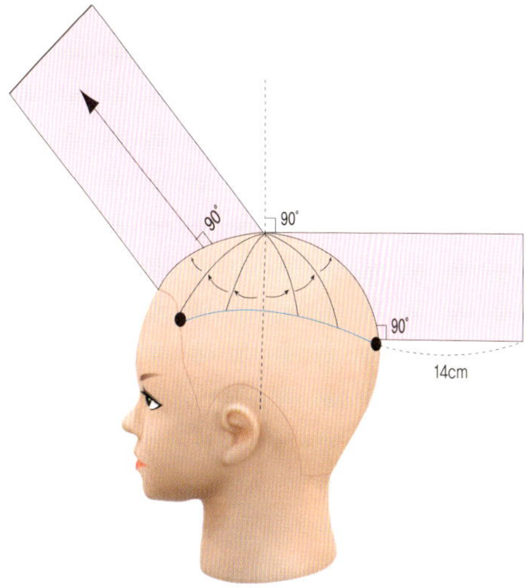

시술 19~28

9. Medium Graduation & Graduation

자신의 스타일에 가장 잘 어울리는 헤어스타일을 찾는다는 것은 결코 쉬운 일이 아니다. 친절하고 세밀한 살롱 테크닉의 진수를 보여주는 살롱 스타일의 정석. 고객의 두상형태나 전반적인 스타일을 진단하여 최상의 스타일을 찾아내는 작업을 통해 한 걸음 더 발전할 수 있을 것이다.

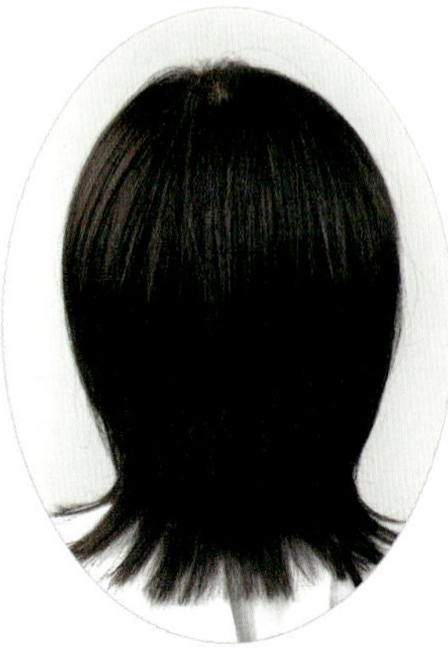

Cut Process

1. Section ⇒ Two Section
2. Out Line ⇒ One Length Form
3. Parting ⇒ Vertical Pivot Parting
4. Base & Distribution ⇒ On the base → Over Direction
5. Angle ⇒ Celestial Angle 0˚, Head Angle 0˚, 45˚, 90˚
6. Finger & Comb Position ⇒ Square Line
7. Cut Technique ⇒ Point Cut .
8. Head Position ⇒ Standard Position

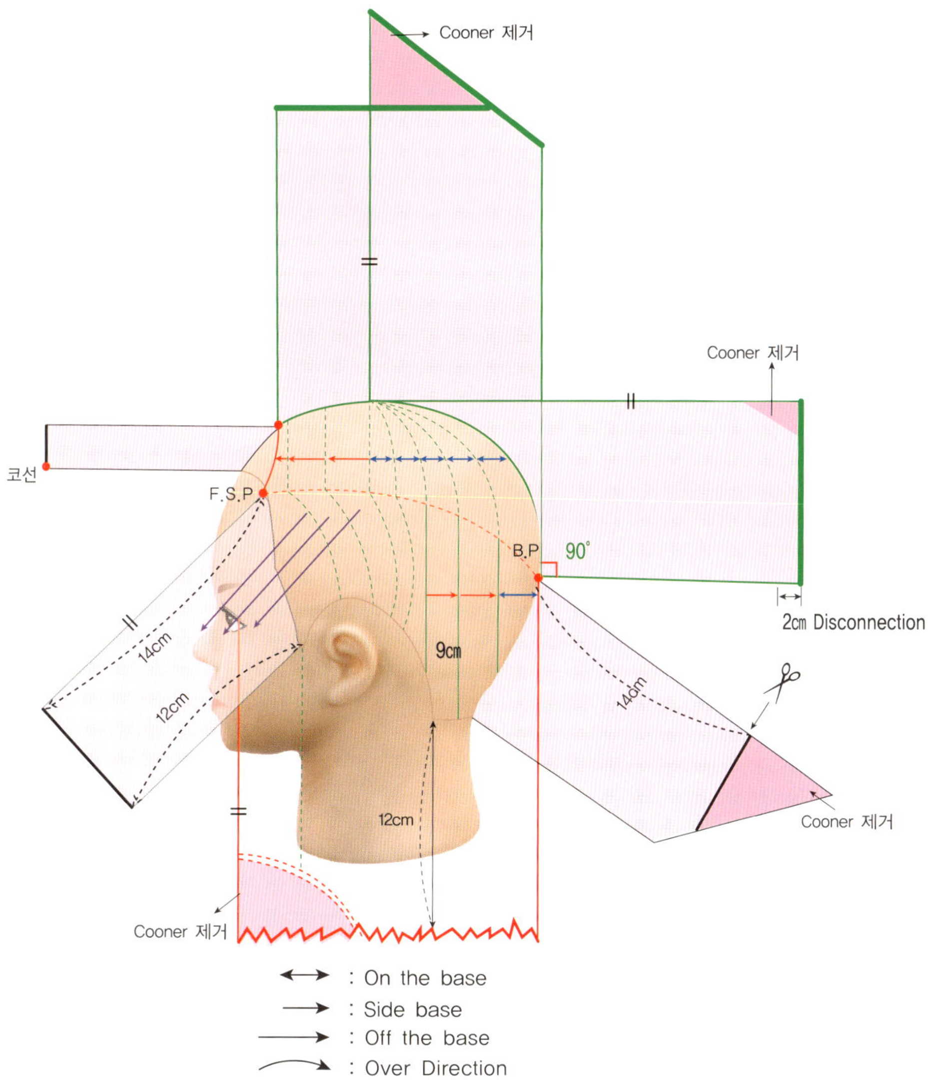

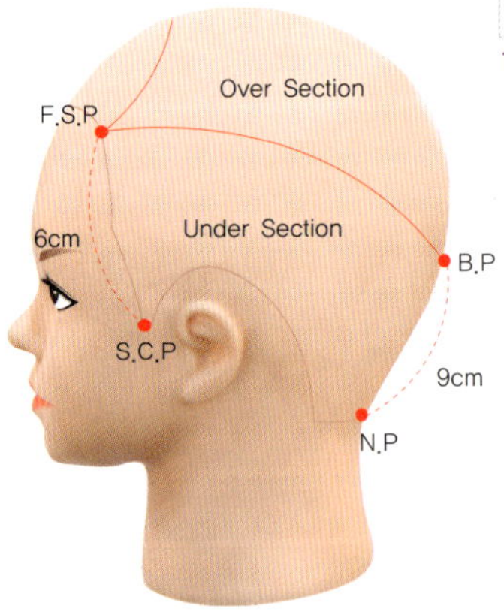

시술 2, 3

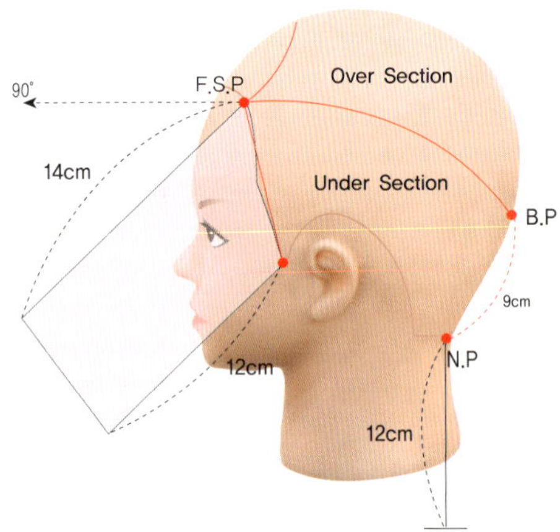

시술 5, 6, 7

point

언더 섹션의 사이드 부분의 첫 번째 패널의 길이는 14cm로 설정한다. **key point** : 사이드 부분의 시술시 다이아고날 파팅으로 시술하면 부드러운 커트라인을 만들 수 있다.

1 Before

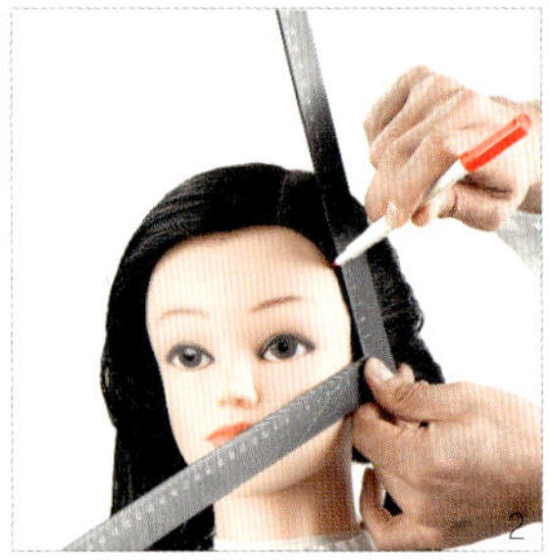

2 S. C. P에서 B. P까지 투 섹션

3 백 부분의 섹션 시점은 N.P에서부터 B. P의 9cm 부분. **why** : 모든 디자인은 황금 비율이 있다. 헤어 디자인에 있어서도 가장 합리적인 비율은 언더 섹션과 오버 섹션의 비율이 50:50이 가장 이상적이다.

4 프론트 섹션은 가르마의 위치에 따라 좌, 우의 밸런스를 결정한다.

5 N. P에서 아우트 라인의 길이는 12cm로 결정한다. **why** : N. P의 길이가 12cm 일 때 가장 이상적인 미디엄 스타일이 된다.

6 아우트 라인은 포인트 커트로 시술한다.

7 아우트 라인 시술이 끝난 상태.
주의 : 사이드 부분의 모발은 뒤로 당겨서 시술한다.

8 언더 섹션의 사이드 부분의 첫 번째 패널의 길이는 14cm 로 설정한다.
key point : 사이드 부분의 시술시 다이아고날 파팅으로 시술하면 부드러운 커트 라인을 만들 수 있다.

9 S. C. P가이드와 F. S. P의 가이드라인을 설정한 후 연결한다.

10 두 번째 패널 시술시 주의점은 첫 번째 시술한 위치에서 커트를 해야 한다.

11 사이드 부분의 커트가 끝난 상태.

12 양쪽 사이드의 시술이 끝난 상태.

13 백 부분의 첫 번째 패널의 가이드는 14cm로 설정한다.

14 첫 번째 패널은 온 더 베이스로 시술한다.

15 백부분 시술각은 45° **why** : 그라쥬에이션의 형태를 만들기 위함이다.

16 E. P의 모발을 첫 번째 패널 위치에서 시술한다. **why** : 어깨선에 무게감을 남기면서 목선을 감싸주기 위함이다.

17 언더 섹션 커트 후 테크시 양쪽이 점점 더 길어진다.

18 오버 섹션 시술시 T. P에서 E. B. P까지 이어 투 이어 섹션을 나눈다.

19 백에서 90° 로 패널을 잡는다.

20 2cm 단차의 디스커넥션 커트

19~22 언더 섹션보다 오버 섹션을 약 2cm 길게 디스커넥션 커트한다.

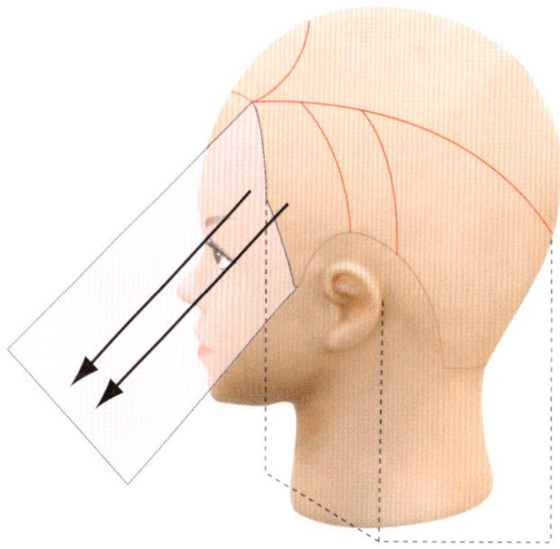

시술 8, 9, 10

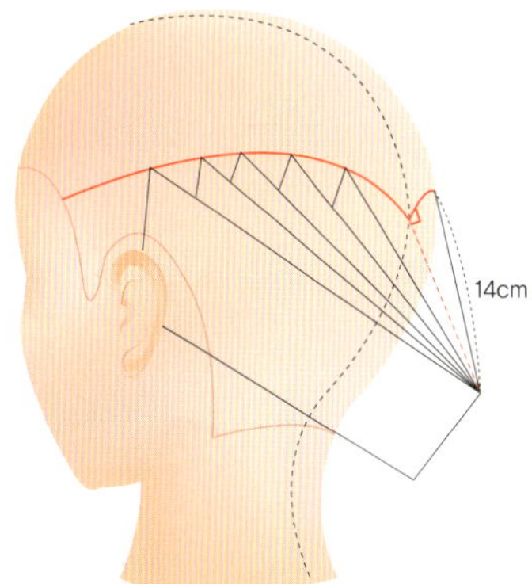

시술 13, 14, 15, 16

point

언더 섹션보다 약 2cm 길게 커트한다.

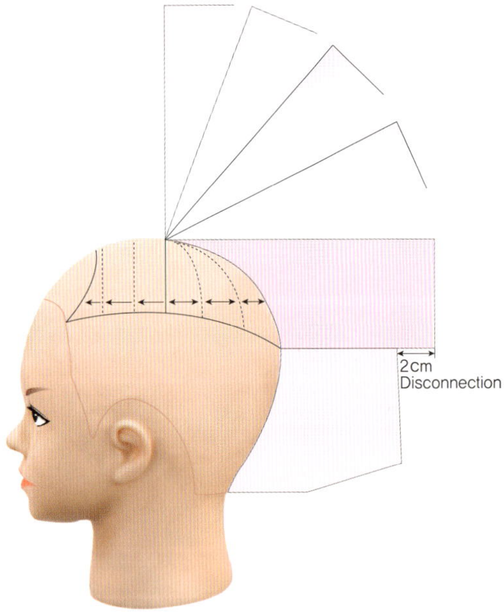

시술 23, 24, 25

22 오버 섹션의 파팅은 피봇파팅으로 나눈다.

23 앞쪽으로 갈수록 시술 각도를 조금씩 들어서 시술한다.

24 오버 섹션의 사이드 부분은 버티컬 파팅으로 나눈다.

25 오버섹션 사이드 부분 두 번째 패널은 앞으로 당겨서 시술한다.

26 T. P에서 모발을 90˚로 들어서 체크한다.

27 프론트 섹션의 가이드는 코 선이다.

28 45˚ 들어서 코너를 제거한다.

29 브로우 드라이 후 질감과 양감을 조절한다.

30 전체적인 양감조절과 율동감을 주는 테크닉을 사용한다.

10. Medium

One Section

진정한 헤어스타일은 살롱을 찾아온 고객들에게 그 사람의 이미지에 맞게 연출하는 것이 가장 중요한 일이다. 특히 오피스 걸의 이미지는 단정하면서도 고급스러움이 강조되어야 한다. 이런 경우에 시술시 아웃트 라인에서 무게감을 남겨두면서 내추럴 컬로 시술하는 것이 조화롭다.

Cut Process

1. Section ⇒ Multi Section
2. Out Line ⇒ Isadara Form
3. Parting ⇒ Vertical Parting, Pivot Parting
4. Base & Distribution ⇒ On the base, side base
5. Angle ⇒ Head Angle 0˚, 20˚, 45˚, 90˚
6. Finger & Comb Position ⇒ Square Line, In Line
7. Cut Technique ⇒ Blunt Cut.
8. Head Position ⇒ Standard Position

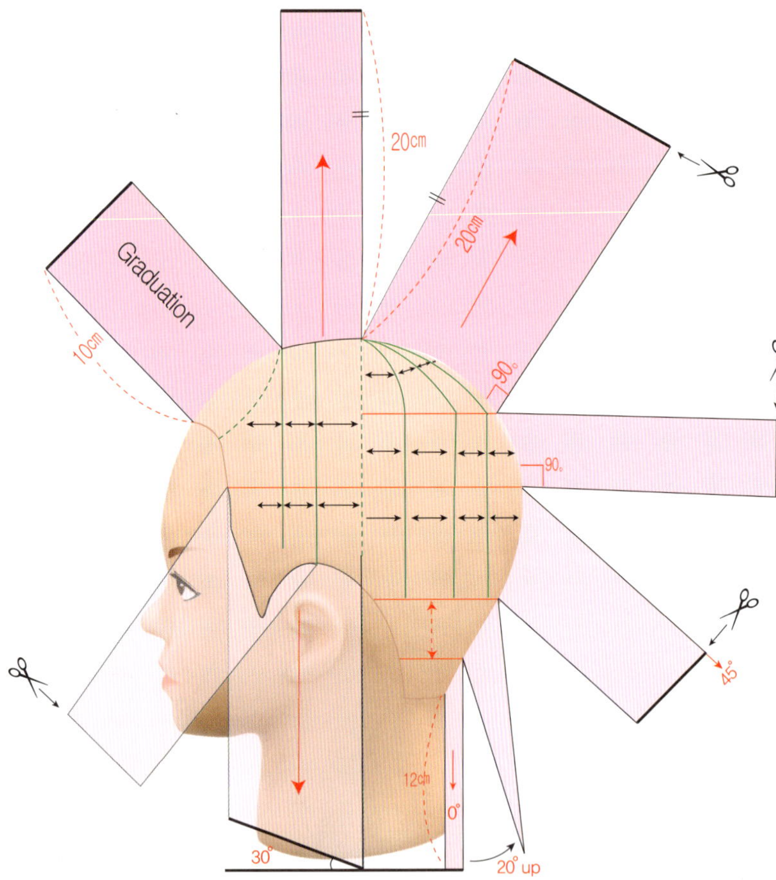

⟶ : Side base

⟷ : On the base

1 Before

2 백부분의 첫 번째 섹션은 호리존탈로 나눈다.

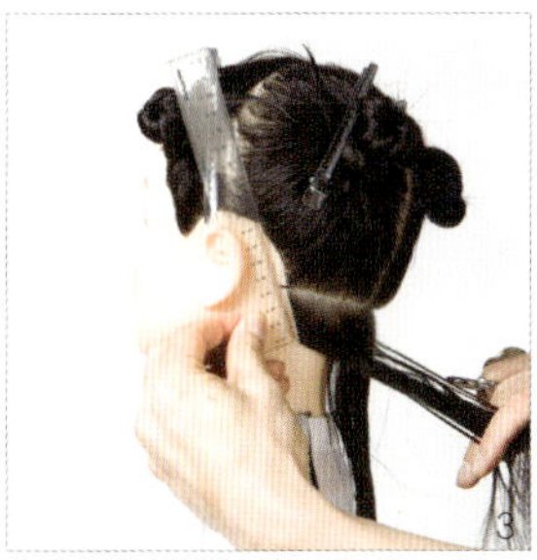

3 첫 번째 섹션은 네이프에서 3cm로 한다.

4 네이프에서 12cm 위치에 가이드를 설정한다.

5 두 번째 섹션의 폭도 약 3cm로 나눈다.

6 두 번째 섹션은 약 20° 정도 업 스템 시켜서 커트한다. **why** : Low Graduation을 만들기 위해서이다.

7 두 번째 섹션의 커트가 끝난 상태.(114)

8 세 번째 섹션의 폭을 4~5cm로 나눈다.

9 시술각은 45° 로 유지한다.

10 커트라인은 로 그라쥬에이션의 형태를 만들기 위해서 시술각도는 인커트한다.

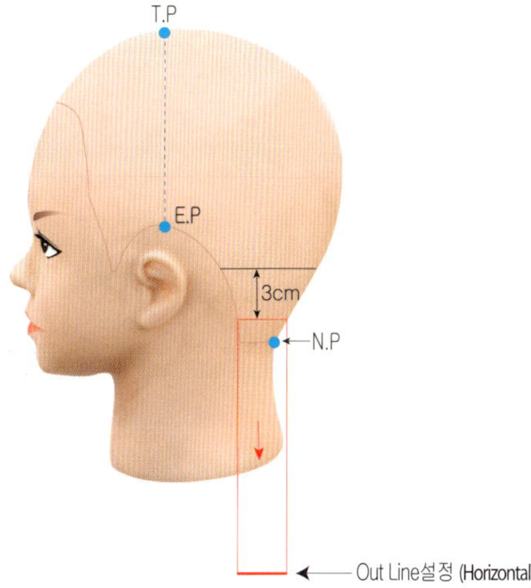

시술 2, 3, 4

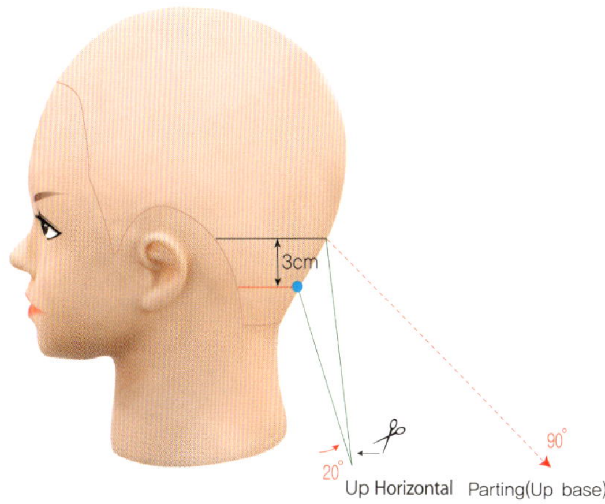

시술 5, 6

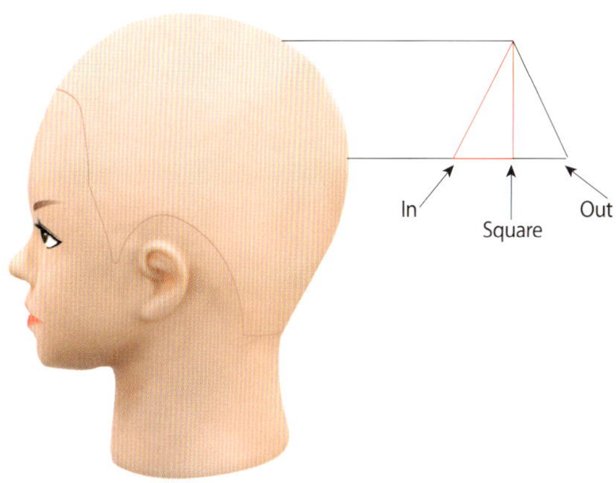

시술 10

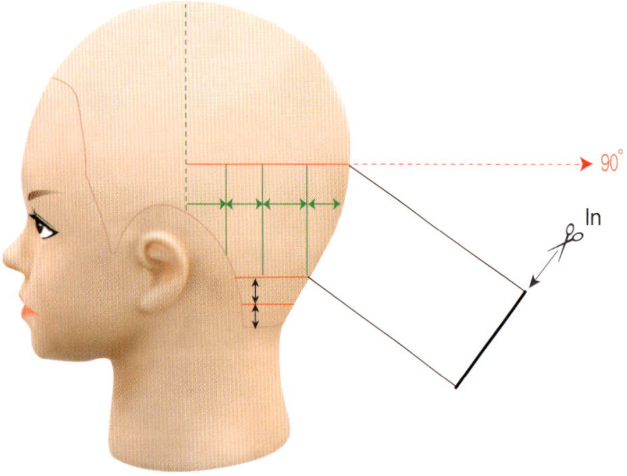

시술 7, 8, 9, 11

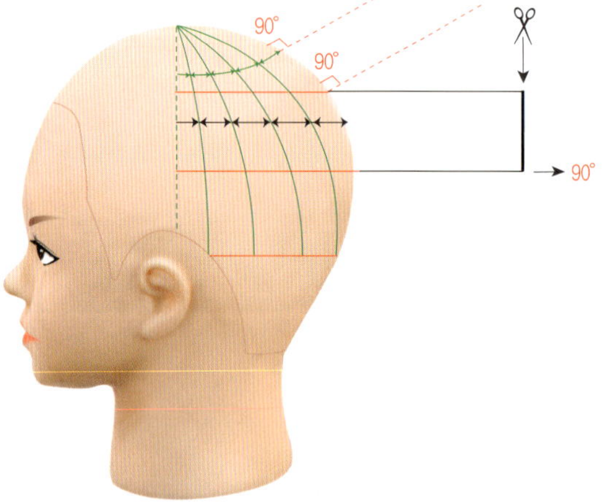

시술 12, 13, 14, 15, 16, 17, 18

11 이어 포인트에서 길이 유지를 위해서 사이드 베이스로 시술한다.

16 네 번째 시술이 끝난 상태이다.

12 세 번째 섹션 시술이 끝난 상태.

17 다섯 번째 섹션은 T. P에서 2cm 폭으로 나눈다.

13 네 번째 섹션의 폭도 4~5cm로 나눈다.

18 패널에 대해서는 90˚를 유지한다.

14 시술각은 60˚로 유지한다.

19 다섯 번째 시술이 끝난 상태.

15 커트라인은 스퀘어 라인으로 커트 한다.

20 사이드 부분 시술시 백 부분의 세 번째 섹션의 위치에서 나눈다.

20 호리존탈로 시술한다. 사이드 부분의 아우트 라인의 형태선은 이사도라 커트로 한다.

21 사이드 부분의 두 번째 섹션은 버티컬 파팅으로 나눈 후 시술각 60˚

22 시술이 끝난 상태.

23 C. P에서 T.P까지 2cm 폭으로 나눈다.

24 T. P의 길이는 20cm로 설정한 후 시술각은 T.P 90˚로 한다.

25 그림처럼 T. P에서 스퀘어로 커트한다.

26 Head Angle 90˚로 유지 후 코너를 제거한다.

27 C. P의 길이는 10cm로 설정한다.

28 사이드 부분의 시술이 끝난 상태.

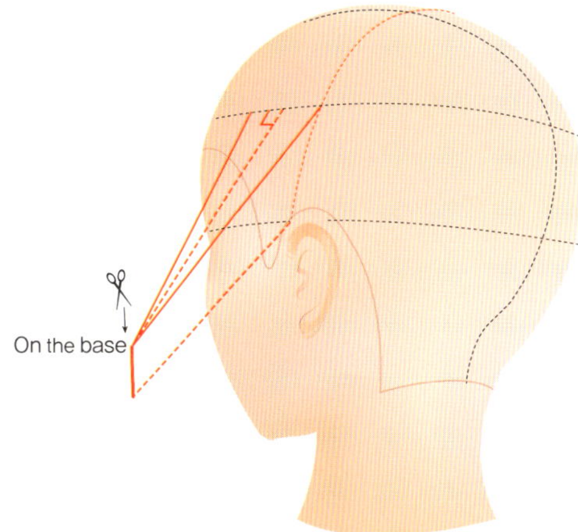

시술 21, 22

11. Short Layer One Section

진정한 헤어스타일은 살롱을 찾아온 고객들에게 그 사람의 이미지에 맞게 연출하는 것이 가장 중요한 일이다. 특히 오피스 걸의 이미지는 단정하면서도 고급스러움이 강조되어야 한다. 이런 경우에 시술시 아우트 라인에서 무게감을 남겨두면서 내추럴 컬로 시술하는 것이 조화롭다.

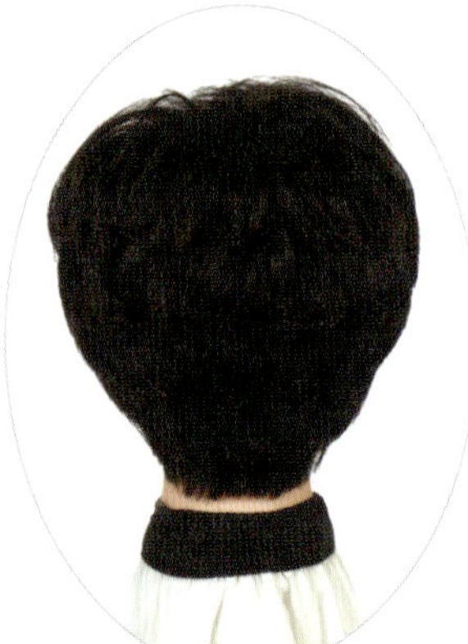

Cut Process

1. Section ⇒ Round Section
2. Out Line ⇒ 없음
3. Parting ⇒ Diagonal Parting
4. Base & Distribution ⇒ On the Base. Side Base
5. Angle ⇒ Head Angle 45˚, 90˚
6. Finger & Comb Position ⇒ In Line, Square Line
7. Cut Technique ⇒ Point Cut .
8. Head Position ⇒ Standard Position

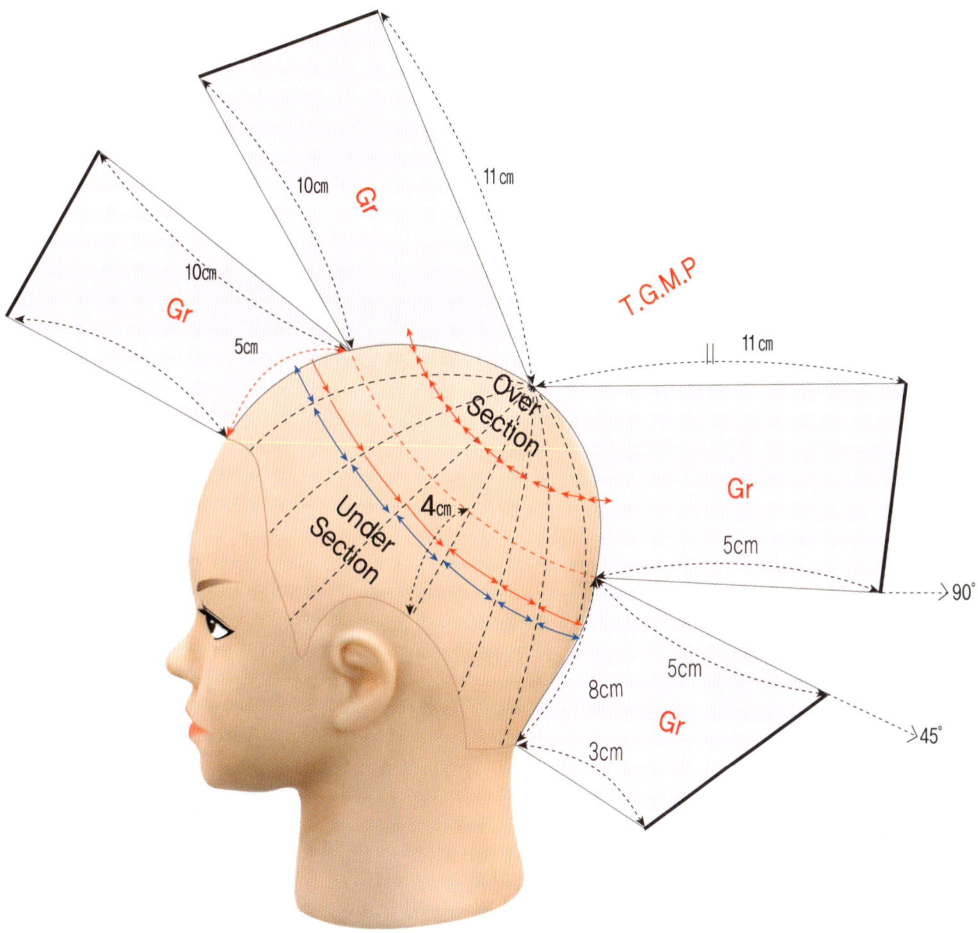

→ : Side base

↔ : On the base

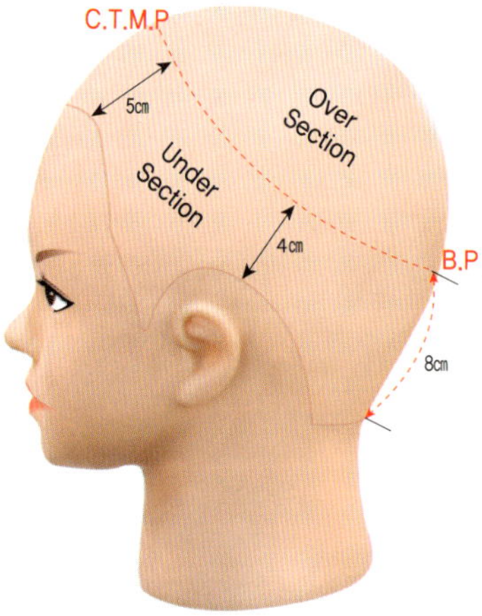

시술 1, 2, 3, 4

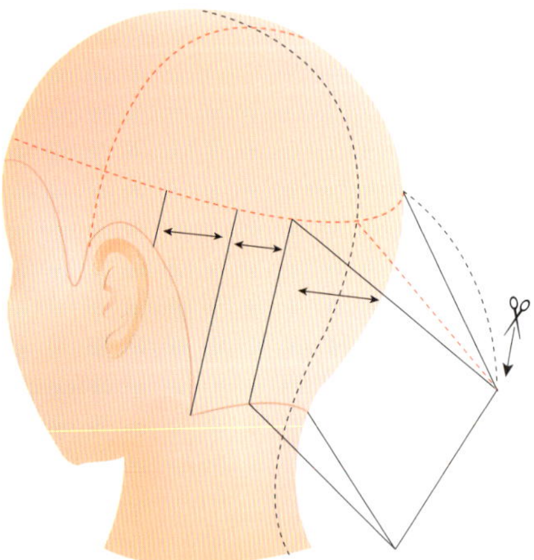

시술 5, 6, 7, 8

point

첫 번째 패널의 시술각은 45˚ 이다.

1 Befor

5 첫 번째 패널의 시술각은 45˚ 이다.

2 정중앙선으로 파팅을 나눈 후 C. P에서 5cm 지점.

6 시술시 버티컬 파팅, 포인트 커트로 진행한다.

3 N. P에서 B. P까지 8cm지점

7 첫 번째 패널의 시술이 끝난 상태

4 E.P에서 섹션의 폭은 4~5cm로 유지한다.

8 다음 패널의 시술도 동일한 방법으로 진행한다.

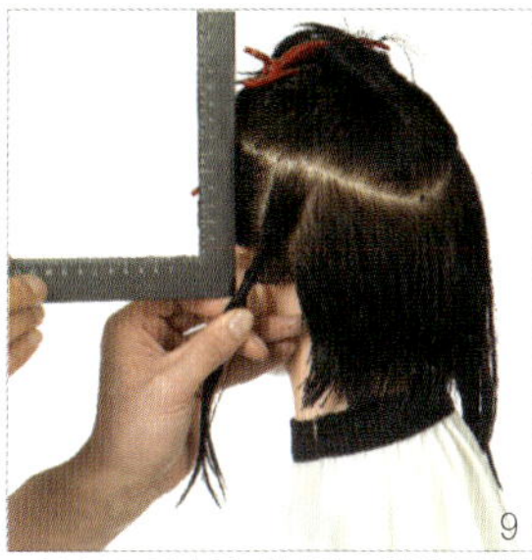

9 E. P로 갈수록 패널의 모양은 직사각형을 유지한다.

10 사이드 부분의 패널을 나눈 그림.

11 S. C. P의 패널 시술이 끝난 상태

12 S. C. P까지 시술이 끝난 상태(햄라인의 형태선과 동일함을 볼 수 있다.)

13 S. C. P에서 C. P까지는 사이드 베이스로 진행한다.

14 언더 섹션의 한쪽 부분 시술이 끝난 상태

15 반대쪽도 동일하게 시술한다

16 E. P부분은 레이어가 되도록 커트한다.

17 S. C. P부분은 하이 레이어로 시술한다. **why** : 한쪽 부분의 형태선을 반대쪽보다 길게 시술하기 위함이다.

18 다음 패널도 하이 레이어로 시술한다.

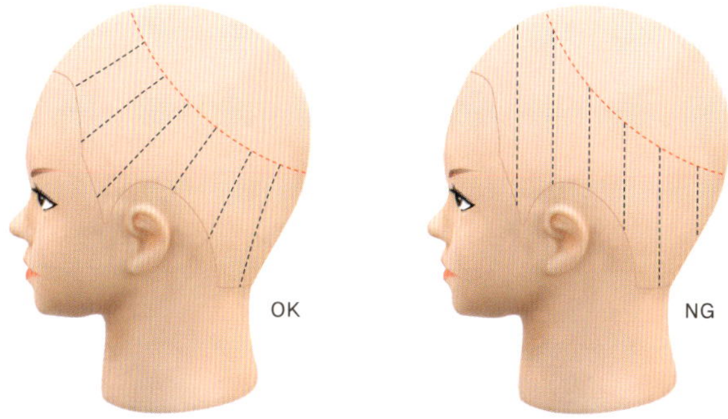

시술 9. 10

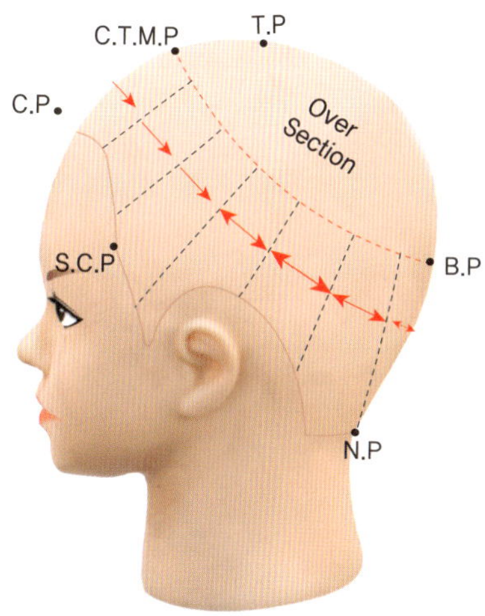

시술 13, 14

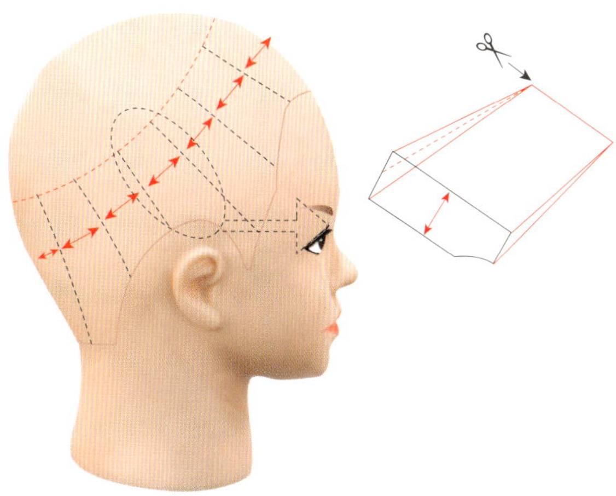

시술 17, 18

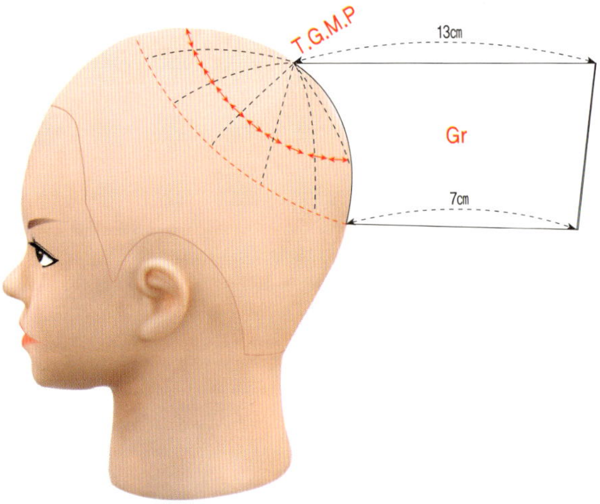

시술 24, 25

19 언더 섹션에서 섹션 커트 후 체크 시 패널은 호리존탈로 잡는다.

20 언더섹션의 섹션 커트가 끝난 상태.

21 오버섹션 시술 시 첫 번째 가이드는 2cm 폭으로 나눈다.

22 시술각은 T. P 90˚

23 T. P의 길이는 11cm로 선정한다.

24 오버 섹션에서 패널은 피봇파팅(방사상)으로 난다.

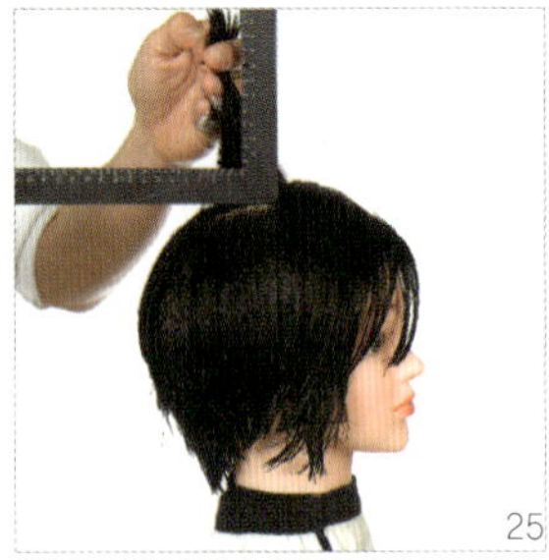

25 T. P에서 체크시 90˚로 업 스템한다.

26 포인트 커트로 체크한다.

27 C. P 부분의 길이를 9cm로 무게감을 줄이기 위해서 코너를 제거한다.

12. Short Layer Two Section

자로 잰 듯 정확한 커트와 아름다운 스타일을 연출한다고 해도 고객에게 안 어울리면 그 실력은 인정받지 못하게 되는 것. 얼굴형과 개개인의 스타일, 개성에 맞춘 헤어스타일을 연출해 주는 것은 디자이너의 감각과 진정한 실력이라고 하겠다. 내추럴하지만 고급스러운 느낌으로 고객의 취향을 만족시킬 스타일을 위한 어드바이스.

C u t   P r o c e s s

1. Section ⇒ Round Section (Disconnection)
2. Out Line ⇒ 없음
3. Parting ⇒ Vertical Parting, Horizontal Parting
4. Base & Distribution ⇒ On the base (Front ⇒ Perpendicular Distribution)
5. Angle ⇒ Head Angle 45˚, 90˚
6. Finger & Comb Position ⇒ Square Line
7. Cut Technique ⇒ Blunt Cut . Point Cut
8. Head Position ⇒ Standard Position

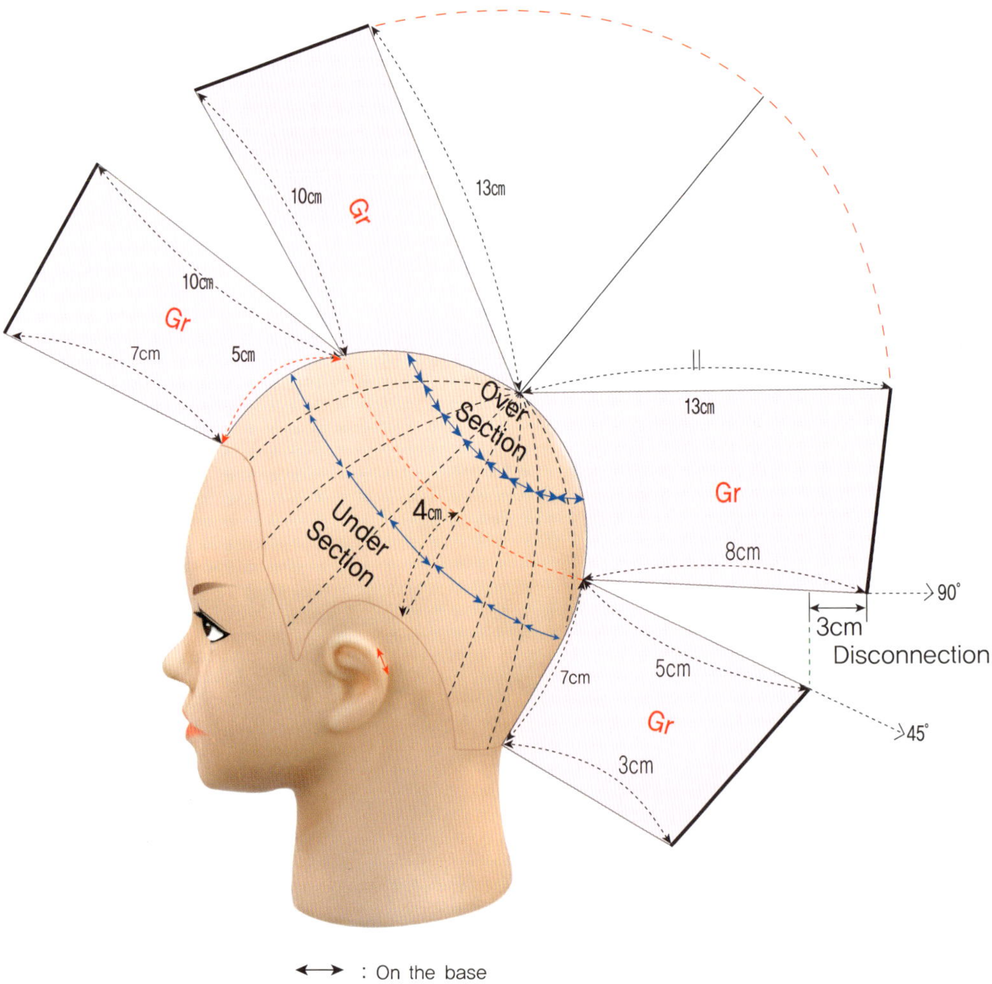

1 before 베이스 커트 시 충분한 물 분무를 한다. **why** : 정확한 두상의 형태와 섹션 나누기가 용이하다.

2 C. P에서 5cm 지점을 설정한다.

3 N. P에서 약 7cm 지점을 설정한다.

4 라운드 섹션을 나눈다. **TIP** : E. P에서 6cm로 설정하는 이유는 이 부분의 폭이 좁을 경우에 Hem Line의 길이가 짧아질 수 있기 때문이다.

5 언더섹션 첫 번째 패널은 버티컬 파팅으로 나눈다.

6 패널의 각도는 45° 이다. **why** : 네이프 부분이 길게 빠질 경우는 올드한 스타일이 될 수 있기 때문이다.

7 첫 번째 패널에서 위쪽의 길이는 5cm, 아래쪽은 3cm로 설정한다.

8 첫 번째 패널의 시술이 끝난 상태로서 그레쥬에이션의 형태가 된다.

9 E. P부분에서 패널은 90° 가 아니라 라운드 섹션의 각도처럼 다이아고널 파팅으로 나눈다.

10 반대쪽도 동일하게 시술한다.(왼손의 위치는 바꾸어서 시술하는 것이 편리하다.

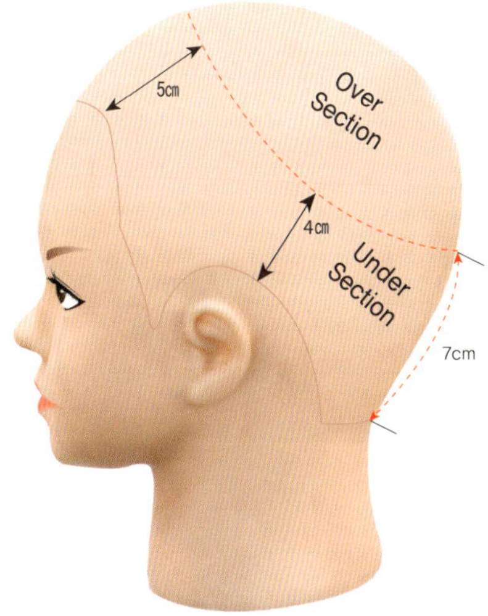

시술 2, 3, 4

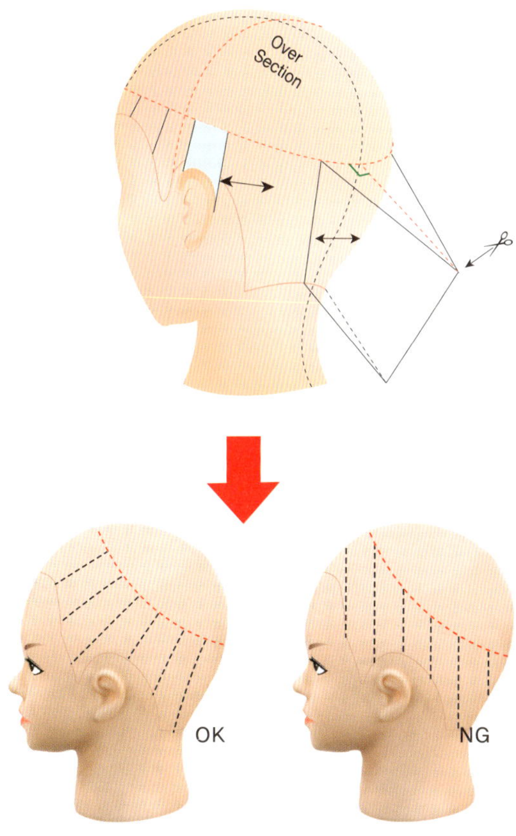

시술 5, 6, 7, 8, 9

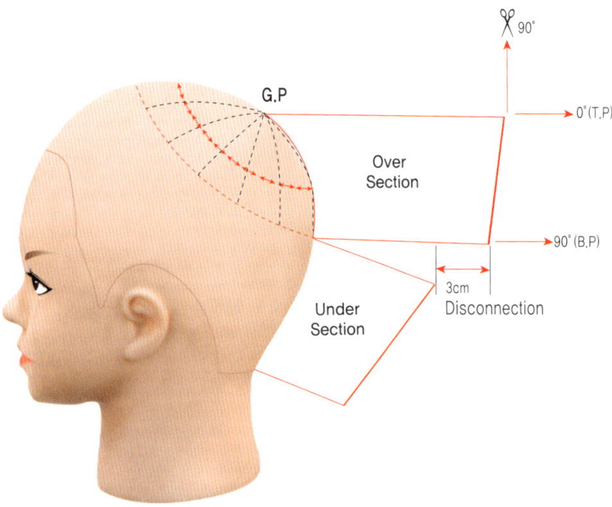

11 버티컬 파팅으로 시술이 끝나면 호리존탈 파팅으로 체크한다.

12 F. S. P를 체크한다.

13 S. C. P부분에서 패널은 45도 정도로 다운시킨다. **why** : 프론트 부분에서 길이를 길게 유지하기 위해서

14 C. P의 길이는 약 7cm 정도로 커트한다.

15 Under Section 부분의 베이스 커트가 끝난 상태

16 오버섹션 시술시 G.P를 기준점으로 한다.

17 Over Section에서 첫 번째 패널은 2cm폭으로 나눈다.

18 모발의 각도는 B. P에서는 90도, T. P에서는 0˚로 시술한다. **TIP** : 이때 가위의 각도는 T. P에서 볼 때 90˚가 된다.

19 시술각은 90˚.

20 Under Section보다 약 3cm길게 커트한다.

21 피봇(방사상)으로 나눈다.

22 프론트 부분에서는 T. P를 기준점으로 45°를 유지한다.

23 베이스 커트가 끝난 상태.

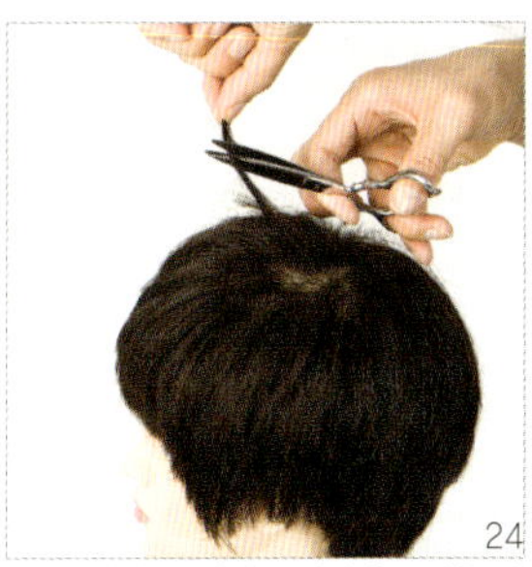

24 드라이 후 양감 조절과 율동감을 위해서 시술한다.

25 드라이 후 시술시 모발의 데미지를 최소화하기 위해서 드라이 커트 전용가위를 사용하 는 것이 좋다.

26 T. P부분에서는 언더 테크닉으로 양감과 질감을 조절한다.

13. Salon Bob Style One Section

살롱에서는 고객의 이미지에 맞게 헤어를 연출해 주는 것이 가장 중요한 일이다. 특히 30~40대 주부들의 이미지는 단정하면서도 고급스러움이 강조되어야 한다. 이런 경우에는 시술시 아우트 라인에 무게감을 남겨 두면서 내추럴 컬로 시술하는 것이 조화롭다.

Cut Process

1. Section ⇒ Multi Section
2. Out Line ⇒ Isadora Form
3. Parting ⇒ Horizontal, Vertical, Pivot Panting
4. Base & Distribution ⇒ Perpendicular Distribution, On the Base
5. Angle ⇒ Head Angle 0˚, 20˚, 45˚, 90˚
6. Finger & Comb Position ⇒ Square Line
7. Cut Technique ⇒ Blunt Cut
8. Head Position ⇒ Standard Position

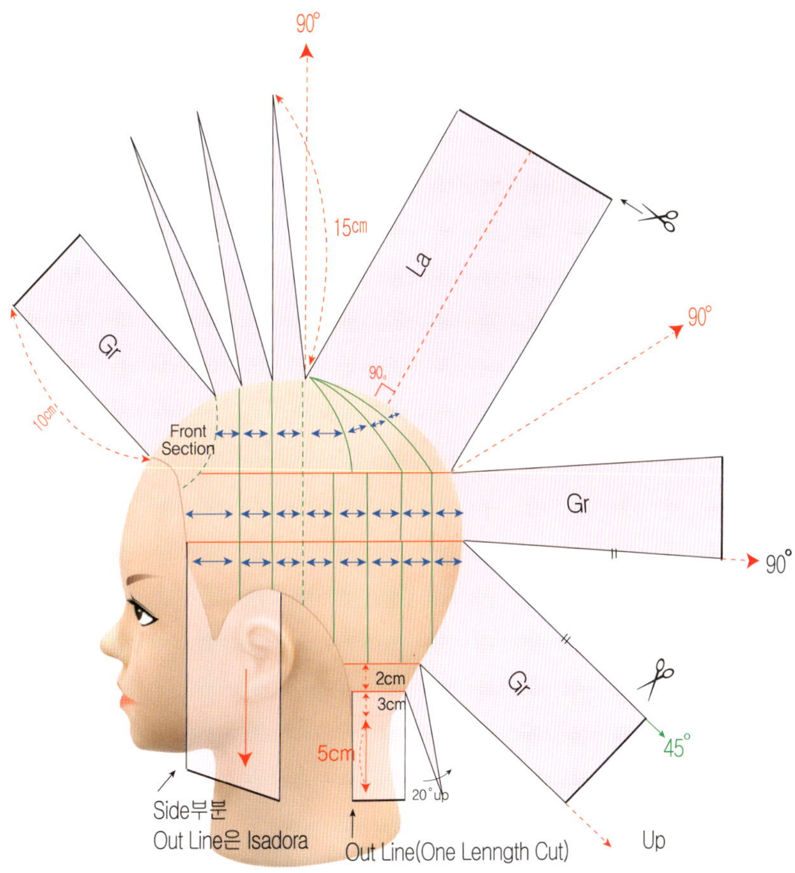

→ : Side base
↔ : On the base

1 이어 투 이어로 세로 섹션을 나눈다.

2 첫 번째 섹션의 폭은 네이프에서 3cm로 한다.

3 첫 번째 가이드의 길이가 중요함으로 5cm로 설정한다.

4 두 번째 섹션의 폭은 2cm로 나눈다.

5 두 번째 섹션의 약 20° 정도 업 베이스로 시술 **Why** : Low Graduation을 만들기 위해서

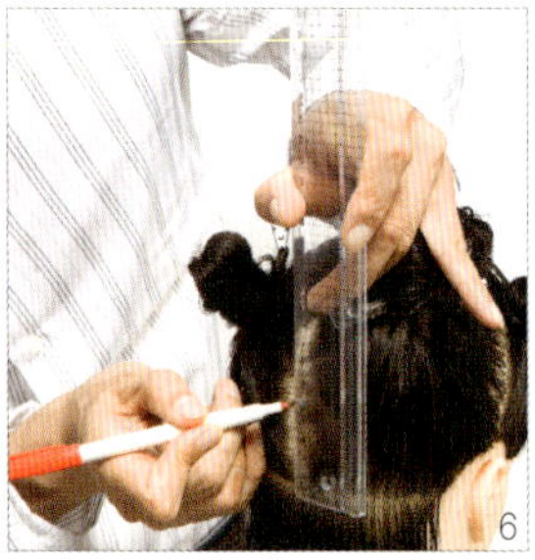

6 세 번째 섹션의 폭을 5cm로 나눈다.

7 시술각은 45° 로 유지한다.

8 커트라인은 로 그라쥬에이션의 형태를 만들기 위해서 시술각도는 인커트한다.

9 이어 포인트에서 길이 유지를 위해서 사이드 베이스로 시술한다.

10 세 번째 섹션 시술이 끝난 상태.

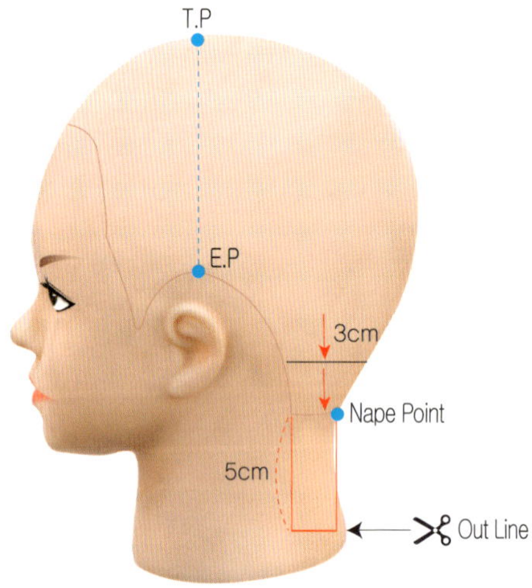

시술 2, 3, 4

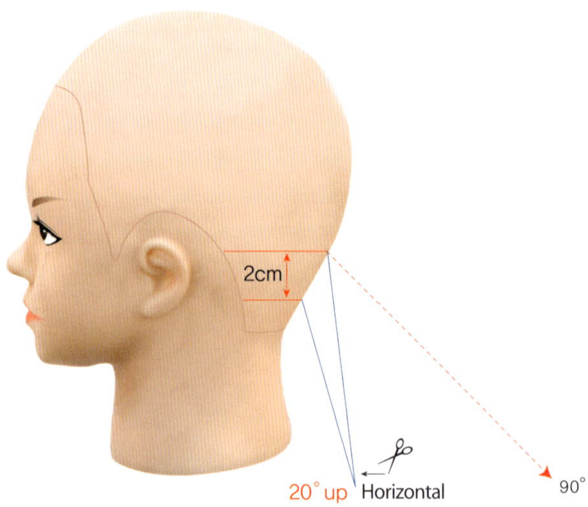

시술 5, 6

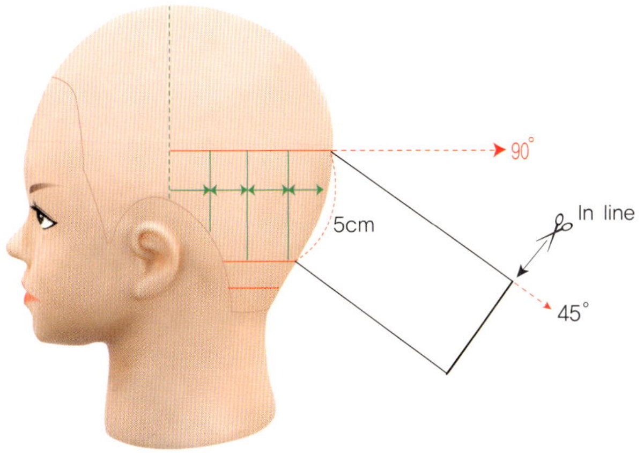

시술 7, 8, 9, 11

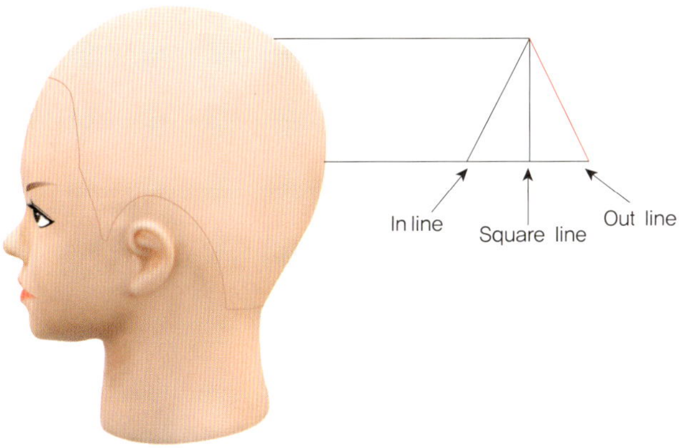

시술 9

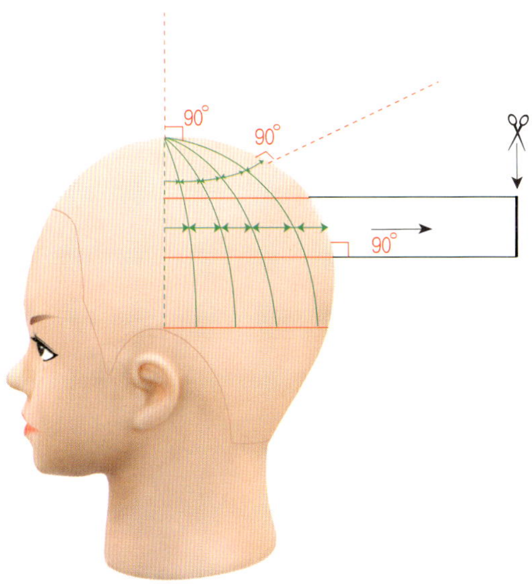

시술 12, 13, 14, 15, 16, 17, 18

11 네 번째 섹션의 폭도 5cm로 나눈다.

12 버티컬 파팅한 후 패널의 폭은 2cm로 한다.

13 커트라인은 스퀘어 커트로 한다.

14 네 번째 시술이 끝난 상태이다.

15 다섯 번째 섹션은 패널에 대한 90° 로 한다.

16 피봇(방사상)으로 나눈다.

17 다섯 번째 섹션은 T. P에서 90° 로 체크한다.

18 사이드 부분 시술시 백 부분의 세 번째 섹션의 위치에서 나눈다. **point** : S. C. P에서 6cm 위치이다.

19 호리존탈로 시술한다. 사이드 부분의 아우트 라인의 형태선은 이사도라 커트로 한다.

20 사이드 부분의 섹션은 버티컬 파팅으로 나눈 후 시술각 60°.

21 C. P에서 T.P까지 2cm 폭으로 나눈다.

22 T. P의 길이는 15cm로 설정한 후 시술각은 T.P 90˚로 한다.

23 두상의 각도를 90˚로 유지한다. 잡고 있는 패널에 대한 90˚임을 명심한다.

24 T. P에서 E. P까지 모발을 앞으로 내려서 빗질한다.

25 C. P의 길이를 10cm로 유지한다.

26 C. P에서 S. C. P까지 연결한다.

29 커트가 끝난 상태.

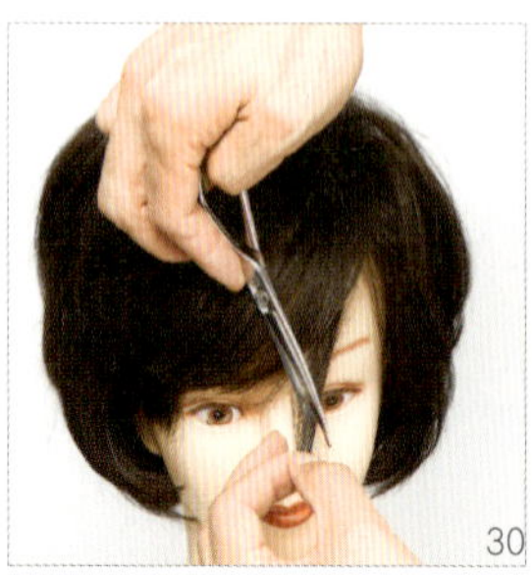

30 드라이 후 질감 처리한다.

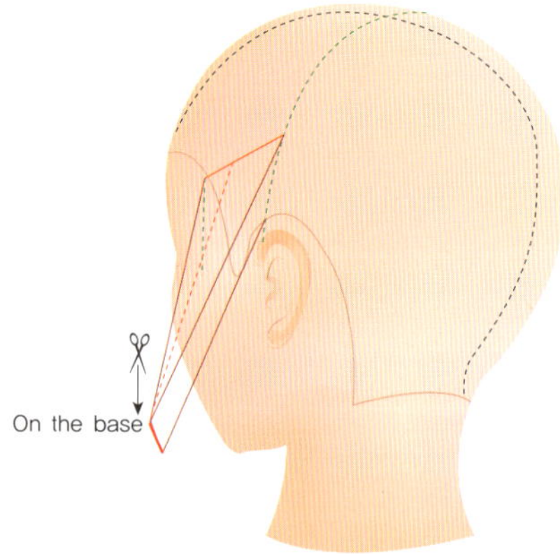

시술 21

14. Cut and Perm Disconnection

기본을 잘 해 놓으면 후반 작업도 쉽게 된다. 기본에 충실한 커트는 웨이브를 시술할 때도 만족스러운 결과를 준다. 자연스러운 층을 만들어 가는 것과 율동감을 함께 가져가는 것이 포인트

Cut Process

1. Section ⇒ Two Section
2. Out Line ⇒ One Length Form
3. Parting ⇒ Vertical, Pivot Parting
4. Base & Distribution ⇒ On the base, Over Direction
5. Angle ⇒ Celestial Angle 0˚, Head Angle 45˚, 90˚
6. Finger & Comb Position ⇒ Square Line
7. Cut Technique ⇒ Blunt Cut
8. Head Position ⇒ Standard Position

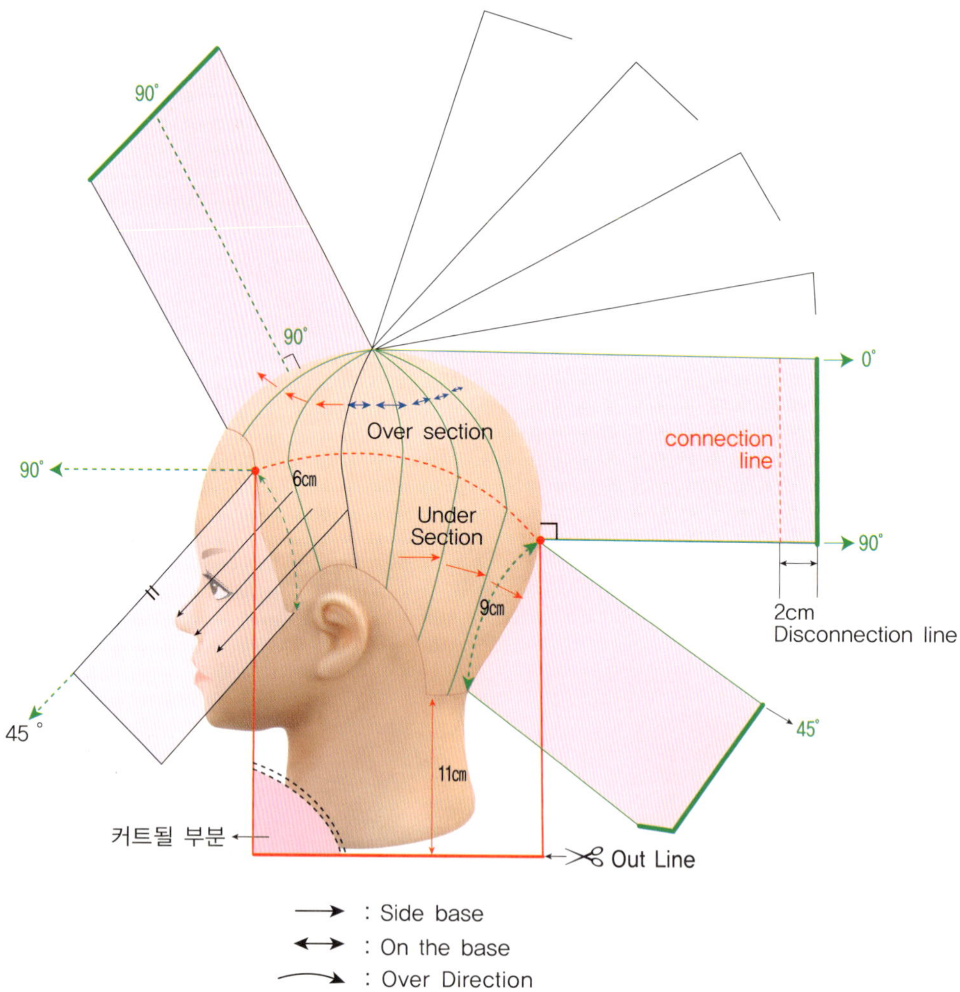

Before

1 페이스 라인에서 C. P와 S. C. P 의 중간지점(약 6cm)

2 백 라인에서 T. P와 N. P의 중간지점(약 9cm)

3 섹션을 나눈 상태

4 N. P에서 슬라이스 폭을 2cm로 나눈 후 아우트 라인의 길이는 11cm로 설정한다.

5 아우트 라인 설정이 끝난 상태

6 버티컬 파팅으로 나눈다.

7 시술각은 Head Angle 45° 로 한다.

8 온 더 베이스로 시술한다.
횡거 포지션은 인 라인으로 진행한다.

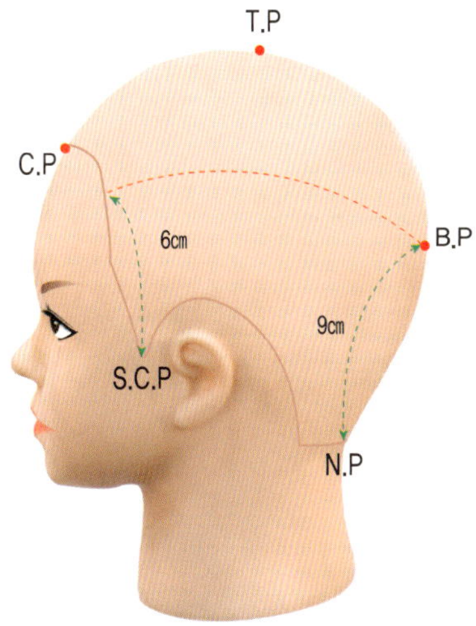

시술 2,3

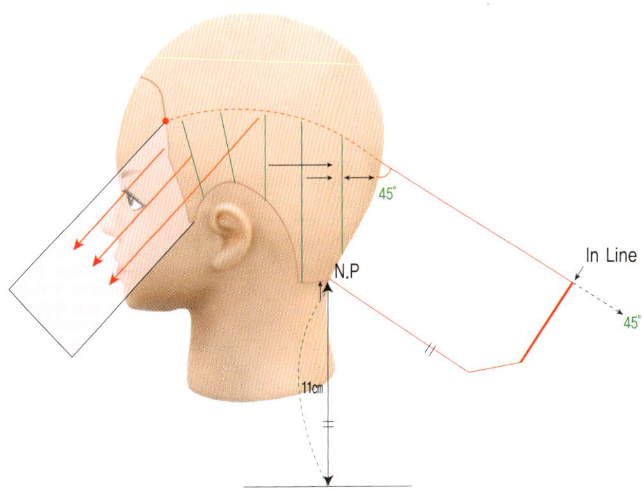

시술 4,5,6,7,8,9,10,11,12,13,14,15

9 첫 번째 패널의 커트가 끝난 상태.

10 두 번째 패널은 사이드 베이스로 진행한다. **why** : 사이드 부분과 이어 백 부분의 길이를 유지하기 위해서이다.

11 이어 백 포인드의 패널은 오버디렉션시킨다.

12 백 부분의 시술이 끝난 상태.

13 E. P에서는 온 더 베이스로 시술한다.

14 사이드 부분은 다이아고날 파팅으로 나눈다.

15 패널의 시술각은 45° 로 한다.

16 페이스 라인을 벗어나지 않도록 주의한다. **why** : 패널을 up시킬 경우에는 단차가 생길 수 있다.

17 언더 섹션의 시술이 끝난 상태.

18 오버 섹션의 시술시 T. P에서 0° 로 진행한다.

19 언더 섹션과의 단차는 약 2cm로 유지한다.

20 오버 섹션 커트 시술시 피봇(방사상)으로 시술한다.

21 오버 섹션에서 페이스 라인 시술시에는 C. P쪽으로 패널을 up시켜서 진행한다.

22 오버 섹션의 커트가 끝난 상태.
Key Point : 페이스 라인의 자연스러운 층을 만들 수 있다.

23 커트가 끝난 상태

24 펌 시술시 사이드 부분의 패널은 평행으로 나눈다.

25 펌 시술시 첫 번째 패널의 각도는 다운시켜서 시술 모발의 끝은 앞쪽으로 가도록 한다.

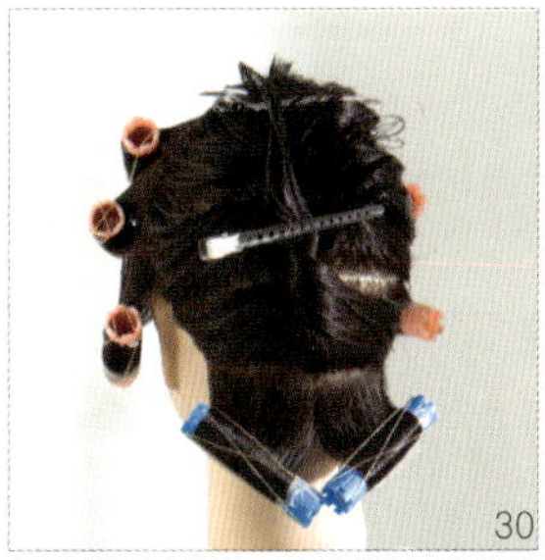

30 네이프 부분은 모발의 율동감을 주기 위해서 사선으로 시술한다.

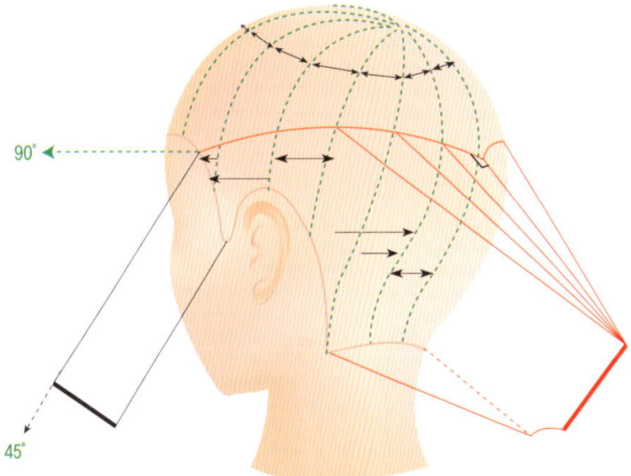

시술 9, 10, 11, 12, 13, 14, 15, 16, 20, 21

26 두 번째 패널은 천체축 0˚ 로 잡는다.
why : 사이드 부분 시술시 up시키면 얼굴이 넓어 보일 수 있기 때문이다.

27 세 번째 패널은 90˚ 로 한다.

28 사이드 부분 와인딩 시술이 끝난 상태.

29 프론트 섹션에서 가르마의 방향에 주의하면서 앞으로 시술한다.

31~34 펌 시술이 끝난 상태

15. Cut and Dry Multi Disconnection

커트는 기본이고 드라이는 마무리다. 처음과 끝이 한결 같아야 좋은 스타일을 잡아낼 수 있다. 아무리 멋진 커트를 해놓아도 마무리가 엉성하면 10점 만점에 10점이 될 수 없다. 꼼꼼하고 정성스런 드라이어의 바람과 함께 멋진 마무리는 탄성을 자아낼 것이다.

Cut Process

1. Section ⇒ Three Section
2. Out Line ⇒ One Length
3. Parting ⇒ Vertical, Diagonal, Pivot Parting
4. Base & Distribution ⇒ On the base ,Side Base, Over Direction
5. Angle ⇒ Celestial Angle 0˚, Head Angle 90˚
6. Finger & Comb Position ⇒ Square Line
7. Cut Technique ⇒ Blunt Cut
8. Head Position ⇒ Standard Position

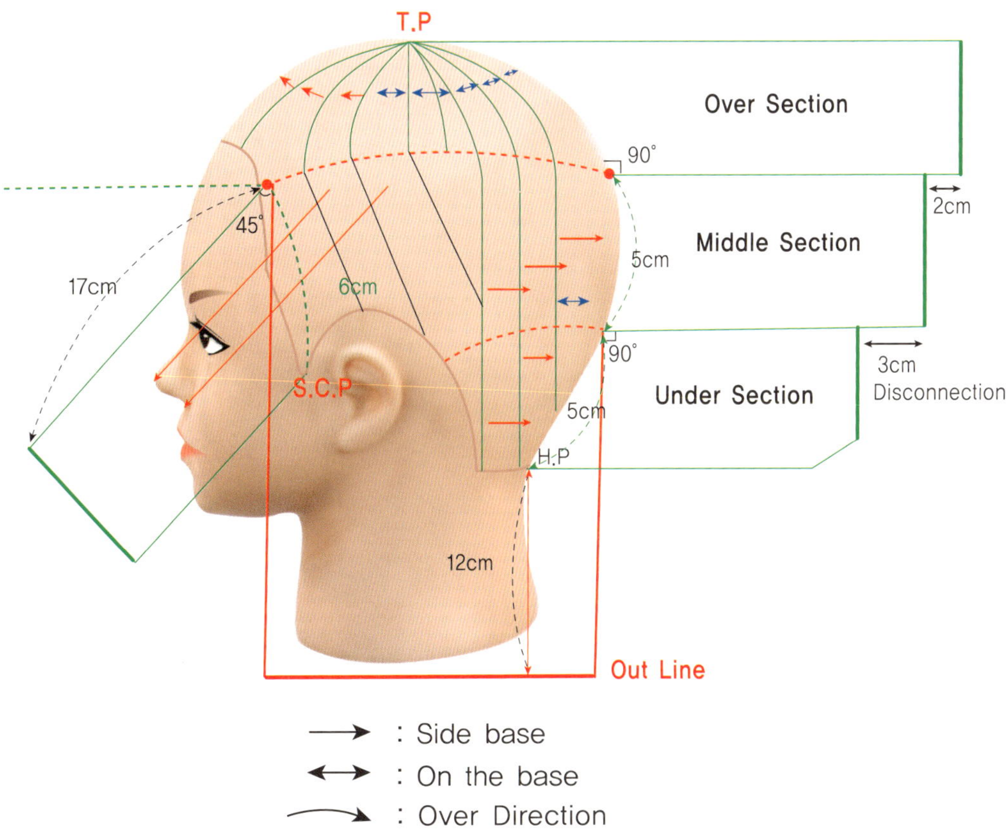

Before

Cut process

1 S. C. P에서 약 6cm 지점

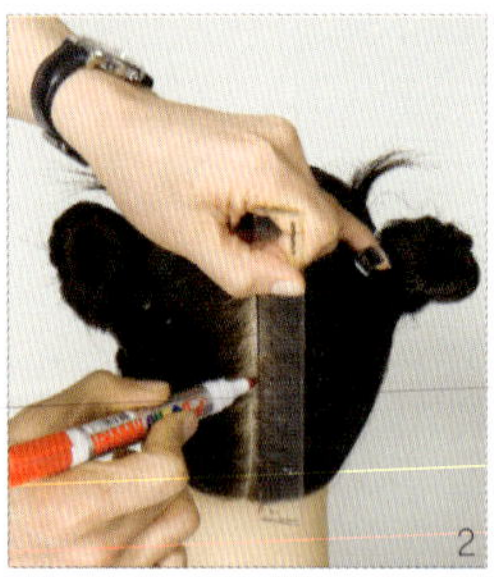

2 아우트 라인의 형태를 만들기 위한 포인트로서 N. P에서 약 8cm 지점

3 N. P에서 약 5cm 지점

4 N. P에서 약 10cm지점

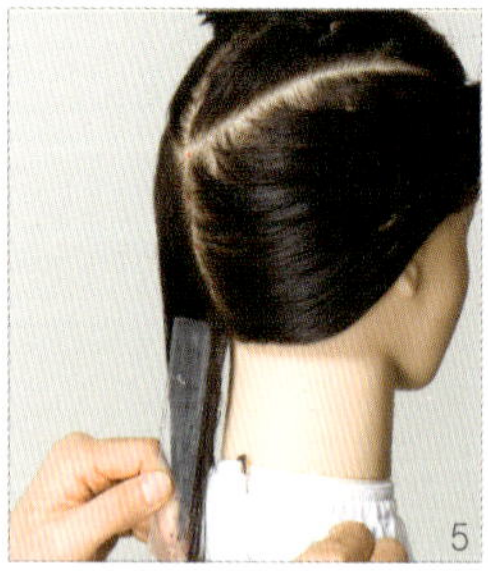

5 N. P에서 12cm길이로 가이드를 설정한다.

6 3등분으로 섹션을 나눈 상태

7 언더 섹션 첫 번째 패널은 버티컬로 나눈 후 온 더 베이스로 시술

8 언더 섹션 첫 번째 패널을 Cut

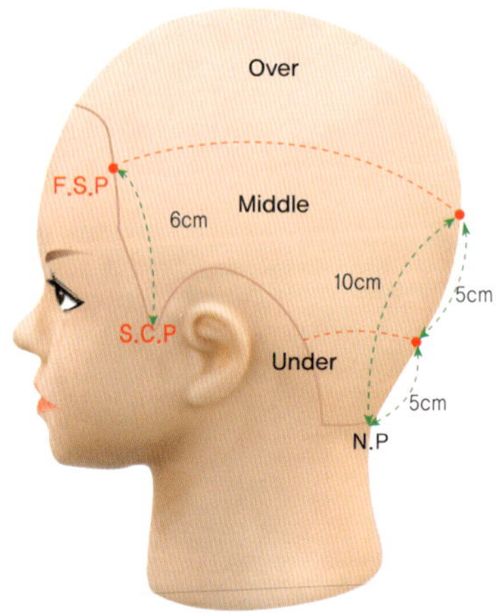

시술 1,2,3,4,5

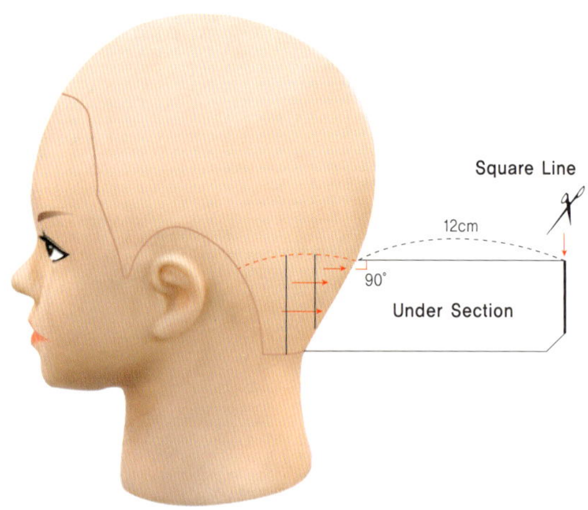

시술 7,8,9

9 두번째 패널부터는 사이드 베이스에서 오프 더 베이스로 진행

10 언더 섹션 부분의 시술이 끝난 상태

11 미들 섹션 부분

12 미들 섹션에서 사이드 부분은 45도로 시술한다.

13 사이드 부분의 길이는 17cm로 설정한다.

14 미들 섹션에서 사이드 부분의 두번째 패널로 Face를 벗어나면 안됨

15 미들 섹션은 언더 섹션보다 3cm 길게 Disconnection으로 커트

16 미들 섹션에서 Back 부분은 첫번째 패널에 맞춰서 커트

17 미들 섹션 커트 시 E.P를 기준으로 Back 부분과 Face 부분으로 갈수록 점점 짧아진다.

18 미들 섹션 부분의 시술이 끝난상태

19 오버 섹션 시술시 T.P의 각도는 0°에서 첫번째 패널을 시술한다.

20 오버 섹션은 미들 섹션 부분보다 2cm 길게 Disconnection으로 시술한다.

21 커트가 끝난상태

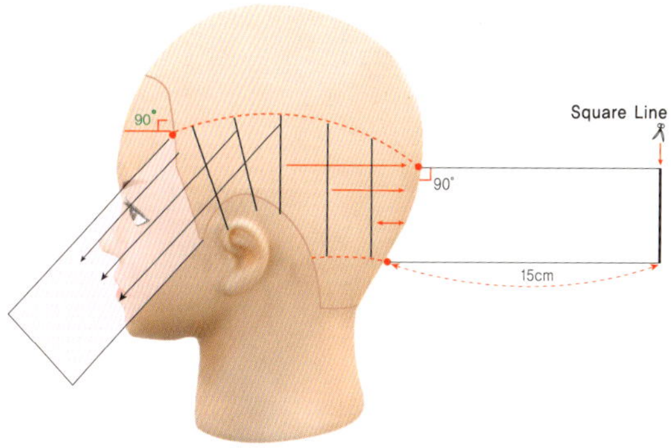

시술 12, 13,14,15,16,17

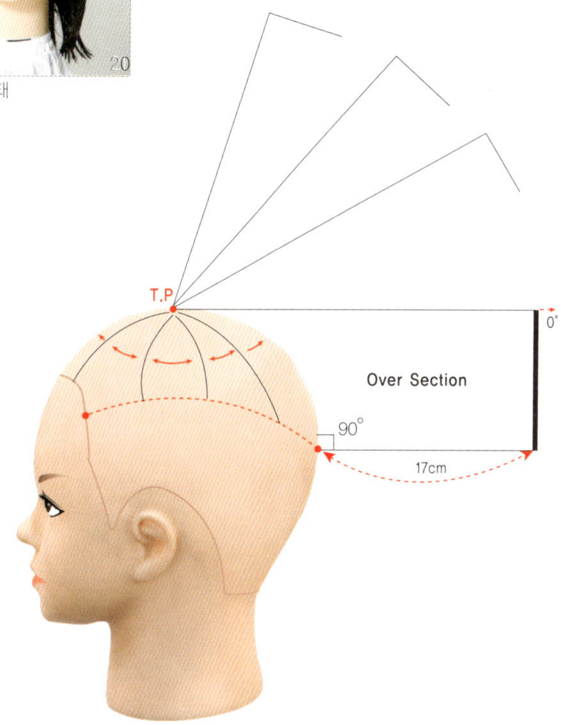

시술 19,20

Dry process

1 사이드 부분은 첫 번째 패널을 사선으로 나눈다

2 드라이어와 롤 브러시도 사선으로 잡는다

3 첫 번째 패널의 드라이 시술이 끝난 상태(모발의 끝이 앞쪽으로 향하도록 한다.)

4 한쪽 부분의 드라이 시술이 끝난 상태

5 반대쪽도 동일한 방법으로 진행하되 롤 브러시를 잡고 있는 손을 바꿔준다.

6 모발 끝은 앞쪽으로 향하도록 한다.

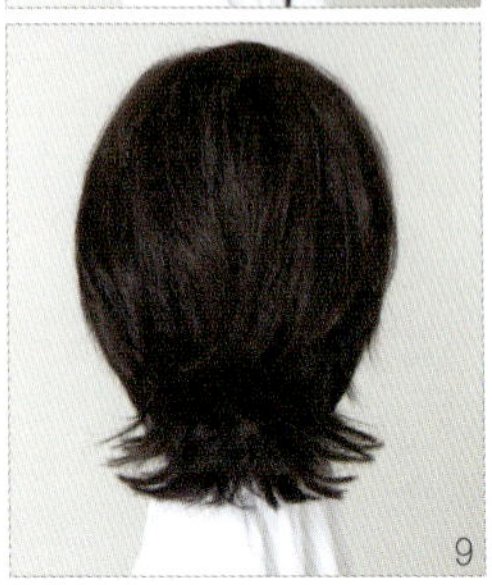

7~9 드라이가 끝난 상태

CUT PROCESS

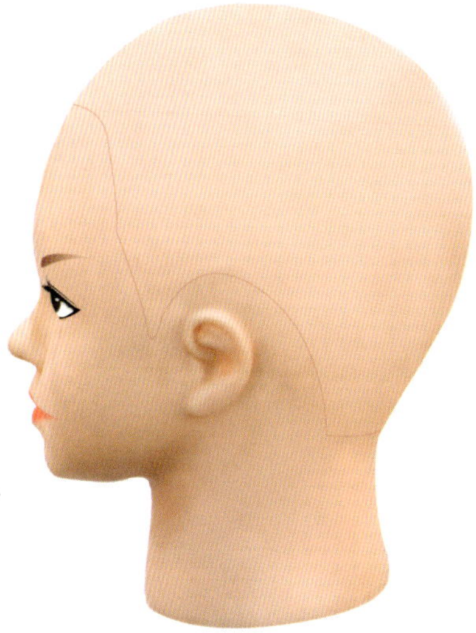

1. Section:
2. Out Line:
3. Parting:
4. Base & Distribution:
5. Angle:
6. Finger & Comb Position:
7. Cut Technique:
8. Head Position:

1. Section:
2. Out Line:
3. Parting:
4. Base & Distribution:
5. Angle:
6. Finger & Comb Position:
7. Cut Technique:
8. Head Position:

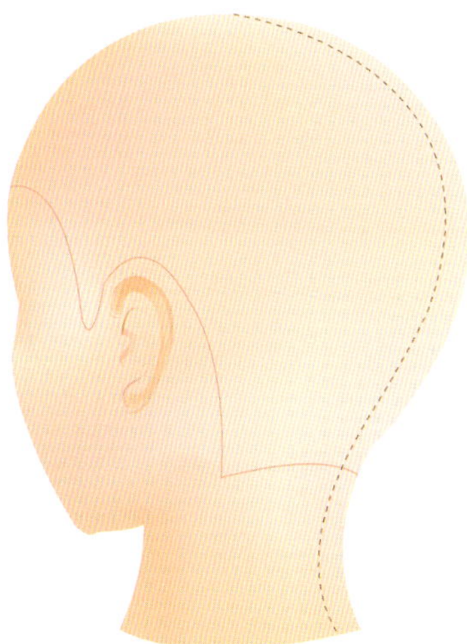

1. Section:
2. Out Line:
3. Parting:
4. Base & Distribution:
5. Angle:
6. Finger & Comb Position:
7. Cut Technique:
8. Head Position:

CUT PROCESS

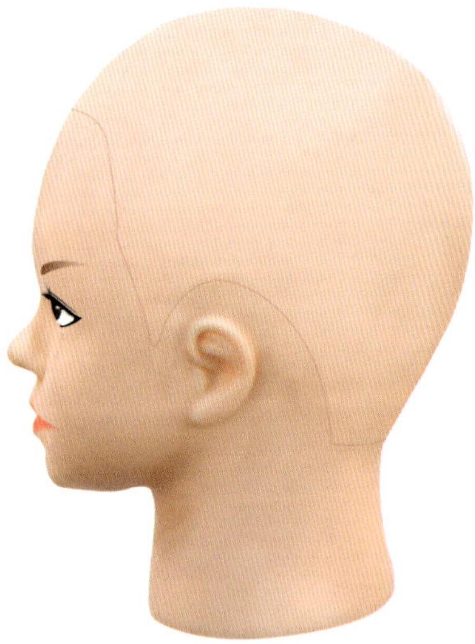

1. Section:
2. Out Line:
3. Parting:
4. Base & Distribution:
5. Angle:
6. Finger & Comb Position:
7. Cut Technique:
8. Head Position:

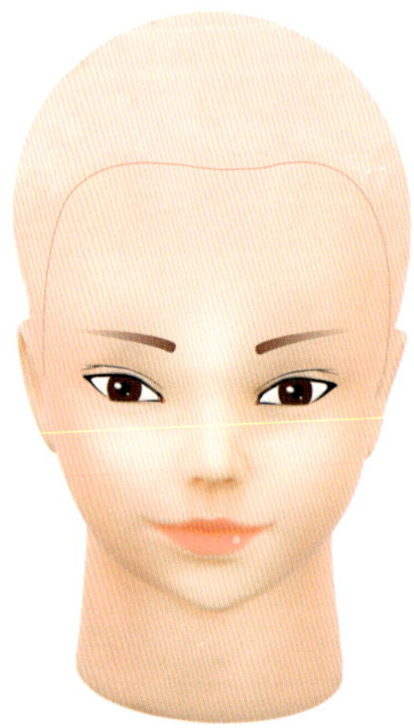

1. Section:
2. Out Line:
3. Parting:
4. Base & Distribution:
5. Angle:
6. Finger & Comb Position:
7. Cut Technique:
8. Head Position:

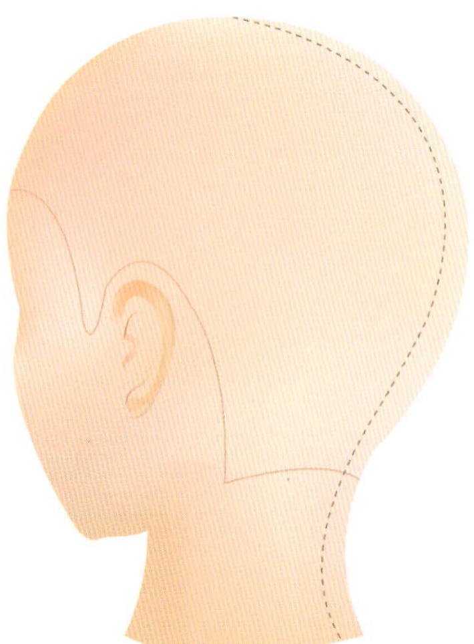

1. Section:
2. Out Line:
3. Parting:
4. Base & Distribution:
5. Angle:
6. Finger & Comb Position:
7. Cut Technique:
8. Head Position:

CUT PROCESS

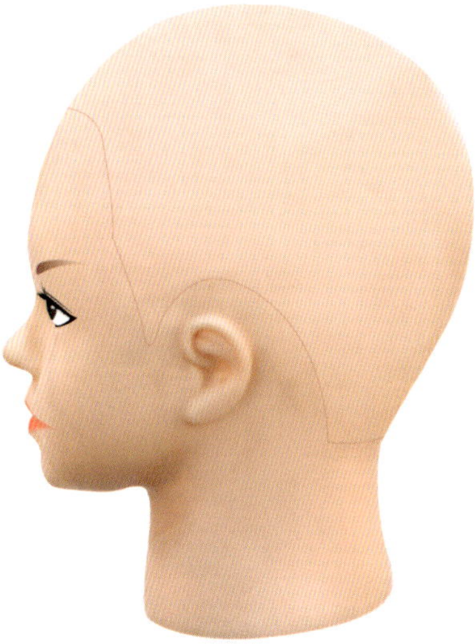

1. Section:
2. Out Line:
3. Parting:
4. Base & Distribution:
5. Angle:
6. Finger & Comb Position:
7. Cut Technique:
8. Head Position:

1. Section:
2. Out Line:
3. Parting:
4. Base & Distribution:
5. Angle:
6. Finger & Comb Position:
7. Cut Technique:
8. Head Position:

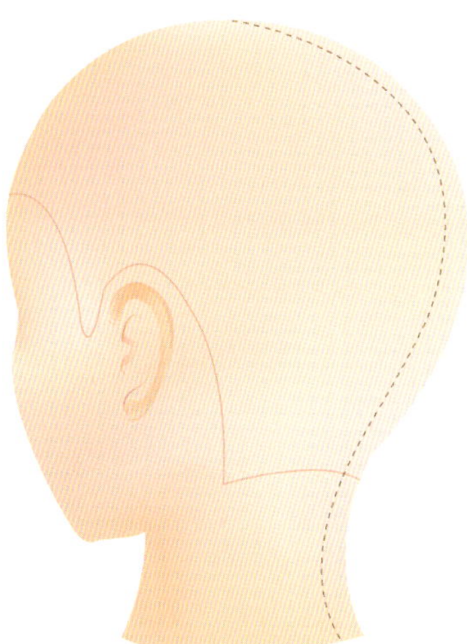

1. Section:
2. Out Line:
3. Parting:
4. Base & Distribution:
5. Angle:
6. Finger & Comb Position:
7. Cut Technique:
8. Head Position:

CUT PROCESS

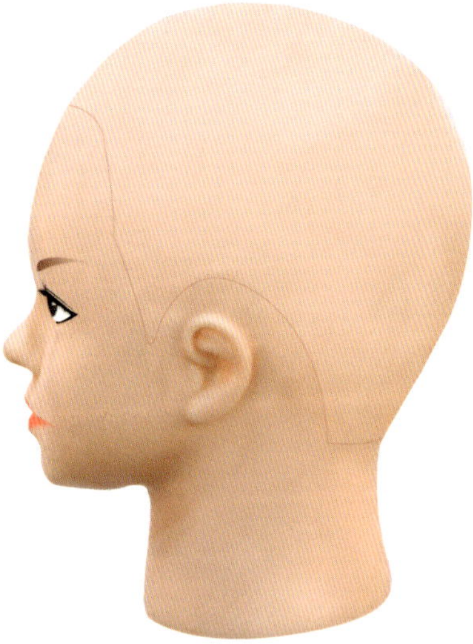

1. Section:
2. Out Line:
3. Parting:
4. Base & Distribution:
5. Angle:
6. Finger & Comb Position:
7. Cut Technique:
8. Head Position:

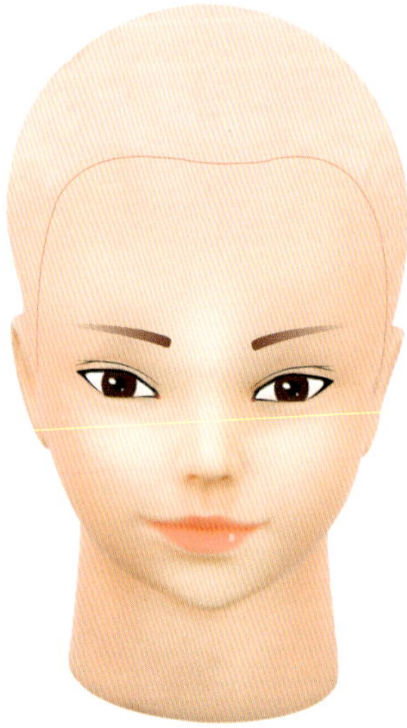

1. Section:
2. Out Line:
3. Parting:
4. Base & Distribution:
5. Angle:
6. Finger & Comb Position:
7. Cut Technique:
8. Head Position:

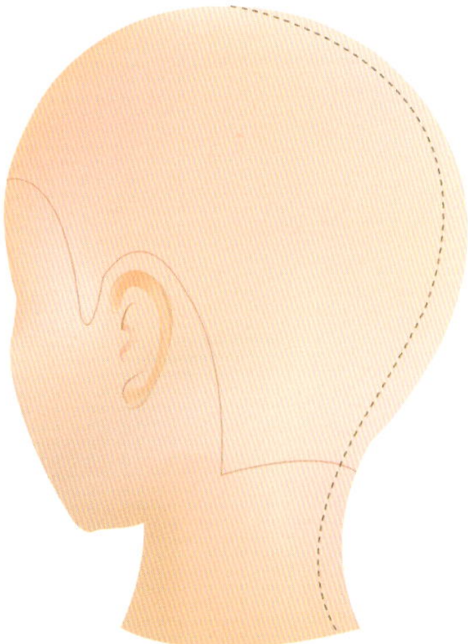

1. Section:
2. Out Line:
3. Parting:
4. Base & Distribution:
5. Angle:
6. Finger & Comb Position:
7. Cut Technique:
8. Head Position:

CUT PROCESS

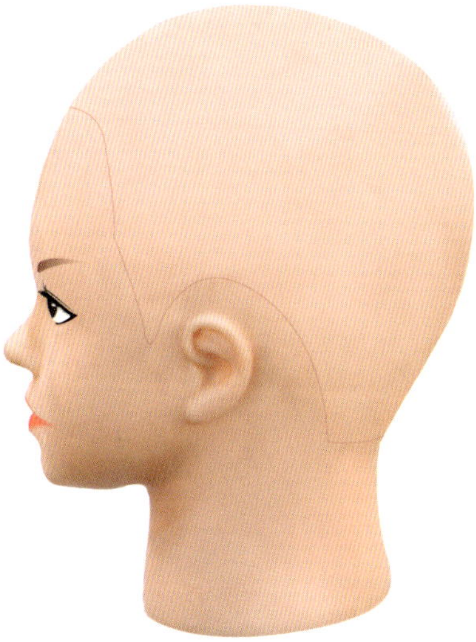

1. Section:
2. Out Line:
3. Parting:
4. Base & Distribution:
5. Angle:
6. Finger & Comb Position:
7. Cut Technique:
8. Head Position:

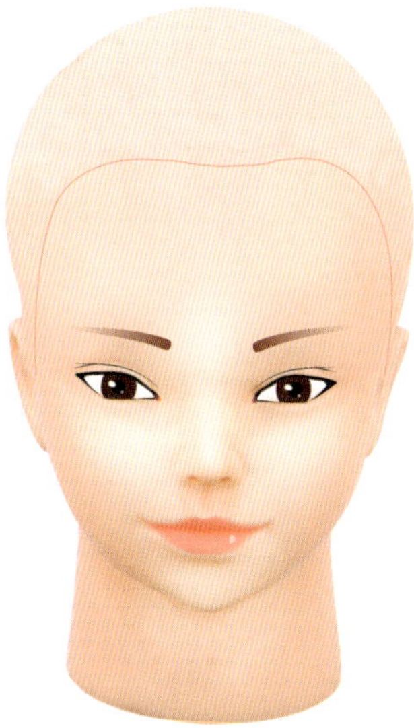

1. Section:
2. Out Line:
3. Parting:
4. Base & Distribution:
5. Angle:
6. Finger & Comb Position:
7. Cut Technique:
8. Head Position:

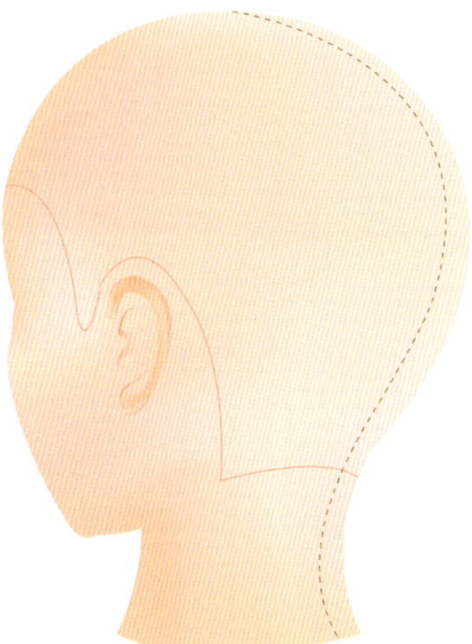

1. Section:
2. Out Line:
3. Parting:
4. Base & Distribution:
5. Angle:
6. Finger & Comb Position:
7. Cut Technique:
8. Head Position:

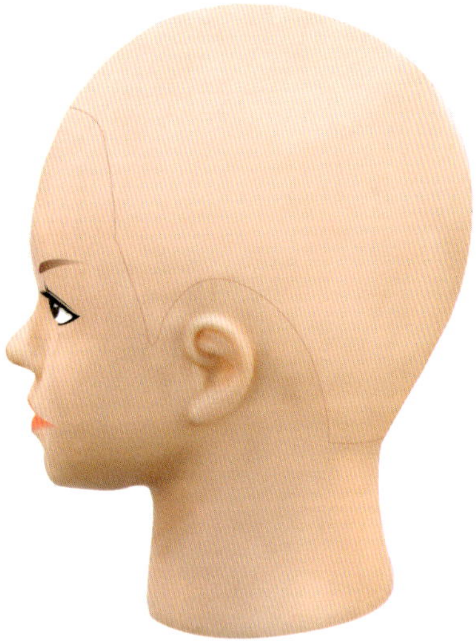

CUT PROCESS

1. Section :
2. Out Line :
3. Parting :
4. Base & Distribution :
5. Angle :
6. Finger & Comb Position :
7. Cut Technique :
8. Head Position :

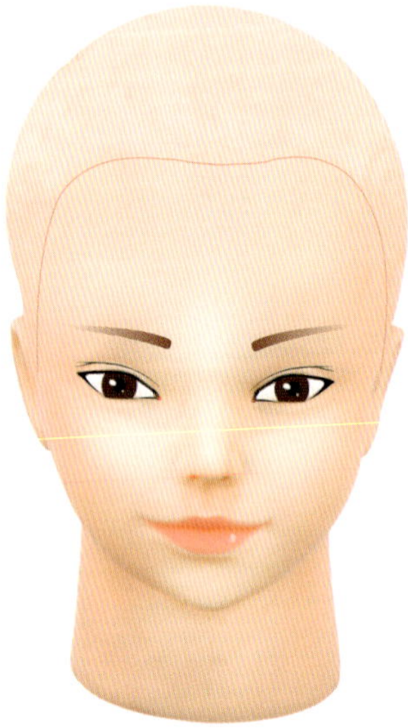

1. Section :
2. Out Line :
3. Parting :
4. Base & Distribution :
5. Angle :
6. Finger & Comb Position :
7. Cut Technique :
8. Head Position :

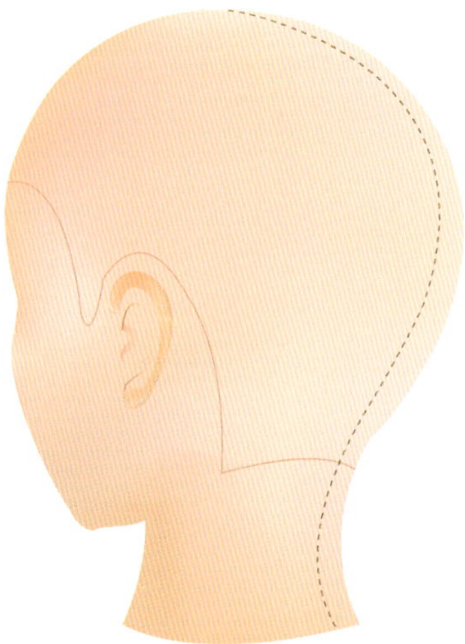

1. Section :
2. Out Line :
3. Parting :
4. Base & Distribution :
5. Angle :
6. Finger & Comb Position :
7. Cut Technique :
8. Head Position :

부록

커트 용어해설

베이스(Base)의 종류

온더 베이스(On the Base)

패널을 동일한 길이로 커트시 사용,
두상의 라인과 동일한 커트라인이 형성된다.

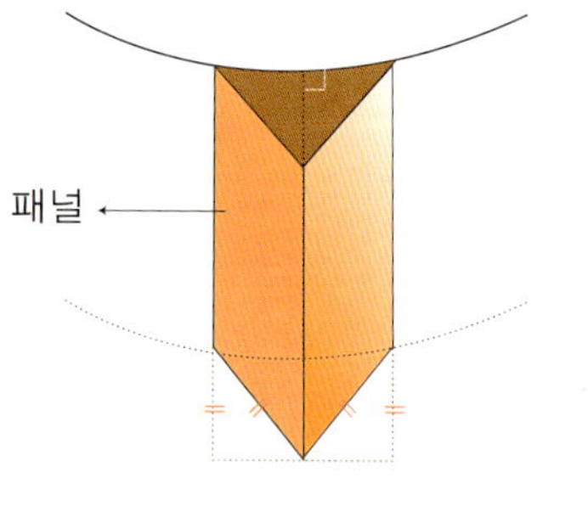

커트후 패널을 펼쳐올릴때의 모양

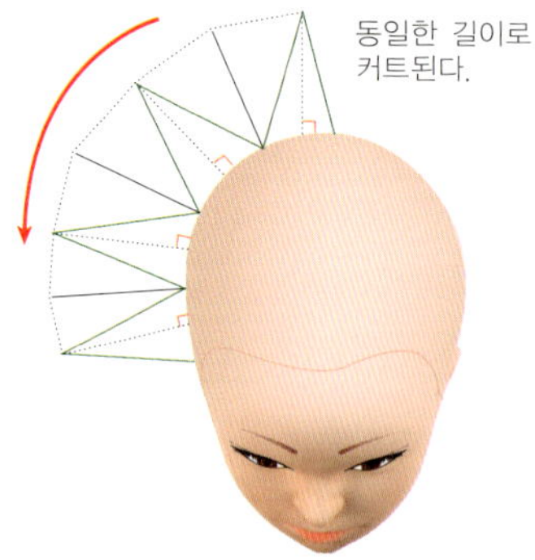

사이드 베이스(Side Base)

패널의 한쪽면이 직각이 되도록 커트
한쪽 면이 점점 길게 커트 된다.

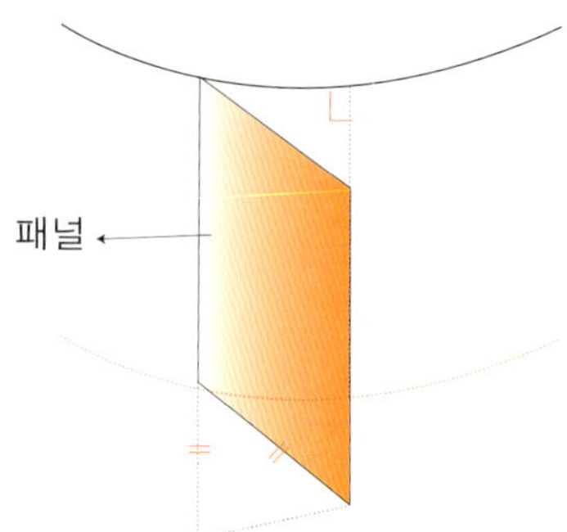

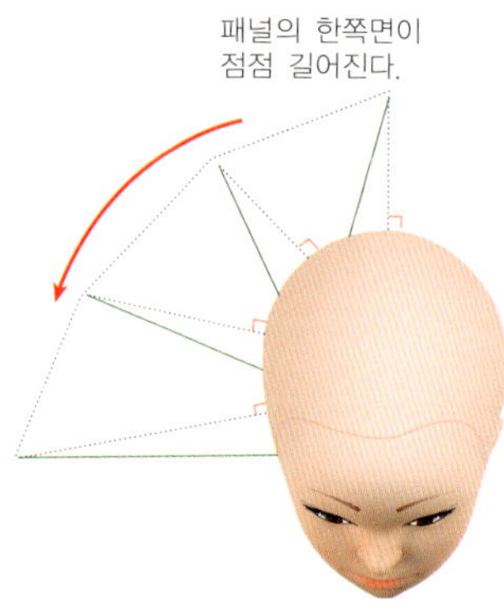

프리 베이스(Free Base)

온더 베이스와 사이드 베이스의 중간길이로 커트시 사용
감각적인 베이스라 할 수 있다.

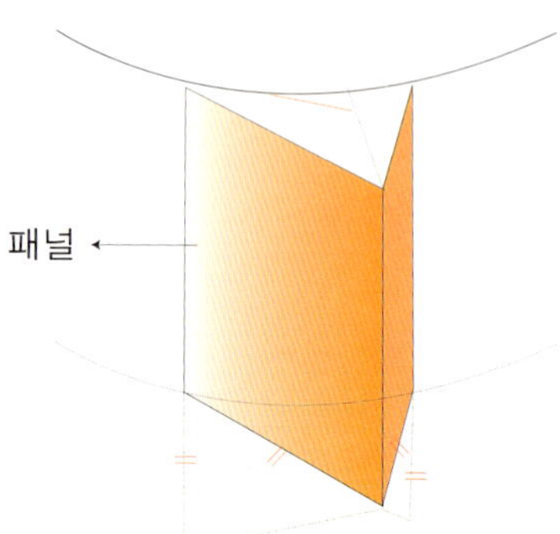

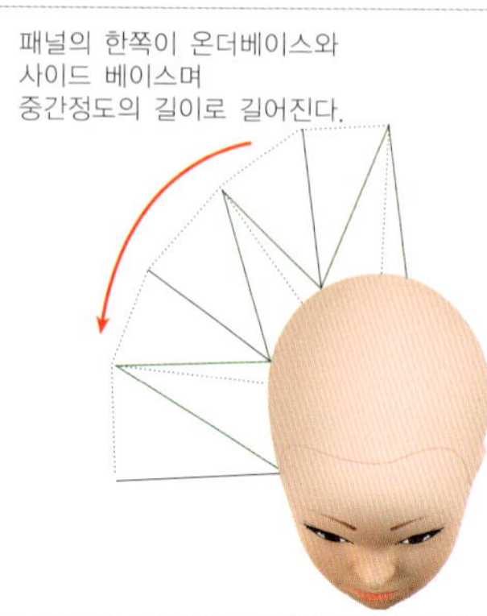

오프 더 베이스(Off the Base)

패널의 밖으로 모발이 벗어난 상태에서 커트 패널의 한쪽면이 급격하게 길어진다.

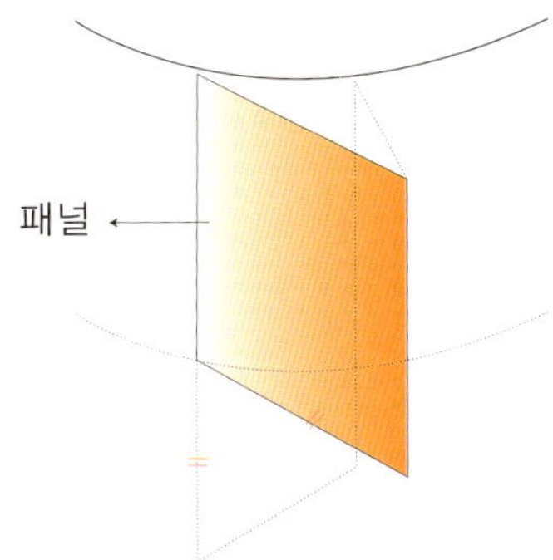

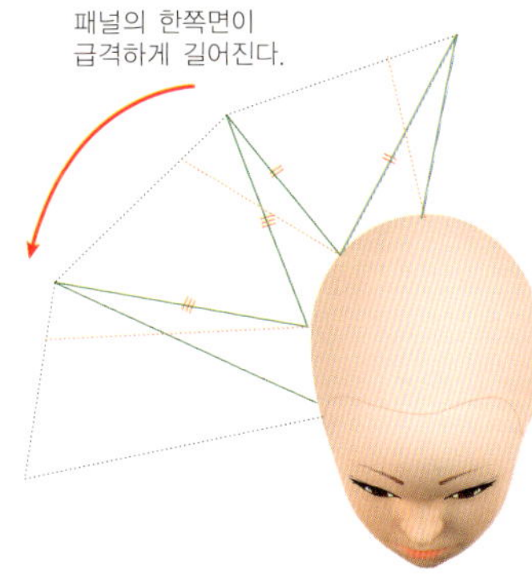

트위스트 베이스(Twist Base)

길이의 장단이 맞지 않을 경우 패널을 비틀어서 연결시키는 커트 방법

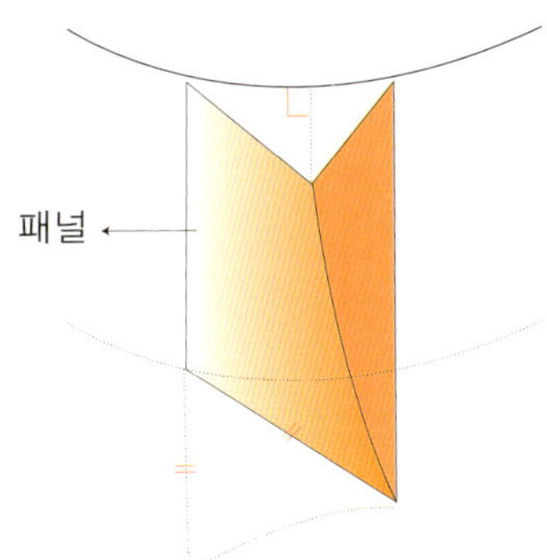

윗쪽이 온더 베이스이면 아랫쪽은 사이드 베이스가 될 수 있으며
한쪽이 사이드 베이스이며 다른 한쪽은 오프더 베이스로 커트

다운 스템(다운베이스, Down stem)

패널을 평행(Horizontal)으로 잡은 상태에서 두피에서 90˚ 이하로 내려서 커트하는 상태

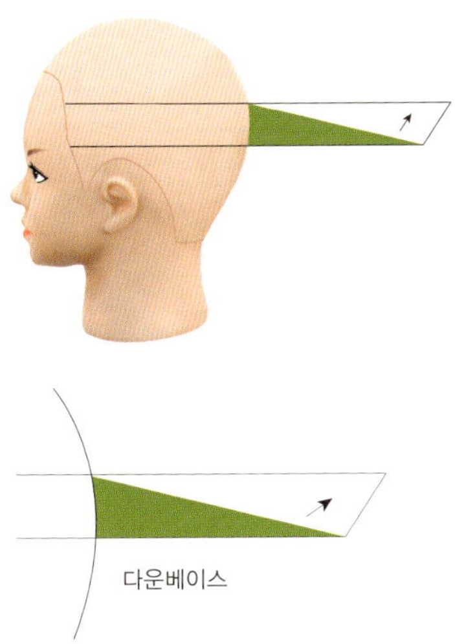

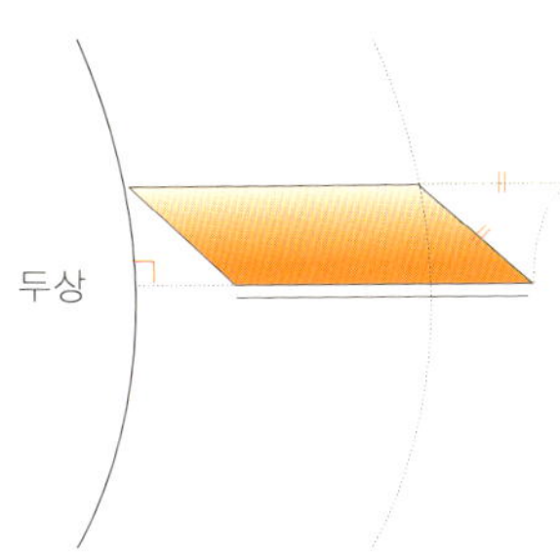

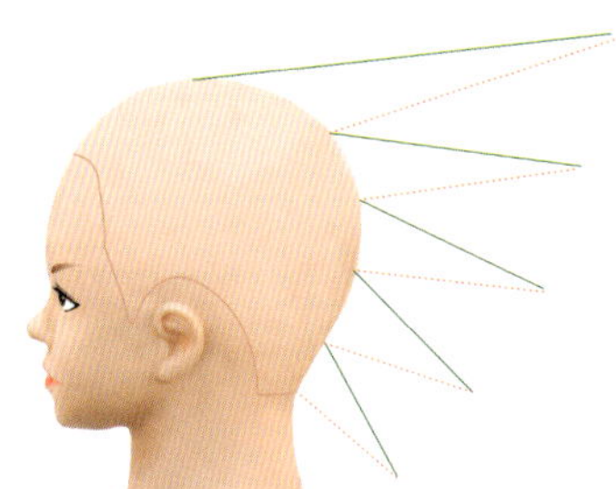

업 스템(업 베이스, Up stem) 패널을 평행(Horizontal)으로 잡은 상태에서 90° 이상으로 올려서 커트하는 상태

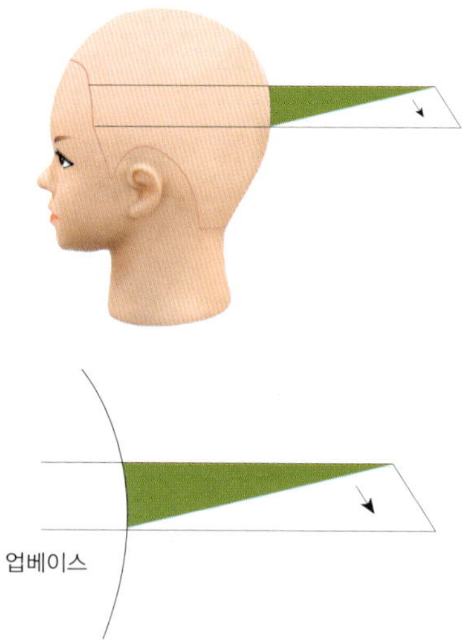

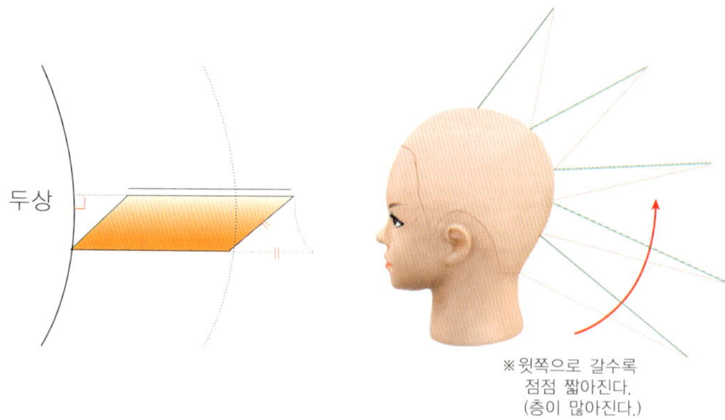

파팅(Parting)

호리존탈(=평행, Horizontal) 수평, 두상에서 평행으로 나누는 선(원랭스, 그래쥬에이션 커트시 사용)

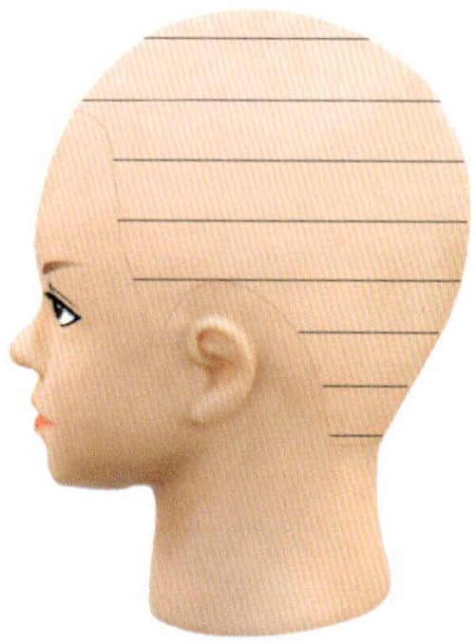

페러럴그래쥬에이션

다이아고널(사선, Diaronal) 두상에서 사선으로 나누는 선(그래쥬에이션, 상고단발, 전대각, 후대각, 밥스타일에 용이)

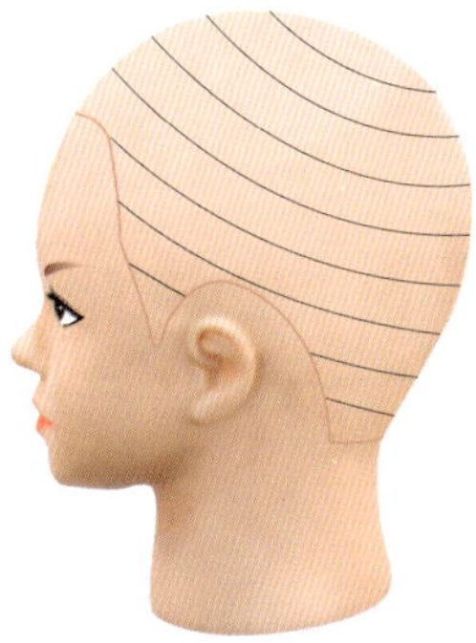
a. 백워드그래쥬에이션

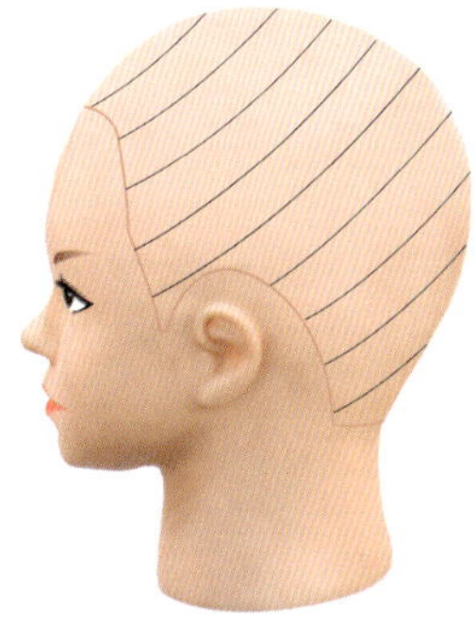
b. 포워드그래쥬에이션

a. **다이어거널 백 워드**(Diagonal backward)
얼굴에서 멀리 뒤쪽으로 향하는 대각선(후대각)

b. **다이어거널 포워드**(Diagonal forward)
뒤쪽에서 앞쪽으로 향하는 대각선(전대각)

버티컬(세로, Vertical) 두상에서 세로로 나누는 선(층을 내고자 할 때 사용, 레이어 커트 용이)

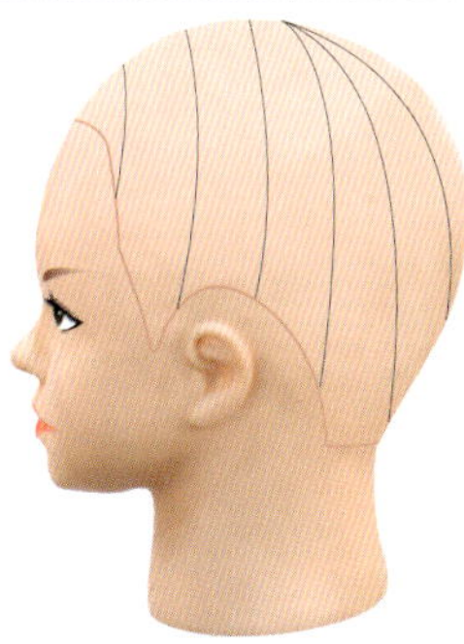

피봇(Pivot) 방사상. 커트시 탑포인트(T.P) 또는 골덴 포인트(G.P)를 중심으로 수박의 줄무늬처럼 나누는 선(두상의 라인과 동일한 커트선을 만들 수 있다.)

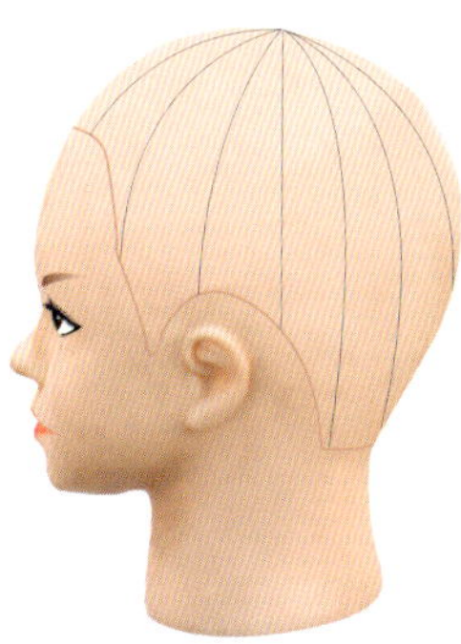

디렉션(Direction) 빗질 방향

다이어거널 백워드(Diagonal backward): 얼굴에서 멀리 뒤쪽으로 향하는 대각선(후대각)
다이어거널 포워드(Diagonal forward): 뒤쪽에서 앞쪽으로 향하는 대각선(전대각)
다이어거널 레프트워드(Diagonal leftward): 왼쪽으로 향하는 대각선(좌대각)
다이어거널 라이트워드(Diagonal rightward): 오른쪽으로 향하는 대각선(우대각)

디스트리뷰우션(Distribution) 분배 빗질 방향

어레인지(Arrange) 스타일 조금 변화를 주는 것

어씨메트리(Asymmetry) 비대칭, 좌우의 길이가 동일하지 않은 헤어스타일

패널(Panel) 모발의 일부분을 적게떠서 잡은 머리다발

앵글(Angle)

셀레스쳐 엑시스(Celestial Axis) 선, 방향, 시술 각을 나타내기 위해 사용되는 2차원적인 기호

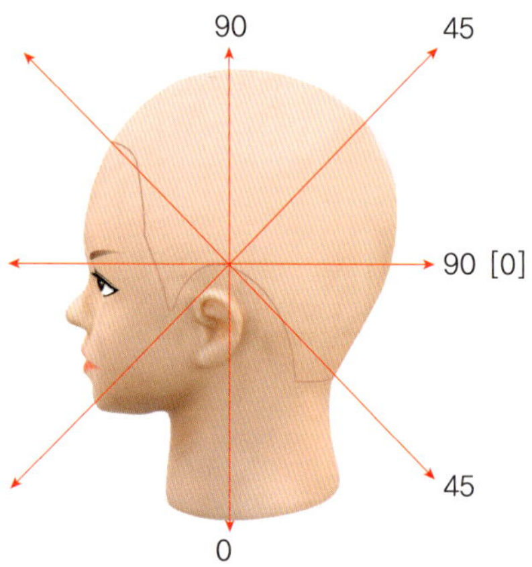

헤드 앵글(Head Angle)

두상에 의한 각도

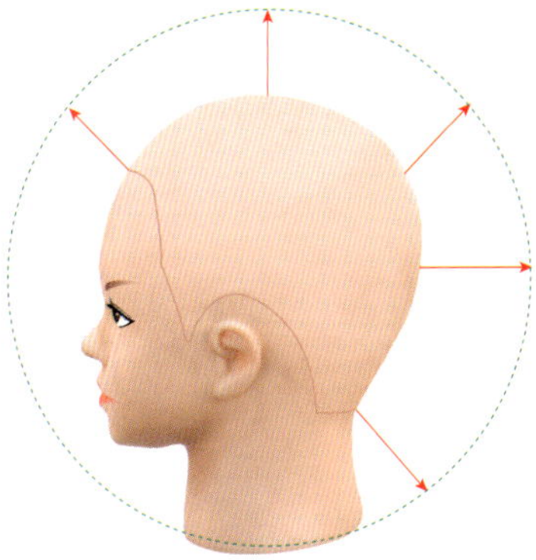

템플 섹션(Temple Section)

템플에서 반대쪽 템플까지 나눠주는 Section으로 나눈 부분의 아랫쪽은 언더섹션, 위쪽은 오버섹션이라고 한다.

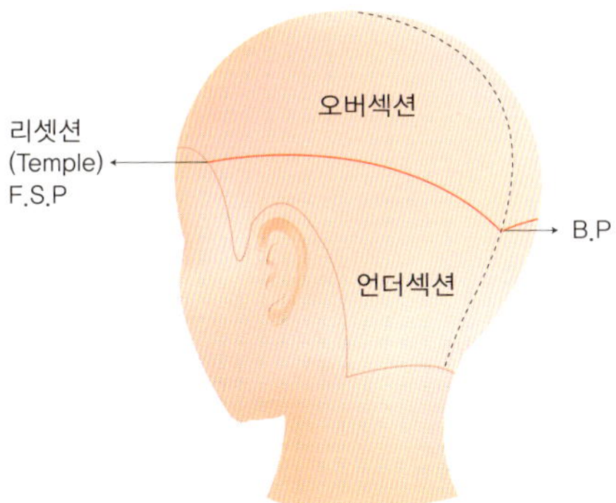

장점 : 언더섹션과 오버섹션의 커트라인을 연결하지 않으면서 스타일을 만들 때 용이

이어 투 이어(Ear to ear)

센터포인트(c.p)에서 네이프까지 탑포인트(t.p)서 이어포인드(e.p)까지 수직으로 나누는 섹션

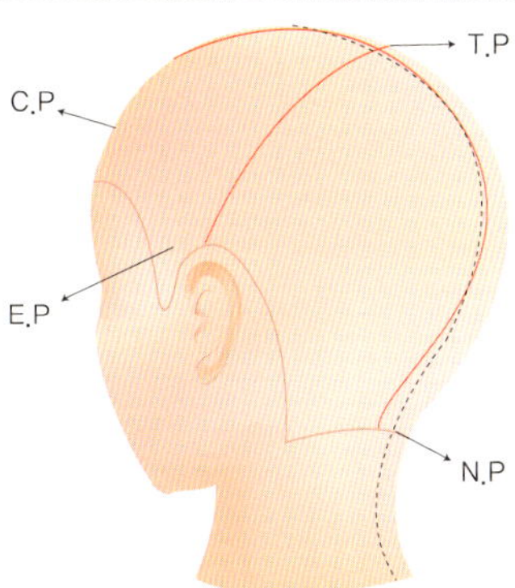

장점 : 가장 많이 사용하는 브로킹으로 빽부분에서는 레이어커트, 사이드부분에서는 그래쥬에이션커트와 같은 서로 다른 스타일을 할때 또는 좀더 섬세한 커트시 용이하다.

커트 테크닉(Cut Technique)

에펙트 커트(Effect Cut) 커트 후 모발에 효과를 극대화 시키려 할 때 사용하는 테크닉으로 볼륨감과 공기감을 준다. * 주의: 모발이 건조한 상태에서 시술

가위 잡는 방법: 한쪽은 약지 중간마디에 넣고 나머지 한쪽은 검지 첫번째와 두번째마디 중간부분에 넣은 상태에서 엄지로 살짝 눌러준다. 이때 검지는 고정시킨 상태에서 약지만 움직여서 커트한다.

가위 잡는 방법 1
탑 부분에서 시술시

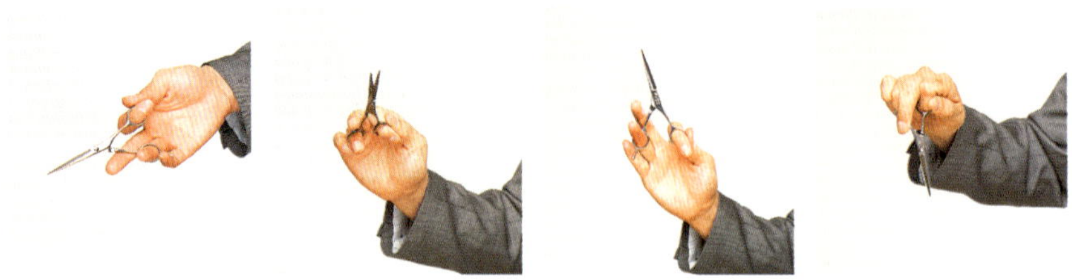

가위 잡는 방법 2
네이프 부분

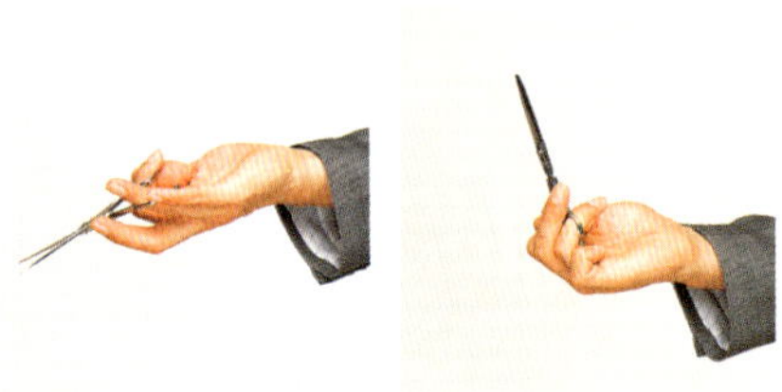

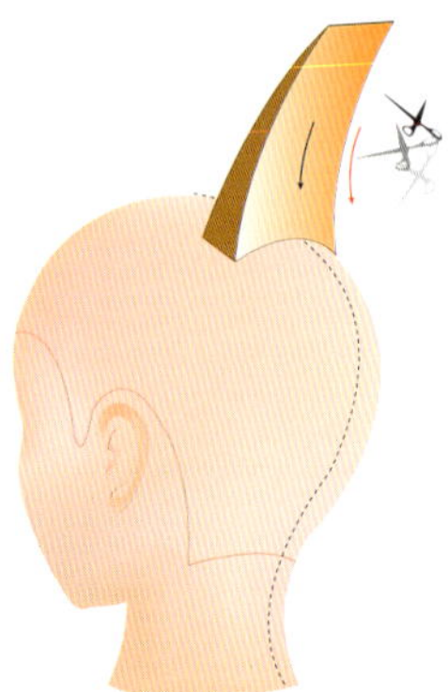

가위가 C자형으로 회전(에펙트 테크닉)

가위의 선택: 핑거그립과 썸 그립의 길이가 동일하며, 특히 가위의 무게가 가벼운 것을 선택(**이유**: 가위의 무게가 무거우면 관절의 무리가 올 수 있다)

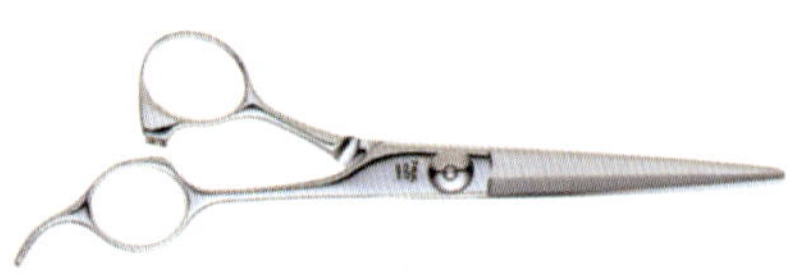

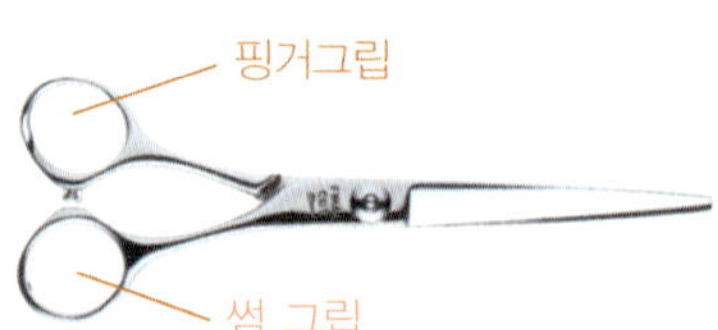

일반가위와 에펙트 가위의 비교사진

블런트 커트(Blunt Cut)

직선적으로 커트하는 방법(모발의 끝 선을 가장 무겁게 커트)

가위 잡는 방법: 한쪽은 약지 중간마디에 넣고 나머지 한쪽은 검지 첫번째와 두번째마디 중간부분에 넣은 상태에서 엄지로 살짝 눌러 준다. 이때 검지는 고정시킨 상태에서 약지만 움직여서 커트한다.

틴닝 커트(Thinning Cut)

틴닝은 전체의 모발 양을 제거하거나 불균형적인 부분을 같은 양으로 커트하고 싶을 때 사용

틴닝가위도 에펙트 테크닉이 가능(**주의**: 약 10% 이하의 틴닝가위로 시술)

틴닝가위의 종류(발수에 의해서 커트 형태는 달라진다)

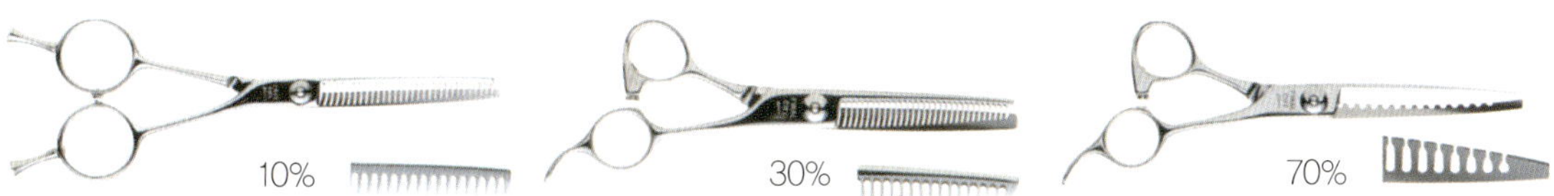

틴닝가위의 위치에 따른 커트의 방향

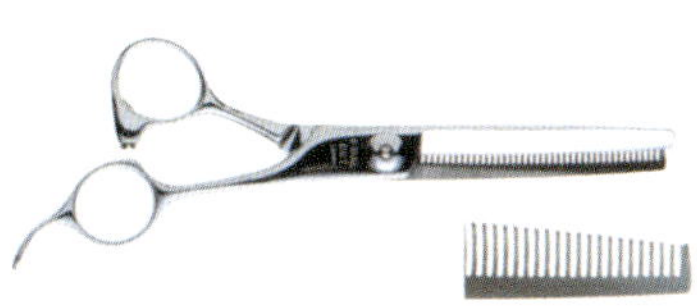

절삭면이 윗쪽이고 통이 파인곳이 아랫쪽이다(속머리는 커트되지 않고 윗쪽 머리만 커트된다) * 바깥마름이 용이하다.

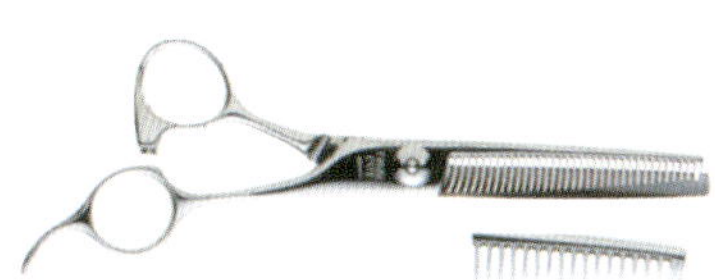

절삭면이 아랫쪽이고 층이 파인곳이 윗쪽이다(아래머리가 커트되고 윗쪽머리는 커트되지 않는다) * 안마름에 용이하다.

포인트 커트(Point Cut)

가위의 각도를 45˚로 유지하면서 모량을 감소시키는 테크닉으로서 깊은 테크닉과 얕은 테크닉을 사용할 수 있으며, 커트 라인을 소프트하게 한다.

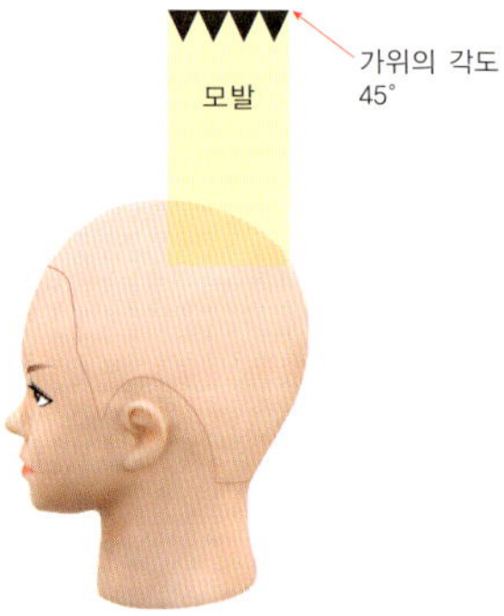

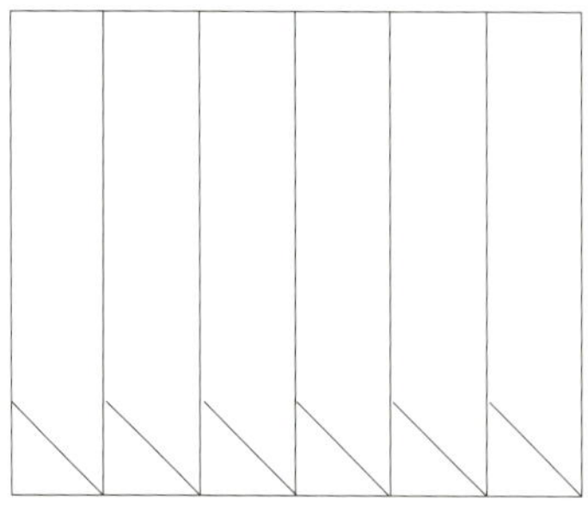

슬라이싱 커트(Slicing Cut)

포인트 커트보다 좀더 불규칙하게 가위로 두피쪽에서 바깥으로 진행

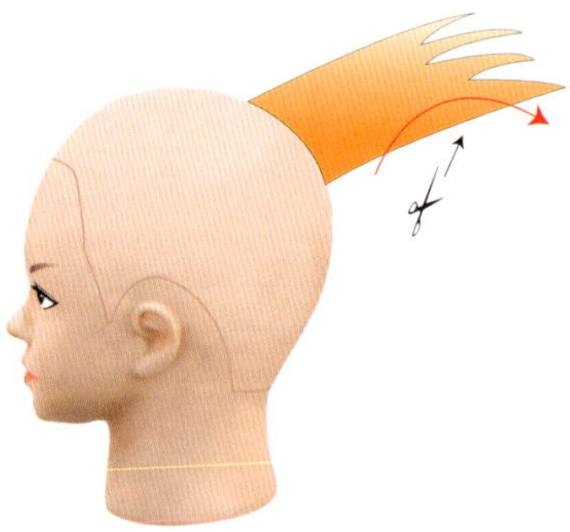

슬라이딩 커트(Sliding Cut)

가위가 머리카락에 미끄러지듯이 커트하는 방법. 모류의 방향성을 만들 수 있으며 페이스라인에서는 많은 층을 낼 수 있다.

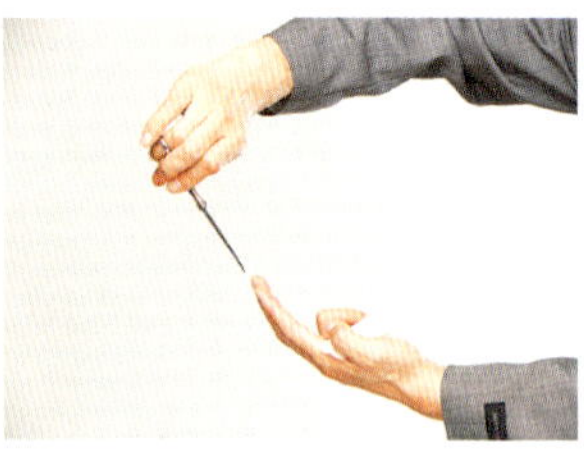

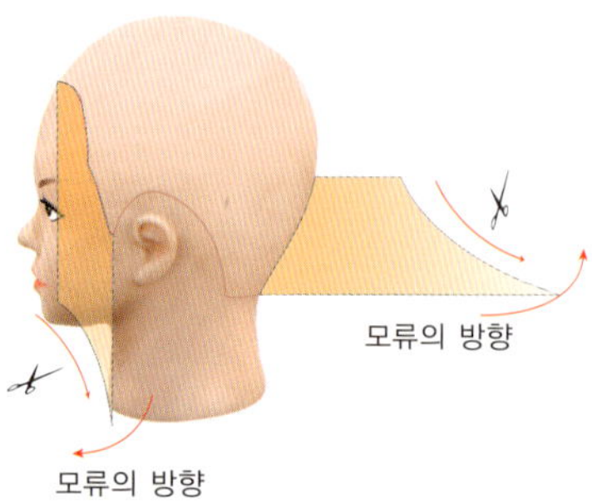

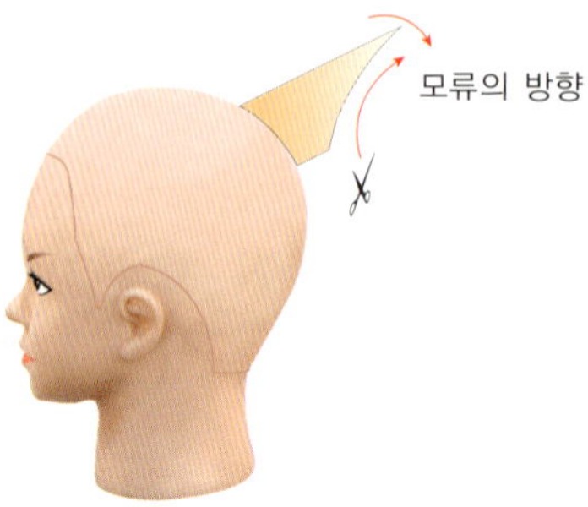

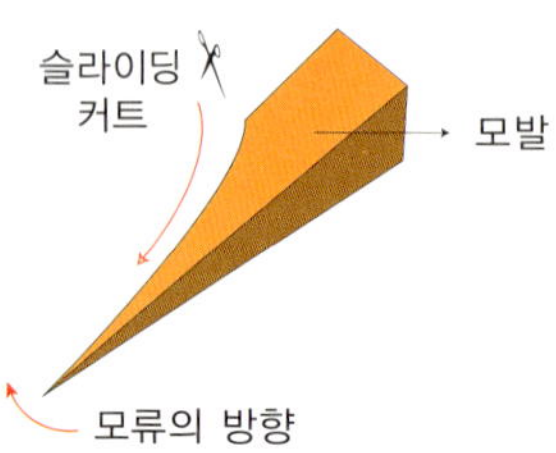

프리핸드 커트(Free Hands)

감각적으로 커트하며 모발을 손가락으로 잡지 않은 상태에서 라인을 설정하거나 모량을 제거할 때 사용한다.

스트록 커트(Stroke Cut)

가위를 사용해서 모발의 끝선을 레져로 커트한 것처럼 소프트하게 시술하는 테크닉

C-커버츄어(C-curventure)

가위의 위치는 고정된 상태에서 손목이 C자형으로 움직이는 커트방법으로 커트라인은 변함이 없으면서 모량과 방향성을 줄때 용이

딥 포인트 커트(Deep point)

가위의 각도에 주의하며 모발이 건조한 상태(드라이한 후)에서만 시술

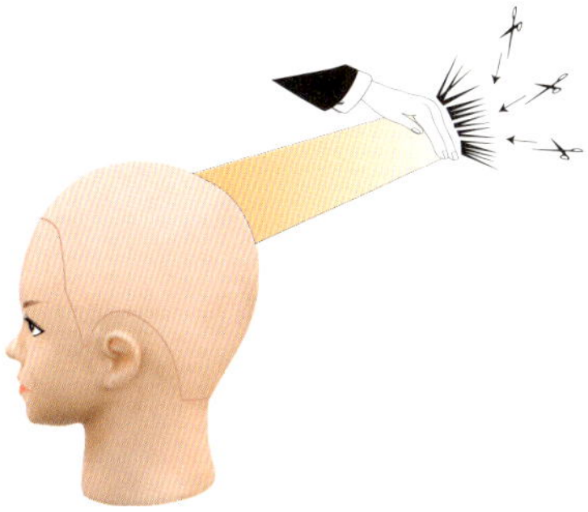

커트 후 가위자국이 있거나 모발이 뭉쳐져 있을 때 틴닝으로 시술하는 것은 한계가 있지만 가위로 딥포인트 시술시 커트라인이 쇼프트하게 형성된다.

블록 커트(Block Cut)

빠른 커트를 위해서 모발을 덩어리째 시술

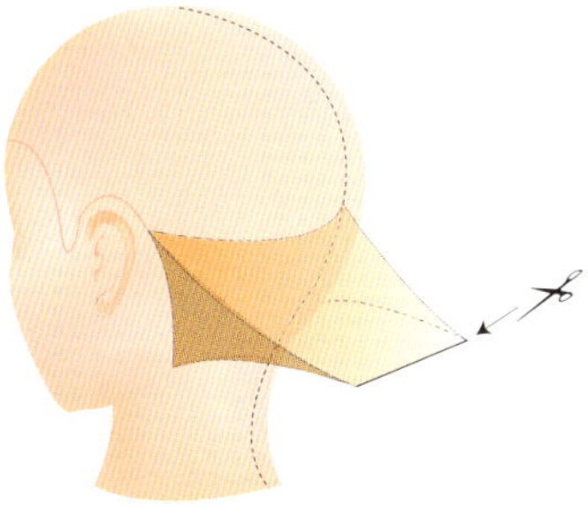

레이져 커트(Razer Cut)

면도날을 이용하는 커트, 고객들은 레이져로 커트하는 것을 반가워하지 않는다. 간혹 레이져를 사용해야 할 경우 레이져 대신에 가위의 속날을 이용해서 레이져 커트가 가능하다.

원랭스

원랭스(One Length) 중력에 의해서 모든 모발이 수직으로 떨어진 상태(0° 의 각도)에서 단차가 없이 커트하는 방법, 아웃라인 설정에 꼭 필요하다.

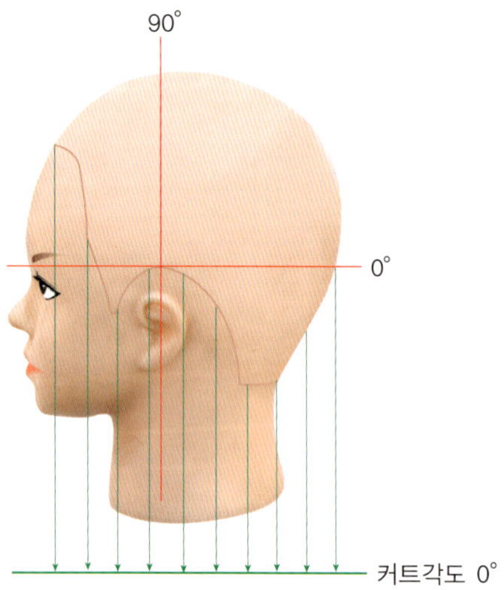

E.P를 기점(천체축)으로 해서 모발이 수직으로 빗질된 상태에서 커트 각도가 0° 인 상태(단차가 없다)

그레쥬에이션

그레쥬에이션(Graduation) 커트의 형태는 무거우며 전반적으로 볼 때 네이프는 짧고 탑의 모발들은 길게 커트

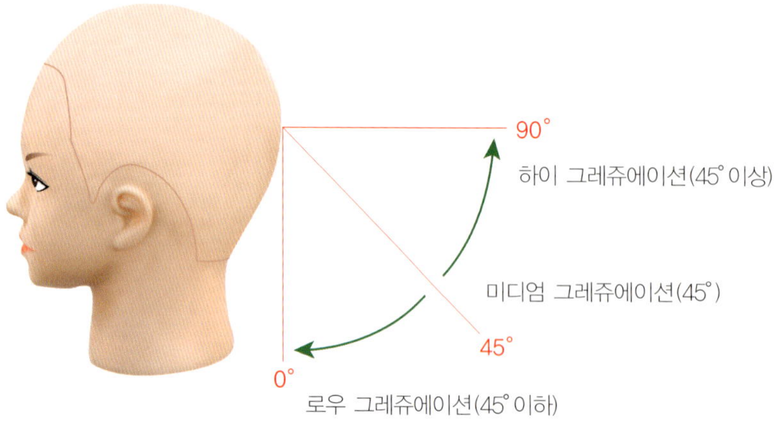

하이 그레쥬에이션(60~90) : 윗쪽의 모발이 짧고 아랫쪽의 모발이 길게 커트된다(층이 많아 진다).
미디엄 그레쥬에이션(30~60) : 60° 보다 작은 각에서 시술(45°를 기준으로 본다)
로우 그레쥬에이션(0~30) : 0° 보다 크고 30° 보다 작은 각에서 시술(단차가 적으며 무겁게 커트)

레이어

레이어 길이(Layer Length) 층이 있는 Hair Style

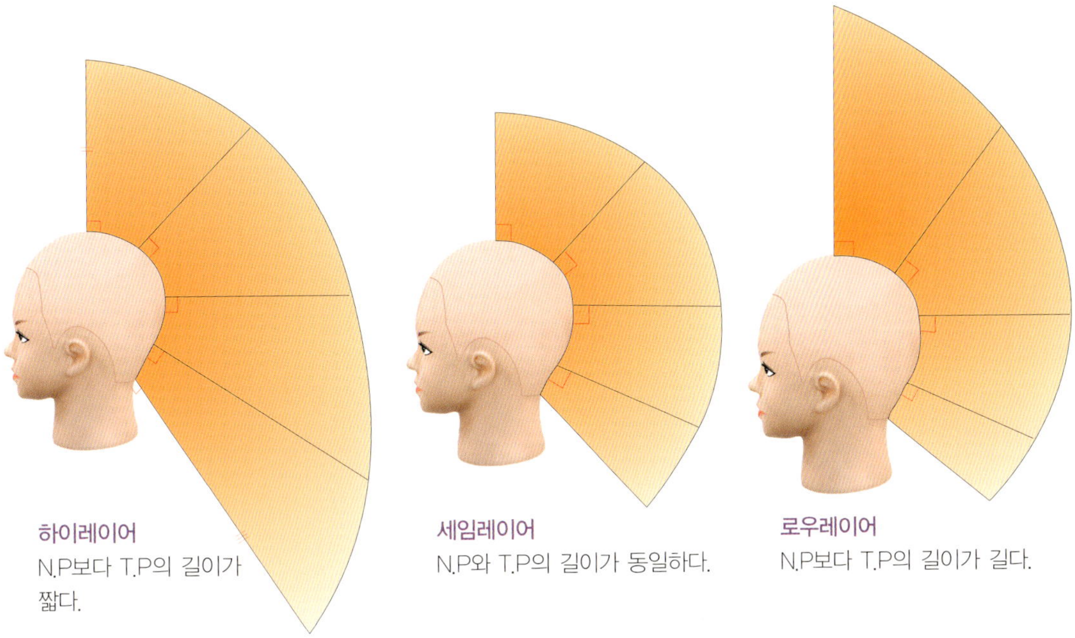

하이레이어
N.P보다 T.P의 길이가 짧다.

세임레이어
N.P와 T.P의 길이가 동일하다.

로우레이어
N.P보다 T.P의 길이가 길다.

하이 레이어(패널을 90° 이상으로 커트): 윗쪽의 모발이 짧고 아랫쪽의 모발이 길게 커트된다.(층이 많아 진다)
세임 레이어(세임 레이어 – 두상의 각 포인트에 대한 90° 커트): 두상의 라인과 동일하게 커트
로우 레이어(패널을 90° 이하로 커트): 두피에서 90° 이하의 각도로 커트(층이 적으며 무겁게 커트된다)

크라운

크라운(Crown) 모든 물체의 최정상부

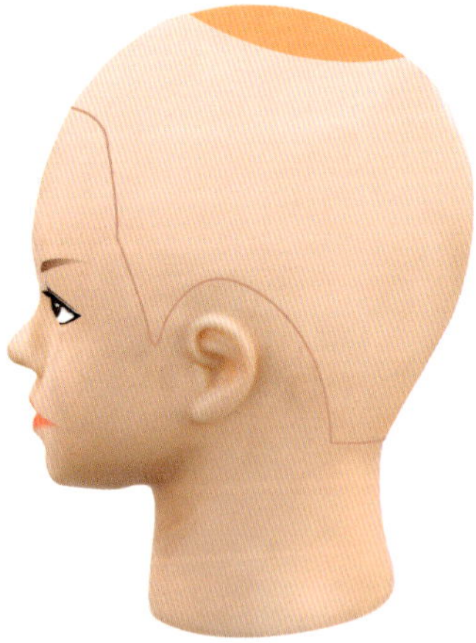

콘케이브

콘케이브(Concave) 머리의 둥근 형태와는 반대로 형성된 라인(=V자형, 오목곡선)

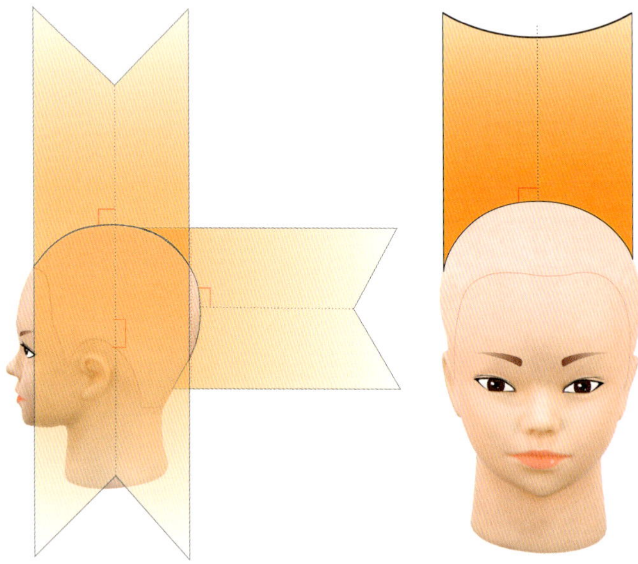

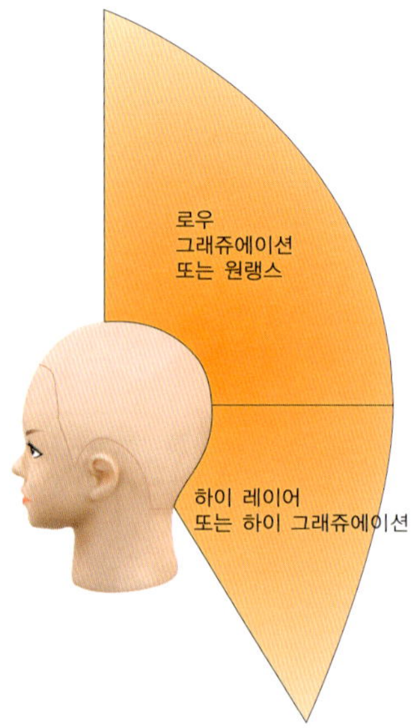

B.P가 기준점일 때: B.P 이하에서 N.P까지 커트선은 레이어(층이 많다)이며 B.P에서 T.P까지 커트선은 원랭스(층이 없다)이기 때문에 스타일로 볼때 조화로운 커트는 아닐 것이다.

T.P를 기준점으로 정면에서 볼때: T.P의 모발이 짧고 가장자리가 길게 커트되었기 때문에 층이 많은 스타일이 된다.

콘벡스

콘벡스(Convex) 머리의 둥근 형태와는 같은 둥근 상태의 라인(A자형, 볼록곡선)

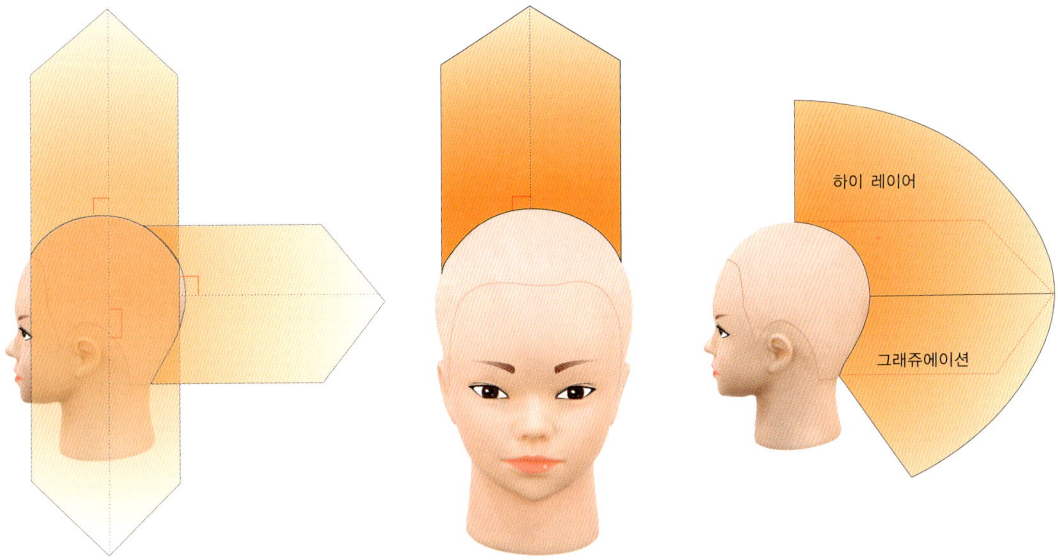

B.P가 기준점일 때 : B.P에서 N.P까지 커트선은 그래쥬에이션(층이 적다)이며 B.P에서 T.P까지는 레이어(층이 많다)이기 때문에 스타일로 볼 때 조화로운 커트라 할 수 있다.

T.P를 기준점으로 정면에서 볼 때 : T.P의 모발이 길고 가장자리가 짧다면 층이 적은 스타일이 된다.

디스트리 뷰션

자연분배(Natural Distribution) 모발이 자연스럽게 중력에 의해서 수직으로 떨어지는 상태에서 커트하는 방법

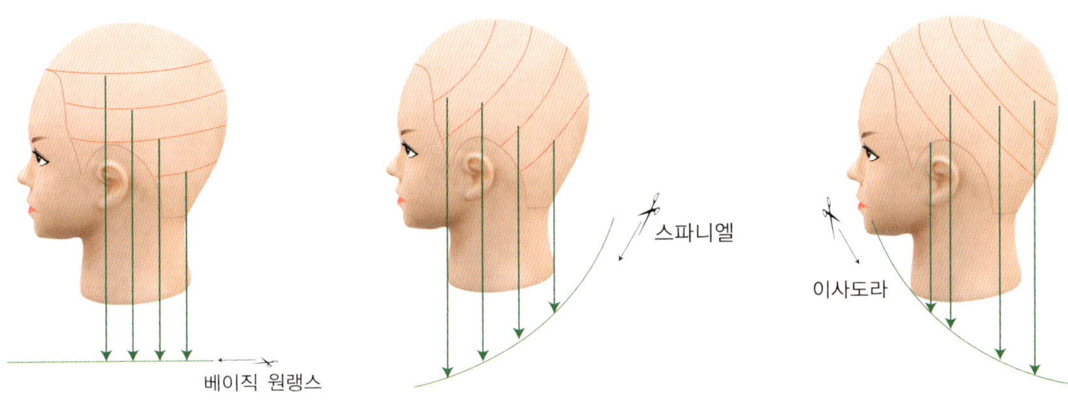

수직분배(Perpendicular Dist.) 파팅을 나눈상태에서 빗파팅라인에 동일하게 빗질한 후 커트하는 방법

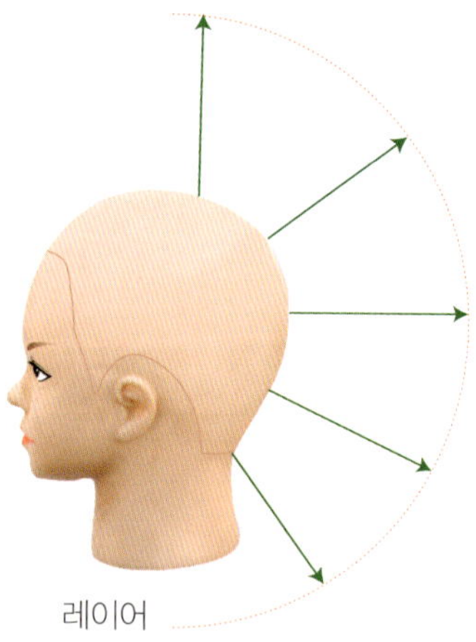

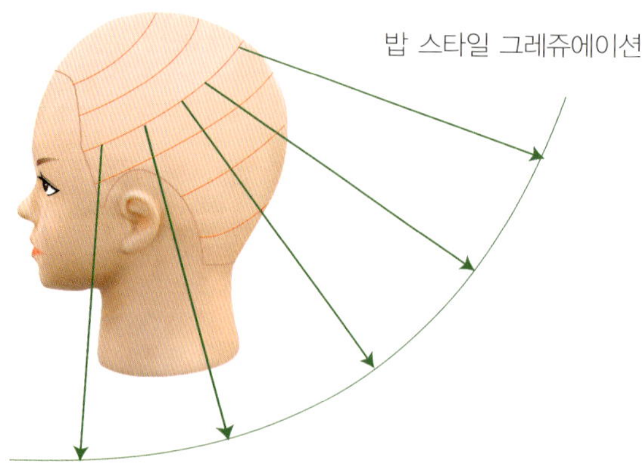

변이분배(Shifted Dist.) 파팅에 영향을 받지 않으며 극도의 층이나 길이를 줄때 사용하는 방법

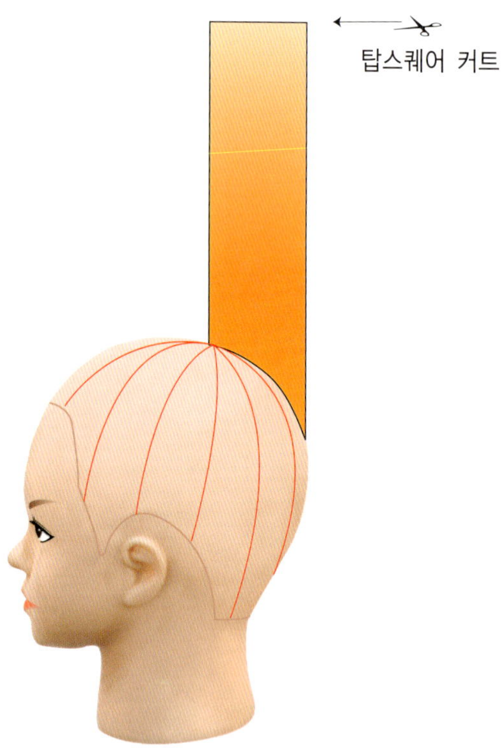

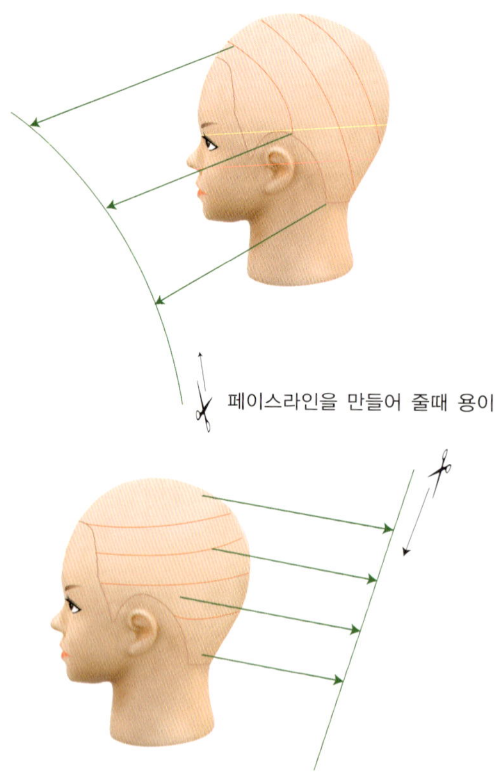

인터널 가이드라인

인터널 가이드라인(Internal Guide line) 최초의 커트선을 말하며 이 커트선이 길거나 짧게 설정되면 모든 스타일은 변한다.

오버 디렉션

오버 디렉션(Over Direction) 특히 사이드 부분에서 뒤쪽으로 넘기는 헤어 스타일 일때 많이 사용하며 패널을 뒤로 당겨서 커트

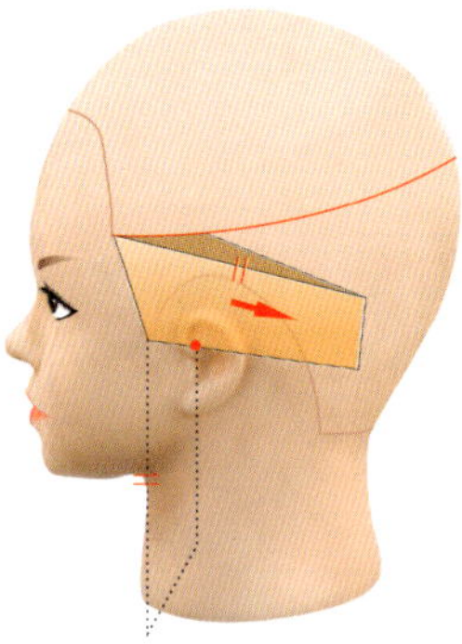

내츄럴 인버젼

내츄럴 인버젼(Natural Inversion) 가이드를 설정한 후 모든 모발을 가이드(중앙)으로 끌어와서 커트

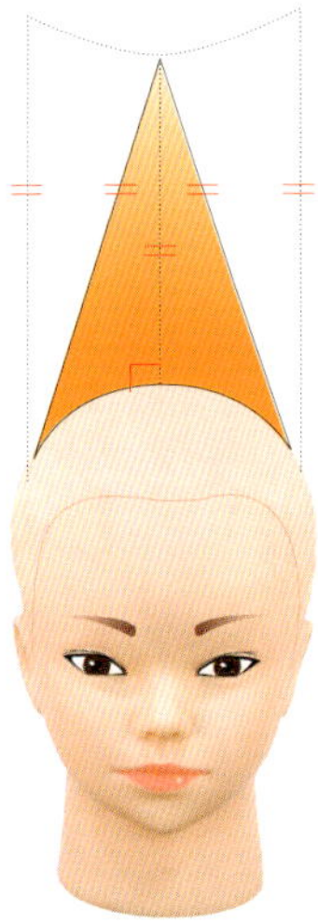

T.P를 기준점으로해서 모발을 중앙으로 모아서 커트한 후 패널을 펼쳤을 때 가장자리가 길게 커트된다.

섹션

섹션(Section)

커트를 좀더 쉽게 하기 위해서 한번 더 구역을 나누는 것(브로킹과 비슷하나 좀더 적은 덩어리로 나눈 것)

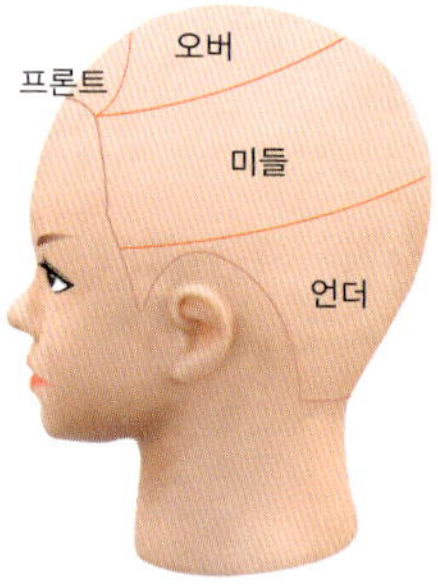

오버섹션: Hair Style에 있어서 윗 부분을 말하며 헤어스타일에서 무게감과 볼륨감을 형성한다.
언더섹션: Hair Style에 있어서 Out Line을 설정하는 부분을 말하며 스타일에 있어서 길이 설정을 하는 부분 관자놀이와 관자놀이까지 나눠 줄때 아랫부분을 말한다.
미들섹션: 3등분으로 나눌때 중간부분을 말한다.
프론트섹션: 뱅을 만들때 나눠주는 부분을 말하며 얼굴형과 밀접한 관계가 있다.

커넥션

커넥션(Connection)

연결한다는 뜻으로 일반적인 모든 커트 방법이 커넥션형 스타일이다.

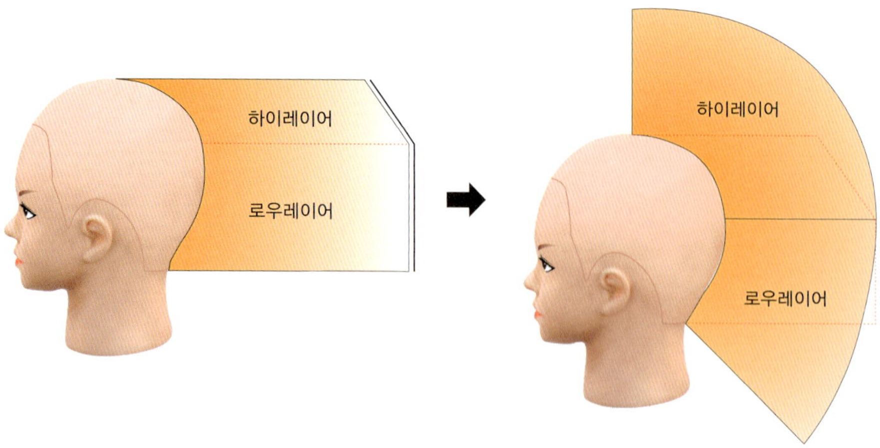

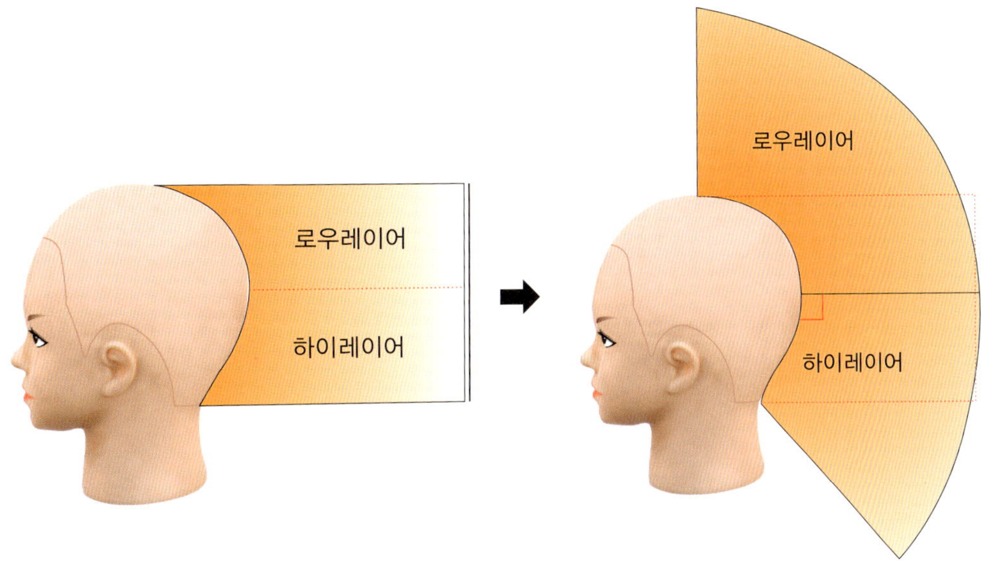
로우레이어
하이레이어
로우레이어
하이레이어

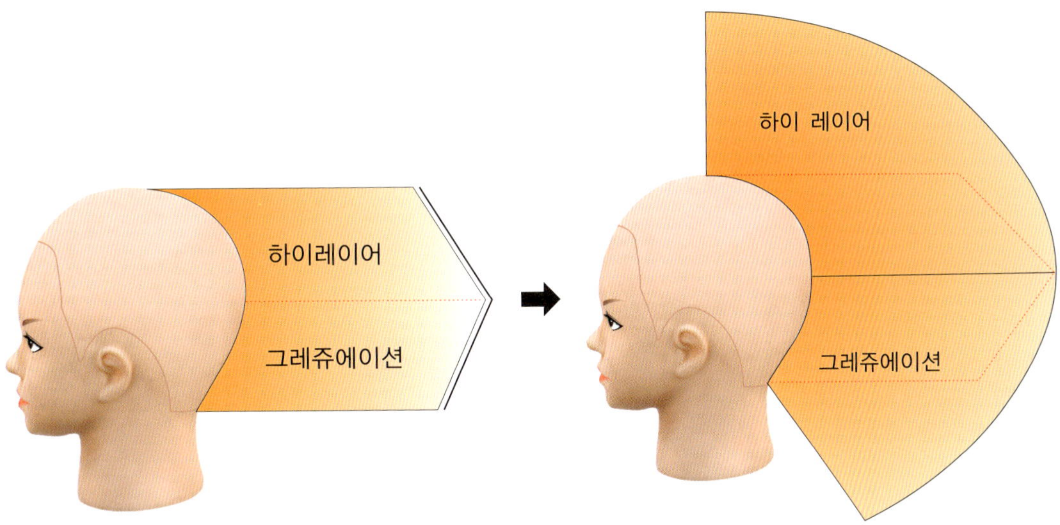
하이레이어
그레쥬에이션
하이 레이어
그레쥬에이션

디스커넥션

디스커넥션(Disconnection) 커넥션 커트시 헤어스타일 응용의 범위는 한계가 있지만 디스커넥션으로 커트시 응용의 범위는 넓어진다.

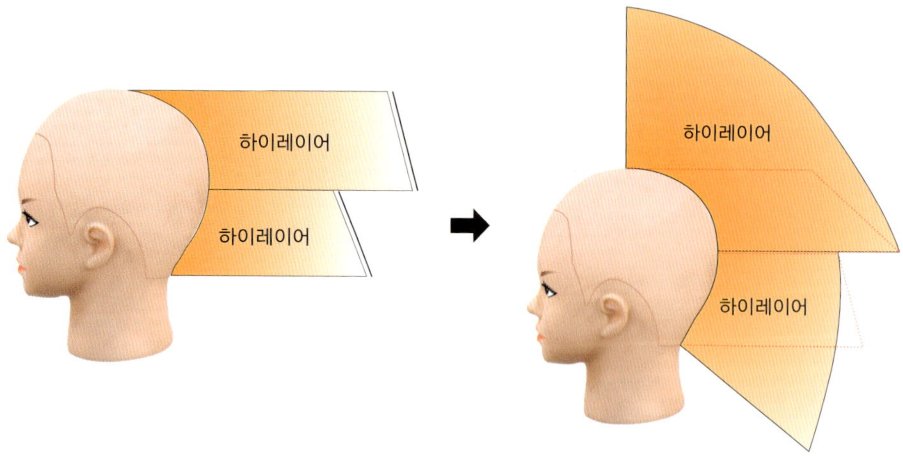

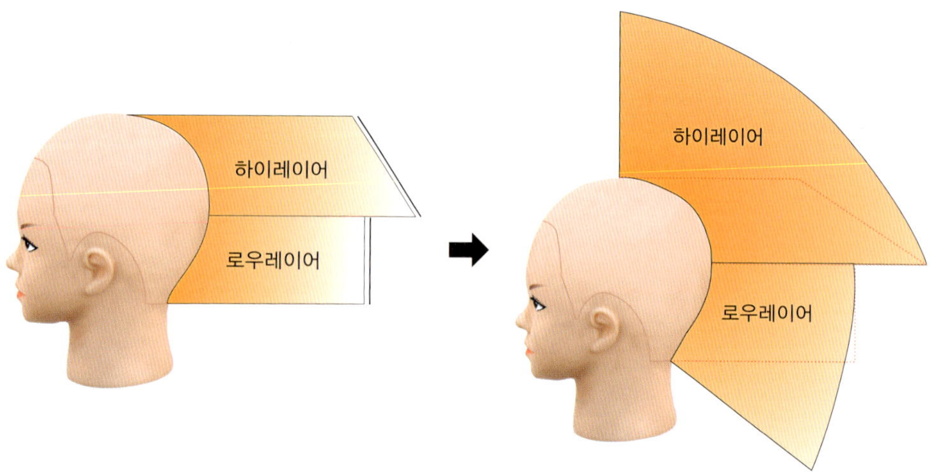

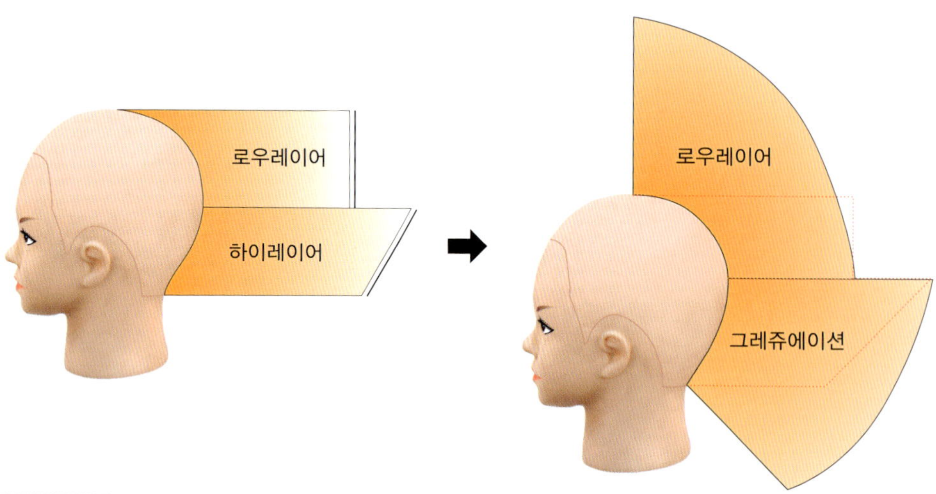

클립(Clip)

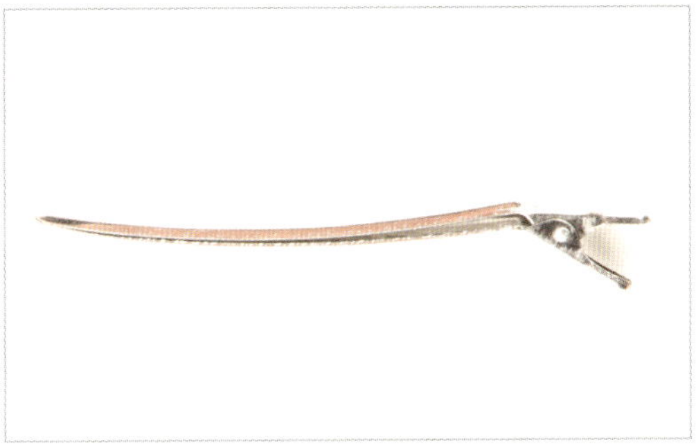

드라이어(Drier)

빗의 종류

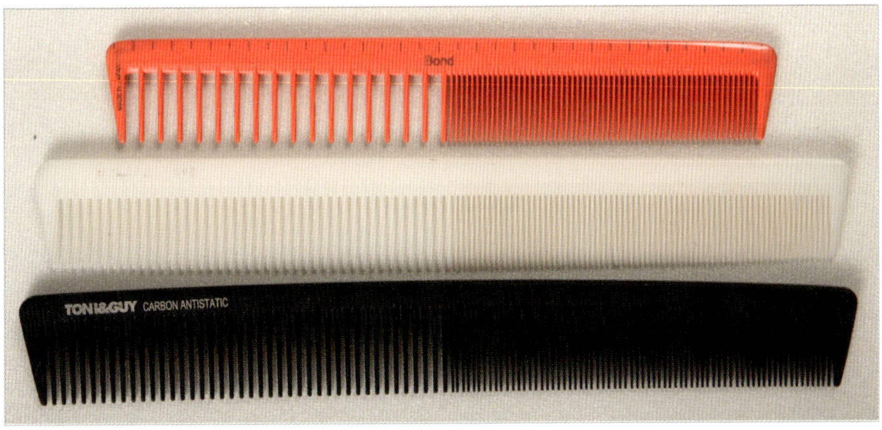

커트 빗(Cut Comb)

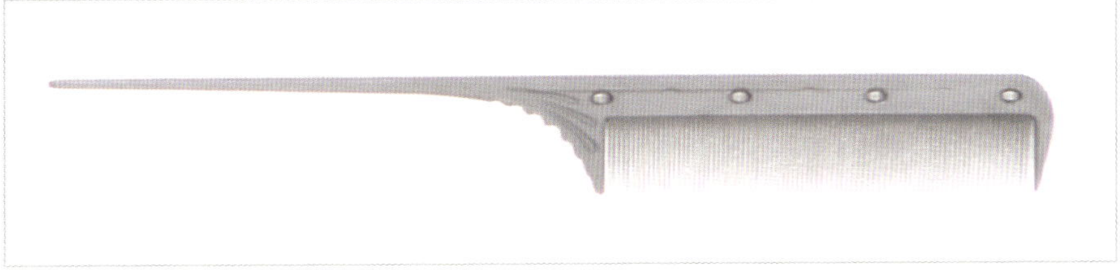

꼬리 빗
(Tail Comb)

Style Brush

感性
CUT PROCESS

2012년 11월 25일 초판 인쇄
2012년 12월 1일 초판 발행

저　자 • 권 오 혁
발행인 • 주 병 오
발행처 • 지구문화 JIGU CULTURE

경기도 파주시 문발동
파주출판문화정보산업단지 518－2

전화 • 영업팀 (031)955－7566／7577
편집팀 (031)955－7731
FAX • (031)955－7730
홈페이지 • www.ji-gu.co.kr
전자우편 • jigupub@hanmail.net

ISBN 978－89－7006－595－3